Logique, informatique et paradoxes

Logique, informatique et paradoxes

par Jean-Paul Delahaye

POUR LA SCIENCE
DIFFUSION BELIN

8, rue Férou 75006 Paris

ISBN 2-9029-**1894**-1 ISSN 0224-5159

Table des matières

Préface

La logique est un domaine paradoxalement paradoxal. Alors qu'on prétend y déterminer les règles à respecter pour ne pas tomber dans des paradoxes, c'est là qu'on en rencontre le plus grand nombre. Et l'on ne sait pas toujours les éliminer.

Cet affrontement direct avec ce qui fait le plus peur à un être rationnel (la contradiction), cette volonté de traquer l'imprécision et l'incohérence ont cependant conduit le logicien à développer des armes et des techniques qui se révèlent utiles dans d'autres domaines. Ainsi la logique a donné aux mathématiciens le langage formalisé de la théorie des ensembles, qui les met à l'abri des paradoxes (du moins jusqu'à présent) et qui, même s'il est trop étroit pour poser tous les problèmes que les logiciens aiment se poser, est bien assez large pour l'usage pratique des mathématiciens (N. Bourbaki, le célèbre mathématicien français polycéphale, s'en contente).

La représentation des informations, la manipulation symbolique des connaissances, les rapports que les vérités entretiennent constituent le domaine de la logique ; il n'est pas étonnant que, lorsqu'il s'agit de construire des machines à manipuler de l'information, de la connaissance et des vérités, la logique ait son mot à dire. C'est tellement vrai que les logiciens avaient pensé aux ordinateurs avant même que les ingénieurs ne s'y mettent. Alan Turing, en 1936, introduisait le concept de calculateur élémentaire (aujourd'hui appelé *machine de Turing*), qui n'est rien d'autre que la version abstraite de l'ordinateur.

Depuis, logique, informatique et paradoxes s'entremêlent, enrichissant notre compréhension du monde de l'abstrait tout en produisant une connaissance concrète qui s'applique partout et de mieux en mieux. Comme la physique l'a montré depuis belle lurette, l'abstrait et le concret ne sont jamais opposés, mais au service l'un de l'autre. C'est en informatique que les théories mathématiques les plus difficiles s'appliquent le mieux et le plus rapidement, et c'est en étudiant les problèmes techniques qu'elle rencontre que l'informatique stimule et féconde les théories mathématiques et physiques.

Grâce à une série de courts chapitres indépendants, que nous avons cherché à rendre attrayants, vous entrerez dans le monde merveilleux et fascinant :

– de l'indécidabilité (aussi puissantes que soient les machines futures, nous savons déjà qu'elles ne pourront pas tout faire) ;
– des paradoxes de la prédiction (qui devraient nous troubler si nous les prenions au sérieux) ;
– de l'aléatoire absolu (défini il y a seulement quelques années) ;
– de la déduction logique (qu'on n'a jamais fini de comprendre et qui est au centre des travaux de l'intelligence artificielle) ;
– de l'induction mécanique (qui mathématise certaines questions philosophiques et leur donne quelquefois des réponses inattendues) ;
– de la cryptographie quantique (qui permet ce qu'on croyait impossible et est sur le point de s'appliquer) ;
– des hyperensembles (dont chacun d'eux est un paradoxe à lui tout seul et qui pourtant s'organisent en une théorie étonnamment cohérente) ;
– d'une théorie des stratégies (dont les conclusions définissent une morale du comportement social, et éclairent certains aspects de la théorie de l'évolution) ;
– des êtres semi-vivants (que sont les virus informatiques et qu'un résultat d'indécidabilité protège contre une élimination définitive) ;
– de la complexité des objets et des algorithmes (qu'il faut maîtriser par exemple pour connaître les nombres premiers) ;
– des systèmes formels (dont les théorèmes de Gödel justifient l'importance et expliquent des limites) ;

et de bien d'autres découvertes récentes qui renouvellent nos conceptions fondamentales du monde, et nous montrent un univers où l'esprit tente de comprendre l'esprit, de le recréer et de s'en amuser.

Jean-Paul Delahaye

1

Calculabilité et machines de Turing

Pour de nombreux problèmes, il n'existe pas d'algorithme de résolution. L'indécidabilité provient de difficultés mathématiques insurmontables.

Qu'est-ce qu'une méthode de calcul? Jusque dans les années 1930, les mathématiciens l'ignoraient. La faculté étonnante des mathématiques à transformer leurs méthodes et leurs techniques en objets d'études mathématiques les rapproche de la philosophie et est souvent l'occasion d'introduire de nouveaux concepts et de formuler de nouveaux résultats. Cette faculté d'«autoréflexivité» permet, par exemple, d'étudier des objets qui sont eux-mêmes les théories mathématiques. La partie des mathématiques qui se consacre à ce travail est la logique mathématique ; parmi ses notions, il y a celles d'algorithme, de fonction calculable, de décidabilité des problèmes et des énoncés.

Grâce aux travaux des logiciens, les mathématiciens savent précisément ce qu'est une méthode de calcul ; ils savent assez précisément quels problèmes ces méthodes peuvent traiter et, mieux encore, ils savent que certains problèmes n'auront jamais de solution.

Ces problèmes pour lesquels on démontre qu'il n'existe aucune méthode de résolution sont appelés problèmes «indécidables». Dans les années 1930, les premiers exemples de tels problèmes semblaient artificiels, mais on a rapidement découvert que des problèmes simples sont de ce type. Notamment, en informatique, de nombreuses questions naturelles sont indécidables.

Est-il utile de savoir qu'un problème est indécidable? Certainement : si un problème est indécidable, il ne faut plus perdre son temps à en chercher une solution, et il est préférable de chercher un problème dérivé du premier mais plus simple, dont on doit ensuite déterminer la décidabilité.

Alors qu'ils exploraient la nature du calcul, les logiciens découvrirent la notion d'énoncé indécidable, encore nommé énoncé indécidable de Gödel. Kurt Gödel, en 1931, démontra le premier théorème important à leur sujet : ce sont des énoncés impossibles à démontrer, ainsi que leur négation. L'indécidabilité d'un énoncé est toujours relative à un système de démonstrations (ou système formel) ; elle ne doit pas être confondue avec l'indécidabilité d'un problème qui, elle, est absolue. Nous verrons les liens entre ces deux notions.

De l'algorithme à l'indécidabilité

La notion informelle d'algorithme est ancienne : une recette de cuisine, un jeu d'instructions pour réaliser un tricot, un procédé élémentaire pour additionner deux nombres sont des algorithmes (le mot vient du nom d'un mathématicien persan du IXe siècle, Al Khwarizmi).

Tels des Monsieur Jourdain, les mathématiciens recherchaient et élaboraient des algorithmes bien avant que le concept ne soit bien défini. Au début du siècle, encore, ils ne soupçonnaient pas que l'on pourrait préciser la notion. Le dixième problème de David Hilbert, formulé avec 23 autres lors du Congrès international des mathématiciens, à Paris, en 1900, se réfère implicitement à la notion d'algorithme. Hilbert demandait que l'on recherche une méthode générale indiquant quelles équations diophantiennes ont des solutions (dans ces équations, les coefficients sont des nombres entiers, et l'on cherche des solutions en nombres entiers). Il aurait sans doute aimé savoir que ce problème est indécidable, comme cela fut démontré par Juri Vladimirovic Matjasevich en 1970.

Le travail d'identification et de formulation de la notion d'algorithme fut effectué en plusieurs étapes, entre 1931 et 1936, par Alonzo Church, Stephen Kleene, Alan Turing et Gödel. Ils introduisirent plusieurs classes de fonctions, dont ils montrèrent ensuite qu'elles coïncidaient, et qui se révélèrent être la classe des fonctions calculables : une fonction est calculable s'il existe une façon de la décrire qui permette effectivement d'en calculer toutes les valeurs. La définition précise de la notion de fonction calculable fixe celle d'algorithme.

Depuis les années 1930, on a étudié la décidabilité de nombreux problèmes, et l'on a parfois découvert que des problèmes d'apparence simple étaient indécidables ; inversement on a trouvé des algorithmes à des problèmes qui étaient jusqu'alors restés ouverts. Chaque année, des dizaines de tels résultats sont établis dans de nombreux domaines des mathématiques ; le mouvement n'est pas prêt de cesser... Ici nous nous intéresserons seulement au problème de l'existence d'algorithmes, et non au problème de leur efficacité, qui est également le sujet de travaux nombreux.

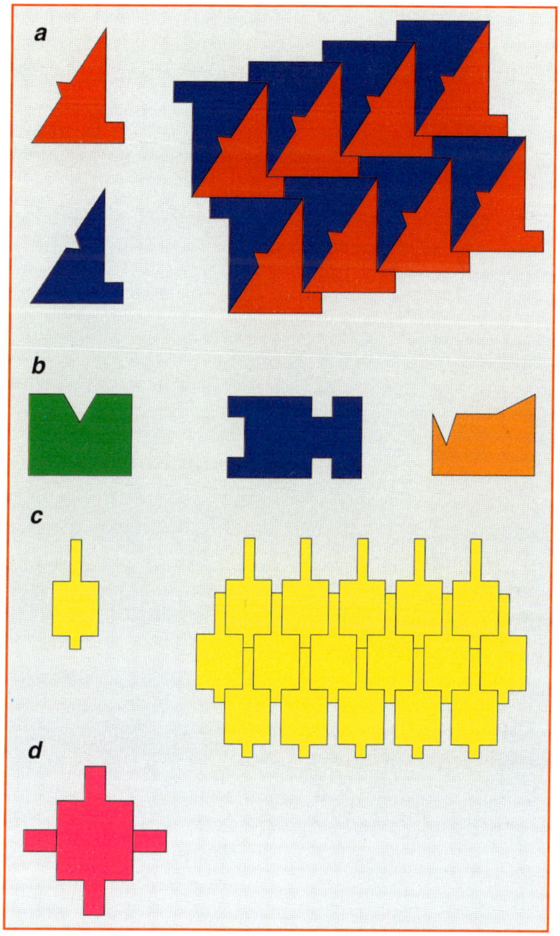

1. CERTAINS PROBLÈMES DE PAVAGE DU PLAN par des polygones sont indécidables. Quand on se donne les deux polygones du haut de la figure, on peut paver le plan. Dans ce cas précis, on trouve facilement un pavage. La méthode qui permet de résoudre le problème dans ce cas est-elle généralisable? R. Berger a démontré en 1966 que non : le problème est indécidable. Déjà, pour les trois formes du milieu de la figure, il faut un peu d'inventivité pour démontrer qu'un pavage du plan sans recouvrement ni espace vide est impossible. L'indécidabilité du problème du pavage signifie que, pour traiter de nouvelles situations, le mathématicien sera inévitablement amené à inventer de nouvelles méthodes de raisonnement : jamais aucun procédé général mécanique ne réussira à englober tous les cas possibles. En revanche, pour un polyomino, composé de carrés adjacents, on sait que la question du pavage est décidable : il existe un algorithme qui, lorsqu'on lui donne un polyomino, indique correctement s'il est possible de paver le plan en l'utilisant sans le faire tourner. La frontière entre le décidable et l'indécidable passe entre cette forme simplifiée du problème du pavage et la version générale. L'indécidabilité du problème des pavages du plan est liée à l'existence de pavés qui ne peuvent recouvrir le plan que non périodiquement. Un pavage non périodique d'un nouveau type a été découvert en 1994 par Charles Radin, de l'Université du Texas : contrairement à tous les pavages connus jusqu'à présent, le pavage de Radin oblige les pavés à effectuer des rotations selon une infinité d'angles différents.

Problèmes simples, décidables ou non

Avant de préciser ce que les mathématiciens entendent par «méthode de calcul», ou «algorithme», considérons quelques problèmes simples décidables ou indécidables. Soient tout d'abord deux nombres entiers m et n supérieurs à 1 ; m est-il un multiple de n? On sait que 12 est un multiple de 2, par exemple, et que 16 n'est pas un multiple de 5. On sait même comment s'y prendre pour déterminer les cas où m est un multiple de n : il suffit de (1) faire la division de m par n ; (2) regarder le reste obtenu, r ; (3) si r est nul, alors m est un multiple de n, et si r n'est pas nul, m n'est pas un multiple de n.

Ce procédé général et systématique constitue un algorithme informel de décision pour le problème des multiples. C'est un procédé d'une sûreté absolue, efficace pour tous les couples m et n, et qui donne toujours la bonne réponse : le problème des multiples est décidable.

Dans l'exemple considéré, m et n sont deux nombres entiers quelconques, supérieurs à 1. On ne cherche pas à résoudre un problème unique, mais une classe infinie de problèmes : l'usage des lettres m et n permet de résumer dans la seule question «m est-il un multiple de n?» toutes les questions : «2 est-il un multiple de 2?», «3 est-il un multiple de 2?», «3 est-il un multiple de 3? «, «4 est-il un multiple de 2?», etc.

D'autres problèmes simples sont également décidables. Ainsi on sait déterminer si un nombre est premier, on sait déterminer la n^e décimale du nombre pi, on sait vérifier si un nombre est racine d'une équation... Les énoncés sont simples, et les problèmes sont décidables.

Passons maintenant au problème d'énoncé à peine plus complexe : soient $F_1, F_2, F_3, ..., F_n$ une liste de polygones *(voir la figure 1)* ; peut-on paver le plan sans recouvrement ni espace vide avec des exemplaires de F_1, F_2, ..., F_n? Robert Berger a démontré en 1966 que ce problème est indécidable : aucun algorithme ne permet, par un calcul fini, d'établir, pour tout ensemble de formes polygonales, si oui ou non on peut paver le plan de la façon indiquée. Dire que le problème est indécidable est plus fort que dire que l'on ne sait pas résoudre le problème, ce qui marquerait simplement notre ignorance.

L'indécidabilité résulte-t-elle du fait que les listes de formes géométriques pavantes sont trop nombreuses? On est intuitivement conduit à considérer des sous-problèmes du problème initial. Ainsi on pourrait limiter les formes pavantes à des carrés juxtaposés, ce que l'on nomme encore des polyominos. Comme il existe beaucoup moins de polyominos que de formes géométriques quelconques, le nouveau problème est plus simple que le problème initial. Pourtant les logiciens démontrent, à nouveau, que le pavage par des polyominos est indécidable.

Faudrait-il restreindre les formes à une seule? On considère une forme élémentaire composée de carrés juxtaposés ; peut-on paver le plan sans recouvrement ni espace vide avec des exemplaires de la forme élémentaire et sans la faire tourner? Cette fois, le problème est si simple qu'on imagine un algorithme qui traite le problème ; sa formulation précise et sa programmation effectives sont pénibles, mais faisables. Le sous-problème du pavage sans rotation par un unique polyomino est décidable.

L'intérêt de la notion de décidabilité tient dans ce qu'elle permet de cerner ce qui est faisable. Quand on connaît un algorithme pour résoudre un problème, on le généralise ; à l'inverse, quand on sait un problème indécidable, on cherche à restreindre le problème initial à des sous-problèmes décidables.

Les machines de Turing

Comment les mathématiciens ont-ils réussi à formuler la définition de procédé de calcul? Nous avons vu que plusieurs approches séparées ont convergé ; aussi nous limiterons-nous à l'une d'entre elles : celles des «machines de Turing».

Le concept de machine de Turing, dû au mathématicien britannique Alan Turing, est à la fois simple et puissant. C'est même le plus simple des mécanismes universels de calcul que l'on puisse envisager. Qu'il soit simple, cela apparaîtra dans la définition ; qu'il soit universel, c'est-à-dire qu'il permette effectivement de programmer tout algorithme, cela constitue ce qu'on appelle la thèse de Church-Turing, qui est universellement acceptée, car on n'a jamais trouvé d'algorithme qu'on ne puisse programmer sur machine de Turing.

Une machine de Turing est un mécanisme idéal, destiné à effectuer des calculs, tels que celui de la somme $n + 2$ ou $3n$, quand on fournit la valeur de n. Pour effectuer ses calculs, la machine de Turing utilise un ruban illimité, composé de cases jointives, et une tête de lecture-écriture, avec laquelle elle lit, efface ou écrit sur

2. UNE MACHINE DE TURING est un mécanisme qui possède un nombre fini d'états intérieurs et qui, selon l'état où il se trouve et selon ce qu'il lit sur le ruban, efface la case du ruban qui est sous sa tête de lecture-écriture, y écrit un symbole et se déplace vers la gauche ou vers la droite. Le programme de la machine est une suite finie d'instructions du type : «Si je suis dans l'état E_3 et si je lis un 0 sur le ruban, alors je le remplace par un 1, je me déplace d'une case vers la droite et je passe dans l'état E_2 ; en abrégé, on note une telle instruction ($E_3\ 0 \rightarrow E_2\ 1\ D$). Tout calcul peut être exécuté par une machine de Turing.

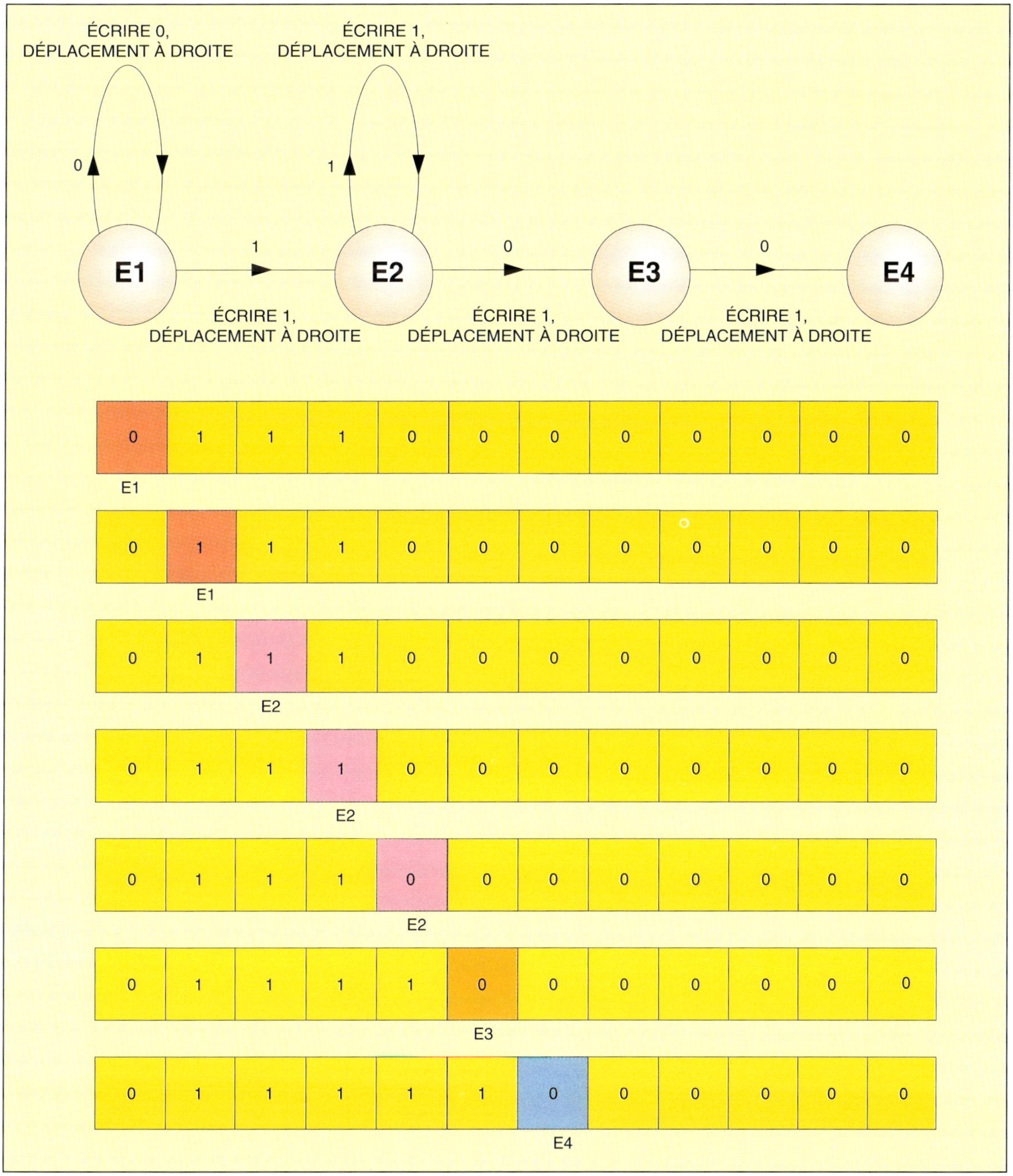

3. LA MACHINE DE TURING qui calcule la fonction $f(n) = n + 2$ peut être représentée par un graphe *(en haut)* qui résume la liste des instructions. Chaque instruction, déterminée par un état et par une valeur lue sur la bande, est représentée par une flèche joignant l'état de départ à l'état d'arrivée, avec des indications d'écriture et de déplacement. En bas, on a indiqué le détail des états successifs de la machine et de son ruban pour la donnée initiale $n = 3$. Partie de l'état E_1, la machine passe dans l'état E_2 dès qu'elle rencontre un 1. Puis elle parcourt les n cases portant des 1, en restant dans l'état E_2 et, dès qu'elle trouve un 0, elle le remplace par un 1, passe dans l'état E_3, remplace encore le 0 suivant par un 1, passe dans l'état E_4 et s'arrête. Le bilan de ce travail est que deux 1 supplémentaires ont été ajoutés. Les n symboles 1 sont devenus $n + 2$ symboles 1.

le ruban. Cette tête se déplace conformément aux instructions de la machine.

La machine qui calcule $3n$, par exemple, comporte un ruban où l'on écrit initialement le nombre n. Une fois le calcul terminé, on y lit le nombre $3n$. Pour une autre machine, telle celle qui détermine le pavage du plan par des polyominos, on écrirait sous une forme codée les données géométriques du problème, et on devrait lire, à l'arrêt de la machine, la réponse «oui» ou «non».

Une machine possède plusieurs états qui, avec les données lues sur la bande, définissent le fonctionnement ultérieur : lecture, déplacement de la tête, écriture, etc. Décrire une machine de Turing, c'est décrire comment l'état de la machine évolue et quels sont les déplacements de la tête. Une instruction est, par exemple : «Si je suis dans l'état E_1 et que je lis le symbole 0 sur le ruban, alors je passe dans l'état E_2, j'écris 1 et je me déplace d'une case vers la droite». Une telle instruction se code facilement : $(E_1\ 0 \rightarrow E_2\ 1\ D)$. Généralement on précise l'état initial avant un calcul, et l'on impose que chaque jeu de conditions ne détermine qu'un fonctionnement de la machine.

Un exemple? Considérons la machine de Turing dont les deux instructions sont : $(E_1\ 0 \rightarrow E_1\ 0\ D)$ et $(E_1\ 1 \rightarrow E_2\ 0\ D)$. Cette machine, chaque fois qu'on la place sur un ruban ne comportant que des 0 et des 1, se déplace vers la droite jusqu'à ce qu'elle trouve un 1, qu'elle transforme en 0, et s'arrête.

L'importance du concept de machine de Turing tient en ce que le type de calculs qu'elle effectue est absolument général. Pour tout algorithme, il existe une machine de Turing qui exécute les mêmes opérations que l'algorithme. La démonstration de l'équivalence est souvent longue et pénible, mais facile pour les logiciens ; après un demi-siècle de succès dans ces démonstrations, on ne doute plus que la notion d'algo-

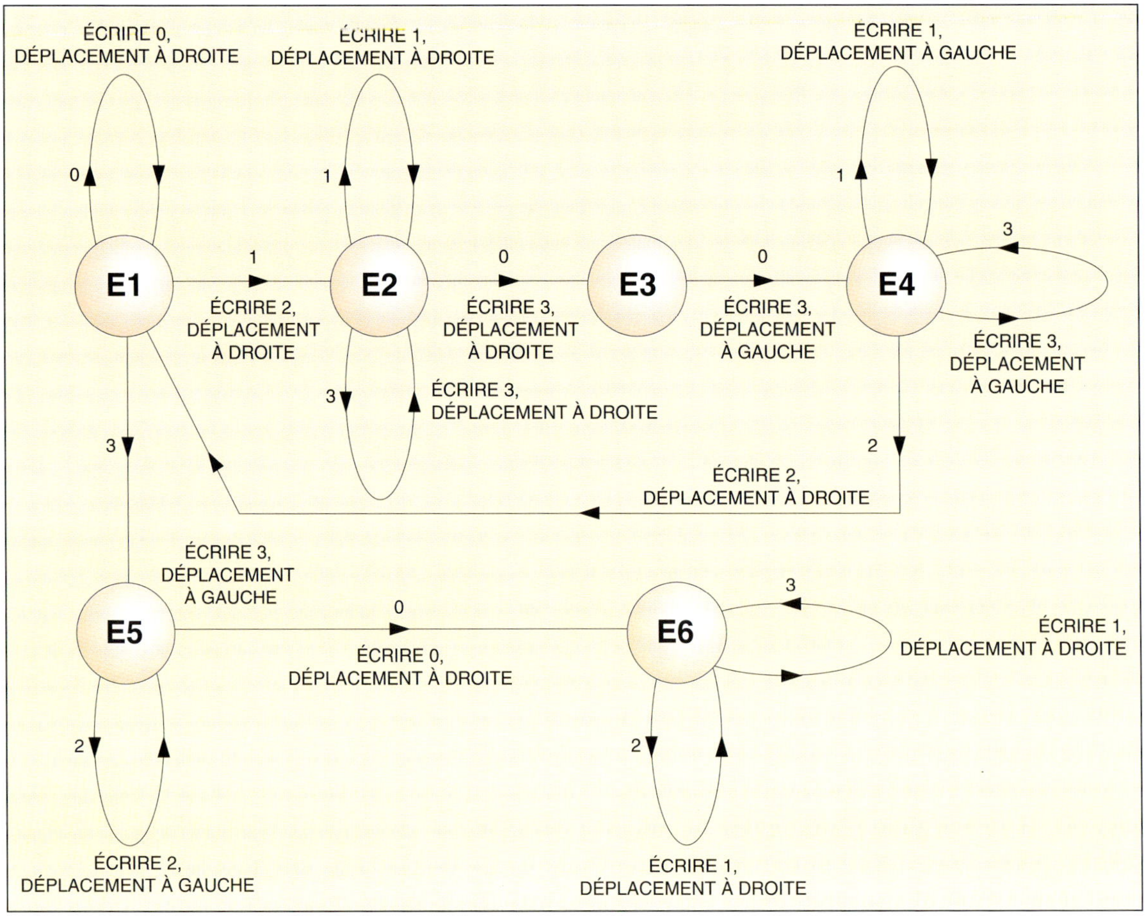

4. MACHINE DE TURING qui calcule la fonction *f(n)* = 3*n*.

rithme se confonde avec celle de machine de Turing.

L'indécidabilité de l'arrêt

Une des premières démonstrations d'indécidabilité fut celle que Turing donna dans son article de 1936, où il introduisait les machines qui portent aujourd'hui son nom. Cette démonstration est exemplaire parce qu'elle utilise une technique classique en logique mathématique : un raisonnement par l'absurde associé à un procédé «diagonal». Un tel procédé est utilisé, par exemple, pour démontrer que les nombres réels ne sont pas dénombrables ; il s'agit, à partir d'une liste infinie d'objets, de construire un nouvel objet qui n'est pas dans la liste initiale.

Une machine de Turing peut très bien calculer indéfiniment sans jamais s'arrêter. Par exemple, la machine définie par l'instruction (E_1 0 → E_1 1 D), posée sur un ruban plein de 0, se déplace indéfiniment vers la droite en transformant tous les 0 en 1.

Quelles machines de Turing s'arrêtent, et lesquelles ne s'arrêtent jamais? Ce problème est celui de l'arrêt des machines de Turing. Plus précisément, ce problème se pose de la façon suivante : les instructions d'une machine de Turing étant données, ainsi qu'un nombre n, la machine de Turing s'arrête-t-elle pour la donnée n? On convient que la donnée est écrite sur le ruban par une suite de n fois le chiffre 1, le reste du ruban étant initialement rempli de 0. On considère aussi que les symboles utilisables par les machines de Turing sont fixés une fois pour toutes et que, parmi ces symboles, on trouve : (,), 1, 2, 3, 4, 5, 6, 7, 8, 9, →, D, G, E. Il est ainsi possible d'écrire sur un ruban, comme données, la liste des instructions élémentaires d'une machine de Turing. Et puisque les machines de Turing peuvent être décrites comme une suite finie de symboles (que l'on peut associer à des nombres), on peut numéroter chaque machine.

E1 : 0 1 1 0 0 0 0 0 0 0...
E1 : 0 1 1 0 0 0 0 0 0 0...
E2 : 0 2 1 0 0 0 0 0 0 0...
E2 : 0 2 1 0 0 0 0 0 0 0...
E3 : 0 2 1 3 0 0 0 0 0 0...
E4 : 0 2 1 3 3 0 0 0 0 0...
E4 : 0 2 1 3 3 0 0 0 0 0...
E4 : 0 2 1 3 3 0 0 0 0 0...
E1 : 0 2 1 3 3 0 0 0 0 0...
E2 : 0 2 2 3 3 0 0 0 0 0...
E2 : 0 2 2 3 3 0 0 0 0 0...
E2 : 0 2 2 3 3 0 0 0 0 0...
E3 : 0 2 2 3 3 3 0 0 0 0...
E4 : 0 2 2 3 3 3 3 0 0 0...
E4 : 0 2 2 3 3 3 3 0 0 0...
E4 : 0 2 2 3 3 3 3 0 0 0...
E4 : 0 2 2 3 3 3 3 0 0 0...
E1 : 0 2 2 3 3 3 3 0 0 0...
E5 : 0 2 2 3 3 3 3 0 0 0...
E5 : 0 2 2 3 3 3 3 0 0 0...
E5 : 0 2 2 3 3 3 3 0 0 0...
E6 : 0 2 2 3 3 3 3 0 0 0...
E6 : 0 1 2 3 3 3 3 0 0 0...
E6 : 0 1 1 3 3 3 3 0 0 0...
E6 : 0 1 1 1 3 3 3 0 0 0...
E6 : 0 1 1 1 1 3 3 0 0 0...
E6 : 0 1 1 1 1 1 3 0 0 0...
E6 : 0 1 1 1 1 1 1 0 0 0...

5. FONCTIONNEMENT de la machine de Turing qui calcule la fonction *f(n)* = 3*n*.

Pour traiter le problème de l'arrêt des machines de Turing, nous allons utiliser la thèse de Church-Turing, selon laquelle toute fonction programmable peut l'être avec une machine de Turing. Nous pourrions, mais cela allongerait terriblement la démonstration, nous passer ici de la thèse de Church-Turing.

Supposons que le problème de l'arrêt soit décidable. Alors il existerait une machine de Turing MA qui, chaque fois que l'on écrit sur son ruban les instructions d'une machine quelconque M et un entier n, effectue les calculs, puis s'arrête en ayant écrit «oui» sur le ruban (si la machine M s'arrête pour la donnée n) ou «non» (si la machine M ne s'arrête pas pour la donnée n).

Nous transformons cette machine MA hypothétique en une autre machine MB qui, lorsqu'on lui donne le nombre entier n, le transforme en la définition de la machine n suivi de l'entier n, puis fonctionne comme MA, et enfin, s'arrête s'il y avait écrit «non» à la fin de la deuxième phase, ou se met à calculer indéfiniment s'il y avait écrit «oui» à la fin de la seconde phase.

La transformation de la machine *MA* en machine *MB* n'est pas difficile, car on a admis que ce que faisait la machine *MA* était faisable par algorithme. Comme la machine *MB* ne fait pas beaucoup plus compliqué que *MA*, si *MA* existe, *MB* existe aussi (on sait préciser cette modification).

Concentrons nous sur la remarque suivante : par construction, la machine *MB*, quand on lui donne le numéro *n* d'une machine *M* qui s'arrête pour la donnée *n*, est une machine qui ne s'arrête pas. Inversement si on donne à la machine *MB* le numéro *n* d'une machine *M* qui ne s'arrête pas pour la donnée *n*, alors la machine *MB* s'arrête.

La machine *MB* est elle-même une machine de Turing ; donc elle a un numéro *k*. Que se passe-t-il quand on donne le nombre *k* à la machine *MB*?

Si *MB* s'arrête pour la donnée *k*, alors la machine dont le numéro est *k* ne s'arrête pas pour la donnée *k*. Comme la machine dont le numéro est *k* est précisément la machine *MB*, on doit déduire que la machine *MB* ne s'arrête pas, ce qui est contradictoire. Inversement, si *MB* ne s'arrête pas pour la donnée *k*, on en déduit que *MB* s'arrête pour la donnée *k*. Les deux cas possibles conduisent donc à une contradiction. Comme la seule hypothèse que nous ayons faite concerne l'existence de la machine *MA*, la contradiction montre que l'hypothèse est fausse : la machine *MA* n'existe pas, et le problème de l'arrêt des machines de Turing est indécidable.

Les problèmes classiques indécidables

Les problèmes indécidables sont rarement simples, pour la bonne raison que, si un problème est vraiment simple, il est décidable. La notion d'indécidabilité, pour qu'elle soit utile, doit s'appliquer à des problèmes réellement intéressants et non seulement à des problèmes techniques concernant les machines de Turing. Aussi a-t-elle acquis progressivement de l'importance, à mesure que les mathématiciens réussissaient à l'appliquer à des problèmes variés.

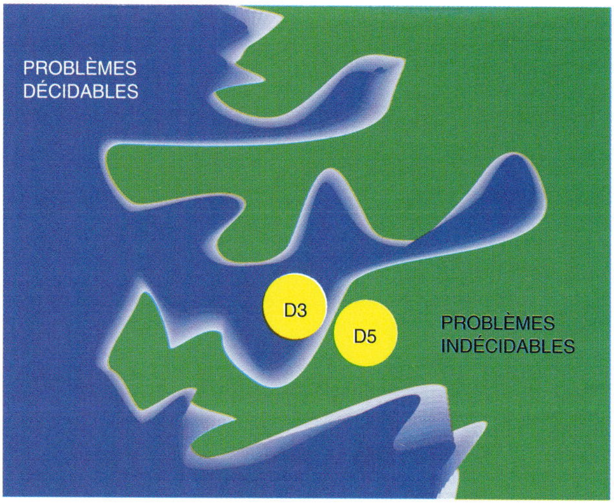

6. LES PROBLÈMES qu'étudient les mathématiciens sont comme un champ de bataille que l'on conquiert pied à pied. Les zones loin de la frontière entre le décidable et l'indécidable sont faciles à occuper. En revanche, plus on s'approche de la frontière, plus il est difficile d'installer des positions. On connaît, par exemple, un algorithme qui détermine si une équation diophantienne de degré inférieur à 3 possède ou non des solutions : le problème de la détermination de ces solutions est décidable (D_3). On sait qu'il n'existe pas d'algorithme analogue pour les équations diophantiennes de degré inférieur à 5 ; c'est un problème proche, mais de l'autre côté de la frontière (D_5). Pour les équations diophantiennes de degré inférieur à 4, on ignore si un algorithme existe.

La famille des problèmes pour lesquels on peut se poser la question de la décidabilité est immense et constitue un champ que les mathématiciens cherchent à conquérir le plus efficacement possible. Pour cela, ils utilisent une stratégie habile, qui consiste à se concentrer surtout sur la zone frontière entre les problèmes décidables et les problèmes indécidables, en cherchant à prendre le contrôle des points dominants. Qu'est-ce qu'un point dominant? C'est un problème aussi simple que possible dont on démontre qu'il est indécidable, ou un problème aussi difficile que possible, en apparence, dont on démontre qu'il est décidable.

Quand un nouveau problème est reconnu intéressant et qu'il n'est pas clair qu'il soit ou non décidable, ces points dominants tenus par les mathématiciens permettent d'avoir une méthode d'attaque organisée : on cherche un problème proche et résolu, et on tente de ramener la solution de celui auquel on s'intéresse à ce problème connu.

Malheureusement le terrain mathématique a des caractéristiques topologiques désagréables : plus on est proche de la frontière, plus on avance difficilement et moins on perçoit sa forme. Cette frontière est infiniment découpée, et pleine de surprises.

La conquête des points dominants a été entreprise dès les années 1930, et elle se poursuit depuis, avec quelques avancées notables, telle la démonstration de l'inexistence de solution au dixième problème de Hilbert, en 1970.

2

L'indécidabilité en mathématiques et en physique

L'indécidabilité de certains problèmes entraîne notre incapacité à prédire l'évolution des systèmes physiques.

L'informatique est si proche de la logique que la découverte de l'indécidabilité y a eu des conséquences importantes. Le théorème de Rice, notamment, a constitué une étape dans l'exploration du monde indécidable. Démontré en 1953, ce théorème est d'une puissance telle qu'il permet de résoudre, encore aujourd'hui, de nombreuses questions naturelles que l'on se pose en programmation. Il stipule que toute propriété qui n'est ni toujours vraie ni toujours fausse et qui porte sur la fonction que calcule une machine de Turing *(voir le chapitre précédent)* est indécidable.

Par exemple, le problème de savoir si une machine de Turing calcule une fonction $f(n)$ non nulle fixée est indécidable. Ainsi le problème de savoir si une machine de Turing calcule la fonction $f(n) = 3n$ est indécidable : on connaît certaines machines qui calculent cette fonction et l'on connaît d'autres machines qui ne la calculent pas, mais il n'existe pas d'algorithme qui, pour toute machine donnée, indique si elle calcule la fonction $f(n) = 3n$.

Appliqué au problème de la programmation en informatique, le théorème de Rice permet d'obtenir l'indécidabilité des problèmes suivants. Deux programmes informatiques calculent-ils la même chose (problème de l'équivalence des programmes)? Un programme informatique contient-il un morceau de code qui ne sert jamais (problème du morceau de code inutile)? Un programme utilisera-t-il un périphérique particulier, tel que l'imprimante (problème de l'utilisation d'une ressource)?

En logique, aussi, le théorème de Rice a des applications. Les mathématiciens sont réputés économes de leur peine et envisagent (sans y croire vraiment, sans doute) de se faire remplacer par des machines ou, plutôt, par des algorithmes. Malheureusement de nombreux résultats d'indécidabilité suggèrent qu'ils auront toujours besoin de travailler.

Depuis le début du siècle, la méthode axiomatique s'est imposée, et toute question mathématique peut s'exprimer sous la forme : telle propriété résulte-t-elle de tel système d'axiomes? Par exemple, le grand théorème de Fermat, démontré il y a peu par Andrew Wiles, de Cambridge, est le suivant : il n'existe aucun nombre entier positif r supérieur à 2 tel que l'équation $n^r + m^r = p^r$ ait une solution en nombres entiers non nuls ; les axiomes de Peano de l'arithmétique (qui permettent, entre autres choses, les raisonnements par récurrence), avec les méthodes générales de raisonnement fixées par la logique, définissent un système de démonstration qui est suffisant pour presque toutes les questions d'arithmétique. Existe-t-il une démonstration, dans ce système, qui établisse le théorème de Fermat?

Ce problème appartient à la même famille que celui de la démontrabilité dans l'arithmétique de Peano : une formule arithmétique étant donnée, peut-on la démontrer dans le système formel de l'arithmétique de Peano?

On sait justement depuis Alonzo Church, en 1936, que ce dernier problème est indécidable : aucun algorithme n'indique, pour toute formule donnée, si oui ou non elle est démontrable dans le système formel de l'arithmétique de Peano.

Pour la plupart des systèmes de démonstrations puissants, de tels résultats d'indécidabilité ont été démontrés. Cependant, pour des théories particulièrement simples, des algorithmes ont été proposés : c'est le cas, par exemple, pour l'arithmétique sans multiplication ; en 1930, Mojzesz Presburger a trouvé un algorithme général qui, pour chaque formule de l'arithmétique ne faisant pas intervenir le symbole de la multiplication, indique en un temps fini si oui ou non la formule est démontrable. Des résultats plus précis sur la complexité des algorithmes de décision, quand ils existent, ont également été démontrés en 1974 pour l'arithmétique sans multiplication. Il n'est pas absurde de dire que l'indécidabilité établit la nécessité des mathématiciens.

Le problème de Post

Les méthodes utilisées pour établir que des problèmes sont indécidables sont de deux types

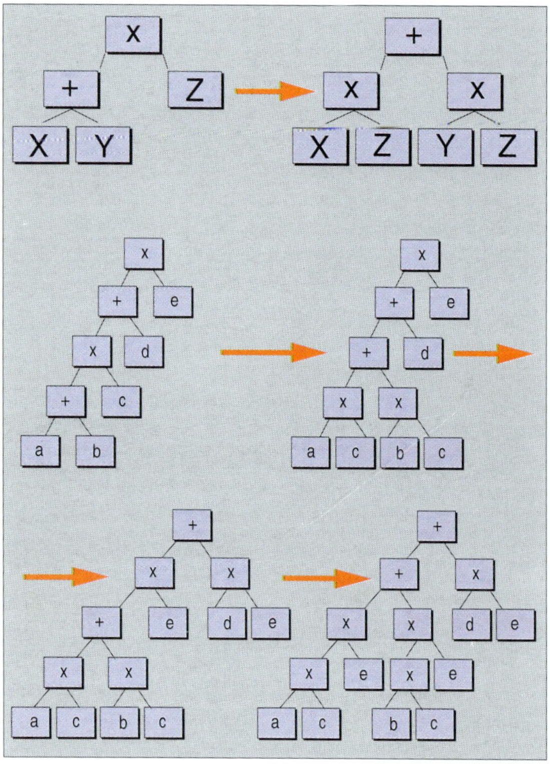

1. LA RÈGLE DE RÉÉCRITURE de la distributivité permet de remplacer, dans une formule mathématique, l'expression *(X + Y) × Z* par *X × Z + Y × Z (en haut)*. À partir de l'expression ((a + b) × c + d) × e, on peut appliquer cette règle de réécriture trois fois, afin d'obtenir successivement : *((a × c + b × c) + d) × e*, puis *((a × c + b × c) × e + d × e)*, puis *((a × c × e + b × c × e) + d × e)*. Cette règle de réécriture s'arrête toujours : à partir d'un certain moment, on ne peut plus l'appliquer. D'autres règles, en revanche, peuvent s'appliquer indéfiniment. Max Dauchet, du Laboratoire d'informatique fondamentale de Lille, a démontré en 1988 que le problème de l'arrêt d'une règle de réécriture est un problème indécidable.

principaux. Soit on utilise une technique comme celle que nous avons considérée dans le chapitre précédent (argument diagonal), soit on se fonde sur un problème démontré indécidable et on montre que, si le problème considéré était décidable, alors le problème montré indécidable serait décidable. Cette seconde méthode est la plus rapide ; pour qu'elle soit facilement utilisable, on a besoin de problèmes aussi simples que possible dont l'indécidabilité soit établie.

Le problème de la correspondance de Post, étudié en 1946, est parmi les plus simples qui soient indécidables. Son énoncé ne fait intervenir que des notions évidentes.

Considérons deux listes de mots $(m_1, m_2, m_3, ..., m_p)$ et $(n_1, n_2, ..., n_p)$. Peut-on juxtaposer des mots de la première liste de telle façon que le mot obtenu soit le même qu'en juxtaposant de la même façon les mots de la seconde liste? Considérons, par exemple, la liste *(aa, bb, abb)* et la liste *(aab, ba, b)*. On peut mettre les deux listes en correspondance en écrivant *aa, bb, aa, abb* ou *aab, ba, aab, b*. Donc, pour ces deux listes particulières, la réponse au problème de Post est «oui». En revanche, pour les listes *(aab, a)* et *(aa, baa)*, le problème de Post n'a pas de solution (pouvez-vous le démontrer?). Bien qu'apparemment très simple, le problème de Post est indécidable : aucun algorithme n'indique, pour chaque jeu de données possible, si oui ou non il existe une mise en correspondance analogue à celle du premier exemple. Ce résultat d'indécidabilité est un outil essentiel en algèbre et en théorie des langages.

Nous avons déjà indiqué que le théorème de Rice permettait de démontrer l'indécidabilité de l'utilité d'une partie de programme. À titre d'exemple, nous allons montrer qu'à partir du problème de Post, on peut facilement retrouver ce résultat. Il s'agit d'un raisonnement typique.

Supposons que nous disposions d'un algorithme *A* qui, pour tout programme *P*, indique en un temps fini si oui ou non chaque morceau de code est utile. Soit la sous-famille des programmes de la forme :

Programme *P* dépendant de $(m_1, m_2, m_3, ..., m_p)$
et de $(m'_1, m'_2, ..., m'_p)$.

Pour *n* variant de 1 à l'infini :

rechercher parmi les p^n tentatives possibles s'il y a une correspondance de Post utilisant *n* mots

si oui, imprimer «oui».

L'algorithme *A*, appliqué au programme *P* et à la partie du programme «si oui imprimer "oui"», indique si le problème de correspondance de Post associé aux paramètres de *P* admet ou non une solution. Cela résulte de ce que la dernière ligne de P est utile si et seulement si, pour les paramètres de P, le problème de correspondance de Post admet une solution. Disposer de l'algorithme A permettrait donc de résoudre le problème de Post. Comme ce problème est indécidable, l'hypothèse initiale est fausse : l'algorithme A n'existe pas. Autrement dit, il n'existe aucun algorithme indiquant si une partie de code est vraiment utile dans un programme.

Le dixième problème de Hilbert

Dans le cas de l'utilité des morceaux de code, la méthode qui nous a conduit à la démonstration d'indécidabilité est simple. À propos du problème de Hilbert, le raisonnement est plus complexe. Ce problème fut posé par David Hilbert lors du Congrès international des mathématiciens, à Paris, en 1900. L'énoncé était le suivant : soit une équation diophantienne (à coefficients entiers) ; peut-on trouver un procédé qui détermine, par un nombre fini d'opérations, si cette équation possède des solutions en nombres entiers?

Cet énoncé mérite plusieurs remarques. Tout d'abord, on nomme équation diophantienne une équation de la forme $P = 0$, où P est un polynôme à coefficients entiers. Ainsi $x^2 + y^2 - 1 = 0$ est une équation diophantienne à deux inconnues x et y. Elle possède deux solutions entières qui sont : $x = 1$, $y = 0$ et $x = 0$, $y = 1$ (on ne s'intéresse qu'aux solutions entières positives, mais la prise en considération des solutions entières négatives ne change pas les résultats que nous allons examiner). L'équation diophantienne $x^2 - 991y^2 - 1 = 0$ possède des solutions, mais celles-ci sont beaucoup moins faciles à trouver que précédemment : la plus petite est $x = 379\ 516\ 400\ 906\ 811\ 930\ 638\ 014\ 896\ 080$ et $y = 12\ 055\ 735\ 790\ 331\ 359\ 447\ 442\ 538\ 767$.

Dans son énoncé, Hilbert mentionne un «procédé qui détermine par un nombre fini d'opérations». Aujourd'hui nous comprenons qu'il signifiait un algorithme ou, puisque c'est équivalent,

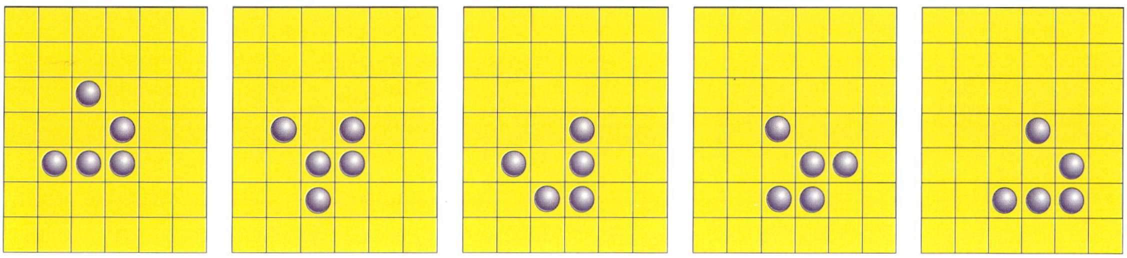

2. DANS LE JEU DE LA VIE, inventé par John Conway, deux règles s'appliquent : une case vide à un instant le reste à l'instant suivant sauf si elle possède exactement trois voisines pleines (les cases voisines sont celles qui sont adjacentes par les côtés ou par les coins) ; une case déjà occupée le reste sauf si elle possède moins de deux cases voisines occupées, ou plus de trois. La configuration nommée glisseur, représentée sur la première figure, se reproduit identique à elle-même en quatre générations, mais décalée d'une case vers le bas et d'une case vers la droite.

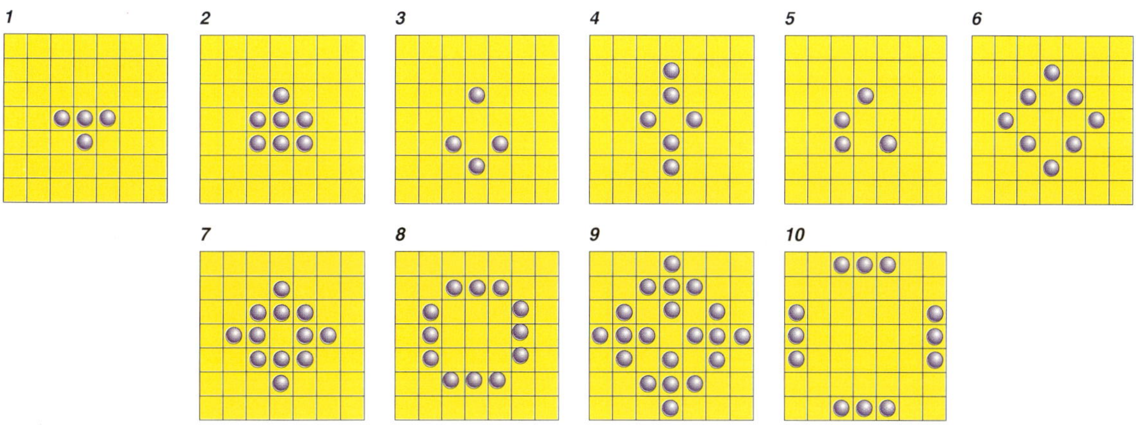

3. UNE CONFIGURATION même simple comme celle qui est représentée en haut à gauche peut avoir une évolution complexe. L'évolution à long terme d'une configuration, bien que commandée par des règles déterministes et connues, constitue un problème indécidable.

une machine de Turing. Traduit sous la forme que nous avons utilisée jusqu'à présent, l'énoncé du dixième problème de Hilbert devient la question de la décidabilité des équations diophantiennes : soit P un polynôme à coefficients entiers, l'équation $P = 0$ possède-t-elle des solutions?

Hilbert pressentait peut-être que son dixième problème n'avait pas de solution : «Parfois il arrive que l'on recherche une solution sous des hypothèses insatisfaites ou inappropriées en un certain sens, et on se trouve donc incapable d'atteindre son but. Naît alors l'objectif de prouver l'impossibilité de la solution sous les hypothèses données et dans le sens envisagé. De telles preuves d'impossibilité ont été déjà obtenues par les anciens, comme l'irrationalité de la racine de 2. Dans les mathématiques modernes, la question de l'impossibilité de certaines questions a joué un rôle clef. C'est ainsi que nous avons acquis la connaissance que de vieux et difficiles problèmes, comme prouver l'axiome des parallèles, la quadrature du cercle, ou résoudre des équations du cinquième degré par radicaux, n'ont pas de solution dans le sens envisagé initialement.» L'histoire se répéta pour les équations diophantiennes.

Le problème de la décidabilité du dixième problème de Hilbert est particulièrement intéressant, car il concerne une question purement arithmétique. D'une certaine façon, le concept de décidabilité est mis à l'épreuve par ce problème. Si les mathématiciens avaient échoué dans leur désir de savoir si le dixième problème de Hilbert est ou non décidable, le concept de la décidabilité aurait sans doute été jugé inefficace.

Le problème résista jusqu'en 1970, où il fut définitivement résolu par Yuri Matijasevic, alors à l'Institut mathématique de Steklov, à Leningrad, et la solution a été conforme à ce que l'on prévoyait : il n'existe aucun algorithme qui indique, pour chaque équation diophantienne, si elle a ou non des solutions. Ce résultat, en même temps que la solution d'un problème ancien, est particulièrement important, car il marque la maturité des techniques de démonstration en théorie de la décidabilité.

Par où passe la frontière?

Aussitôt, on chercha à affiner ce résultat d'indécidabilité et à préciser la frontière entre le décidable et l'indécidable dans cette zone des mathématiques. La complexité d'une équation diophantienne peut se mesurer par son degré et par le nombre de ses inconnues. D'où vient que l'on distingue deux familles de problèmes : celle où l'on fait varier le degré des équations considérées, et celle où l'on fait varier le nombre des inconnues.

Nous allons considérer ces deux sous-familles du problème général des équations diophantiennes, en indiquant les meilleurs résultats connus aujourd'hui sur ces questions.

La première famille est composée du problème des équations diophantiennes de degré inférieur à 2, du problème des équations diophantiennes de degré inférieur à 3, du problème des équations de degré inférieur à 4... On sait que le problème des équations diophantiennes de degré inférieur à 2 est décidable. De même, le problème des équations diophantiennes est décidable pour celles de degré inférieur à 3. On sait aussi que le problème des équations diophantiennes de degré inférieur à 5 est indécidable. En revanche, on ignore le statut des équations diophantiennes de degré inférieur à 4. Pour le degré, la frontière passe entre 3 et 5.

Considérons maintenant le nombre des inconnues. La deuxième sous-famille est composée : du problème des équations diophantiennes à moins de deux inconnues, du problème des équations diophantiennes à moins de trois inconnues, etc. La frontière, dans ce cas, est moins bien connue que dans le cas du degré. On sait que le problème à une inconnue est décidable, et qu'il est indécidable à neuf inconnues. On ignore où est la frontière, entre 1 et 9, et chaque progrès n'est obtenu qu'au prix d'un effort considérable.

L'indécidabilité des règles de réécriture

Nous avons vu pourquoi il était utile de démontrer l'indécidabilité d'un problème ou, au contraire, d'observer qu'il était décidable ; toutefois une autre utilisation des concepts est possible : établir qu'un mécanisme de calcul est assez puissant pour simuler tout algorithme. En informatique, ce problème se rencontre fréquemment, et l'on sait que des langages classiques de programmation *(Fortran, Pascal, Basic, Lisp, Prolog)* permettent effectivement d'exprimer tout algorithme de calcul. On démontre cela en programmant des simulations de machines de Turing dans chacun de ces langages, ce qui est généralement facile, même dans le langage particulier qu'est *Prolog*.

En revanche, un résultat récent de cette nature, concernant les règles de réécriture, a surpris les informaticiens. Une règle de réécriture est un moyen de transformer une expression algébrique en une autre. Nous avons tous appris, par exemple, que l'expression algébrique $x(y + z)$ peut se transformer en $xy + xz$. Ce type de réécriture s'applique dans de nombreux cas, parfois plusieurs fois de suite quand les expressions algébriques sont complexes. D'autres règles s'appliquent un nombre infini de fois : par exemple, la règle qui transforme $x + y$ en $y + x$, car une fois la règle appliquée, rien n'interdit de la réutiliser : $x + y$ donne $y + x$, qui donne $x + y$, etc.

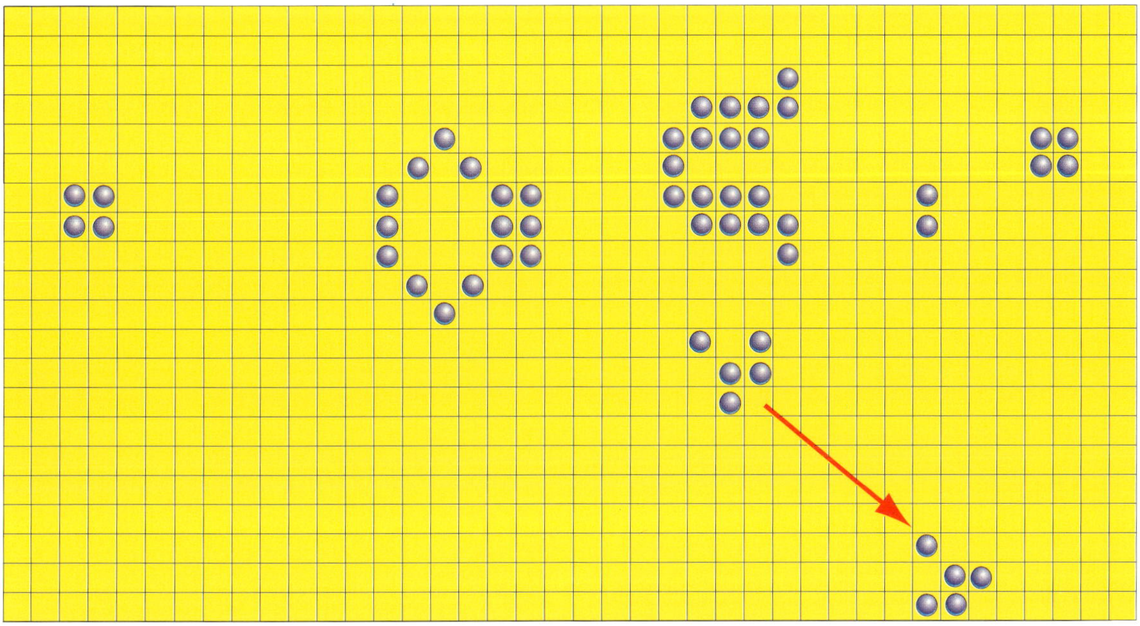

4. LE LANCE-GLISSEURS est une configuration qui crée un glisseur toutes les 15 générations. Sur la figure, on voit deux de ces glisseurs qui s'en vont vers le bas à droite. Le lance-glisseur a été découvert par un groupe d'étudiants réuni autour de R. Gosper (MIT) ; ce groupe a gagné le prix de 15 dollars offert en 1970 par J. Conway à qui trouverait une configuration du Jeu de la vie dont le nombre de particules augmenterait indéfiniment.

5. TROIS TYPES DE RAISONS s'allient pour empêcher la prévision du futur. La mécanique quantique est à l'origine d'une imprécidibilité fondamentale : par exemple, dans le monde physique *(à gauche)*, on ne peut prévoir à la fois la position et la vitesse d'une particule ; de ce fait, on ne peut pas connaître le futur d'un système simple composé d'une seule particule, et, *a fortiori*, celui de systèmes complexes tels que les êtres vivants. Dans l'univers simplifié de la mécanique classique *(au milieu)*, les physiciens ont également observé que la prévision des phénomènes est impossible : pour prévoir le comportement d'une boule de billard, par exemple, il faudrait connaître avec une précision infinie l'angle de la queue, l'impulsion communiquée à la boule, etc. Enfin, même dans les univers simplifiés à l'extrême tels que celui du Jeu de la vie *(à droite)*, la prévision est impossible en raison de l'indécidabilité mathématique.

Le type de calcul que constitue l'application de telles règles ne semble pas très puissant et, si l'on savait qu'en prenant suffisamment de règles de réécriture, on pouvait simuler n'importe quel algorithme, ce n'est que très récemment que M. Lipton et M. Snyder ont établi, d'abord, que trois règles étaient suffisantes ; puis M. Dershowitz, en 1987, montra que deux règles suffisaient. Enfin, en 1988, M. Dauchet, a montré qu'une seule règle de réécriture permettait de simuler tout algorithme imaginable.

Ce résultat implique l'indécidabilité de l'arrêt d'une règle de réécriture, c'est-à-dire l'indécidabilité du problème suivant : étant données une règle de réécriture et une expression algébrique, peut-on appliquer indéfiniment la règle de réécriture à l'expression symbolique? En effet, puisque tout algorithme peut être simulé par une règle de réécriture, si on savait décider l'arrêt d'une règle de réécriture, on saurait décider de l'arrêt d'un algorithme, ce qui, nous l'avons vu, est impossible.

L'indécidabilité et la prédiction en physique

Certains des résultats présentés dans cet article peuvent être interprétés d'un point de vue physique. En effet, on construit facilement une machine de Turing ou un mécanisme ayant la puissance de telles machines. L'indécidabilité du problème de l'arrêt prend alors un sens nouveau, concernant la prévisibilité en physique : même quand on connaît parfaitement un système physique et toutes les lois qui le régissent, même si, de plus, ce système ne répond qu'à des lois déterministes, il se peut que son comportement à long terme ne soit pas prévisible. Même dans un univers simplifié, non quantique, qu'on connaîtrait parfaitement, l'avenir continuerait de nous échapper.

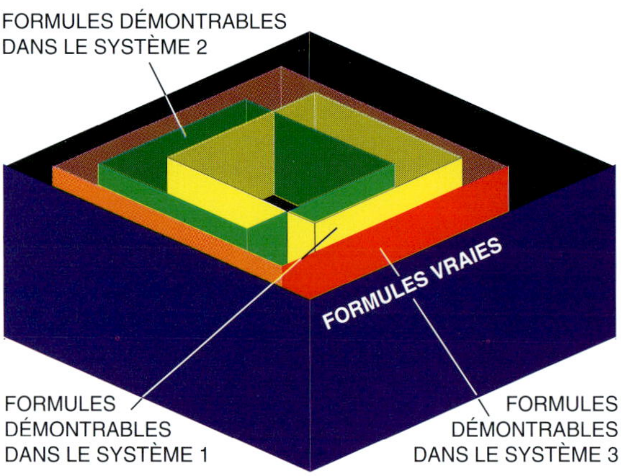

6. LE THÉORÈME DE GÖDEL indique que les énoncés démontrables dans un système formel ne peuvent jamais n'être que des énoncés vrais d'arithmétique et être tous les énoncés vrais d'arithmétique. Les indécidables de Gödel d'un système formel sont les formules qui, bien que vraies, ne sont pas démontrables dans le système en question. Ces indécidables dépendent du système formel que l'on utilise. Sur cette figure, on a envisagé les énoncés démontrables avec trois systèmes formels. Certains énoncés démontrables dans un premier système formel 1 ne sont pas démontrables dans le système formel 2, et certains énoncés démontrables dans le système 2 ne sont pas démontrables dans le système 1. Le système formel 3 est plus puissant que les deux autres, car il a moins d'indécidables qu'eux.

Pour illustrer cette idée, considérons le célèbre Jeu de la vie, inventé dans les années 1970 par John Conway, de Cambridge, et qui se déroule dans un univers extrêmement simple pour lequel la non prévisibilité du système a été démontrée.

L'espace du Jeu de la vie est un plan illimité sur lequel une grille est dessinée. Un seul type de «particule élémentaire» existe; leur comportement suit une loi déterministe particulièrement simple. Si, à un instant t, une case est occupée par une particule et qu'elle possède plus de trois voisins, alors, à l'instant $t + 1$, la particule disparaît par étouffement ; de même, si elle a moins de deux voisins, elle meurt par isolement. En outre, quand une case vide comporte exactement trois voisins, une nouvelle particule naît.

Ce jeu a été l'objet de nombreuses chroniques de récréations mathématiques tant il est fascinant. On prétend même que les écrans graphiques des ordinateurs ont été inventés pour permettre aux fanatiques de ce jeu de visualiser leurs trouvailles : des configurations qui se déplacent, des configurations qui lancent des objets, etc.

Mois après mois, l'étude de l'univers du Jeu de la vie se développa et, finalement, le nombre des résultats accumulés permit d'établir qu'aussi simple que soit ce modèle d'univers, il était malgré tout l'objet d'indécidabilité. En 1982, J. Conway, E. Berkelamps et R. Guy ont même montré que, comme les règles de réécriture, le Jeu de la vie est un moyen universel de calcul.

Le problème le plus simple que l'on puisse se poser, à propos du Jeu de la vie est : une configuration finie étant donnée, finit-elle par disparaître ou, au contraire, persiste-t-elle indéfiniment? Un tel problème est indécidable : aucun algorithme ne pourra jamais être assez général pour mener à bien l'analyse du destin final de toute configuration initiale du Jeu de la vie.

Notre monde physique est bien plus complexe que celui du Jeu de la vie : on peut d'ailleurs simuler le Jeu de la vie dans notre espace. Il ne fait donc pas de doute que, lui aussi, est sujet à une telle imprévisibilité fondamentale, sans qu'il soit même besoin d'invoquer la mécanique quantique.

Des systèmes mécaniques encore plus simples que celui du Jeu de la vie sont sujets à l'indécidabilité. Pour certains d'entre eux, Stephen Wolfram (créateur du logiciel *Mathematica*) conjecture même une imprévisibilité plus forte : l'évolution d'un tel système serait telle que, non seulement on ne pourrait en prévoir le destin ultime, mais aussi que, pour prévoir le comportement pendant une période de temps finie, il n'y aurait rien de mieux que de simuler exactement chaque étape d'évolution : dans certaines situations physiques, la connaissance des lois ne servirait à rien.

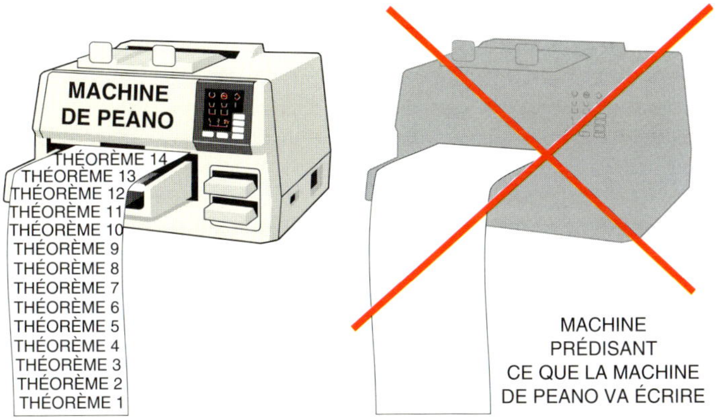

7. UN SYSTÈME FORMEL peut être considéré comme une machine qui produit des théorèmes. Le théorème de Gödel stipule qu'on ne pourra jamais concevoir de machine qui n'énoncerait que des théorèmes d'arithmétique exacts, et qui les énoncerait tous. Notamment la «machine de Peano» (associée au système formel de l'arithmétique de Peano) n'énumère pas tous les théorèmes de l'arithmétique. Le théorème de Church énonce un résultat différent : ce que la machine de Peano écrit sur sa feuille infinie est imprévisible ; il n'existe aucune machine qui, pour tout énoncé d'arithmétique, indique en un temps fini si, oui ou non, la machine de Peano écrira l'énoncé. Qu'il existe des énoncés vrais n'apparaissant pas sur le listing de la machine de Peano, c'est l'indécidabilité de Gödel ; qu'une machine comme la machine de droite ne puisse exister, c'est l'indécidabilité du système formel de l'arithmétique de Peano.

Systèmes formels et indécidables de Gödel

Pour terminer, précisons les liens qui existent entre les problèmes indécidables et ce que l'on nomme les énoncés indécidables de Gödel, car, bien souvent, ces deux notions sont confondues, ce qui donne lieu à des contresens.

Le théorème de Gödel, démontré en 1931, énonce que, pour tout système de démonstrations assez puissant, il est possible de trouver, mécaniquement, à partir de la définition précise du système en question, un énoncé qui soit vrai et indémontrable dans ce système. Un tel énoncé est nommé indécidable de Gödel. On considère que ces indémontrables signifient qu'aucune méthode de formalisation n'est complète.

Observons tout d'abord qu'un problème indécidable est indécidable une fois pour toutes : l'indécidabilité d'un problème ne dépend pas d'un système de démonstrations particulier ; elle se réfère à la notion d'algorithme.

En revanche, un énoncé indécidable de Gödel est indécidable relativement à un système de démonstrations donné. Et si je prends un indécidable I de Gödel du système de démonstrations S, et que je l'ajoute aux axiomes de S, j'obtiens un nouveau système de démonstrations S' où l'énoncé I n'est plus indécidable, puisqu'il est devenu un axiome (il est alors démontrable, par une démonstration qui consiste simplement en l'invocation de l'axiome). L'indécidabilité d'un énoncé est relative, et aucun indécidable de Gödel n'est absolu, c'est-à-dire indécidable dans tout système de démonstrations.

Une autre différence entre un problème indécidable et un énoncé indécidable est qu'un problème indécidable représente une infinité d'énoncés. À l'indécidabilité de l'arrêt des machines de Turing correspond une infinité d'énoncés, tel celui qui dit que machine numéro 1 s'arrête, celui qui dit que la machine numéro 2 ne s'arrête pas, etc. En revanche, un indécidable de Gödel est un énoncé unique.

Le rapport entre les problèmes indécidables et les énoncés indécidables de Gödel est simple : si S est un système de démonstrations fixé, et si P est un problème indécidable, alors, parmi tous les énoncés vrais correspondant au problème P, il y en a un au moins qui est indécidable de Gödel, relativement à S.

La démonstration de cette propriété est assez simple. En effet, supposons que tous les énoncés concernant P soient démontrables dans le système de démonstrations S. Soit alors l'algorithme suivant : pour toute donnée d du problème P, rechercher dans la liste de toutes les démonstrations du système de démonstrations S (quand S est fixé, il est facile de définir un algorithme qui énumère toutes les démonstrations correctes de S), celle qui démontre que «*P* est vrai pour la donnée *d*» ou celle qui démontre que «*P* est faux pour la donnée *d*». L'hypothèse que tous les énoncés concernant *P* sont démontrables dans le système *S* signifie simplement que, quelle que soit la donnée *d*, l'algorithme décrit s'arrêtera avec la bonne réponse. On aurait donc un algorithme pour le problème *P*, ce qui est en contradiction avec l'hypothèse que *P* est indécidable. Donc, parmi les énoncés vrais associés au problème *P*, il y en a un au moins qui est vrai et non démontrable dans le système de démonstrations *S*.

Remarquons que notre raisonnement établit l'existence d'un indécidable de Gödel relativement à *S*, mais ne le construit pas explicitement, contrairement à la démonstration originale de Gödel.

Grâce à notre raisonnement, nous sommes certains que, pour tout système de démonstrations *S*, il existe un énoncé de la forme «la machine de Turing ne s'arrête pas» ou de la forme «la machine de Turing s'arrête» qui est vrai mais indémontrable dans le système *S* (en fait, dans les systèmes de démonstrations intéressants, on peut préciser que c'est un énoncé de la forme «la machine de Turing ne s'arrête pas» qui est indémontrable).

De même, comme conséquence de notre résultat, on obtient que, dans tout système de démonstrations, il existe un problème de correspondance de Post, qui ne peut être résolu, il existe une équation diophantienne dont on ne peut ni démontrer qu'elle possède des solutions, ni démontrer qu'elle n'en possède pas, une configuration du Jeu de la vie dont il est impossible d'établir si elle est éternelle ou non, etc.

Ces énoncés d'existence d'indécidables de Gödel à propos de problèmes variés peuvent être renforcés, et l'ont été de bien des façons. D'abord, on établit facilement qu'à chaque problème indécidable correspond non pas un, mais une infinité d'indécidables de Gödel. Ensuite on connaît, grâce à Gregory Chaitin, des Laboratoires de recherche *IBM* de Yorktown Heights, des problèmes «si indécidables» que tous les énoncés qui leur correspondent sont des indécidables de Gödel, sauf un nombre fini d'entre eux.

Ainsi, apparues à l'occasion de problèmes de logique mathématique, les notions de calculabilité et de décidabilité ont progressivement touché un grand nombre de disciplines, y compris en dehors des mathématiques. Il n'est pas excessif de dire que, par leurs implications concrètes (en informatique, notamment), mathématiques et philosophiques, ces notions sont parmi les plus importantes qui aient été mises au jour, au cours du siècle, à l'égal de celles qui ont été élaborées en relativité, en mécanique quantique et en biologie moléculaire.

Gödel

En 1941, Kurt Gödel mettait au point son interprétation constructive de l'arithmétique qu'il présenta au cours d'une conférence à l'Université Yale. L'article correspondant ne fut publié qu'en 1958, en allemand, dans la revue *Dialectica* ; on désigne ce travail de Gödel sous le nom d'interprétation Dialectica. Cette patience modeste tranche avec la précipitation actuelle ; aujourd'hui tout résultat, important ou non, est publié quelques semaines après sa mise au point.

Kurt Gödel est né en 1906 à Brno, en Tchécoslovaquie, et il étudia essentiellement à Vienne, en Autriche. Après 33 années passées en Europe, Gödel s'installa définitivement à Princeton, aux États-Unis ; il obtint un poste à l'*Institute for Advanced Studies*, où Einstein travailla jusqu'à la fin de sa vie.

Kurt Gödel et Albert Einstein à Princeton.

Gödel est reconnu comme le plus grand logicien du XXe siècle. Il a assez peu publié, mais des résultats de premier ordre. Bien que son œuvre scientifique soit peut-être comparable à celle d'Albert Einstein, avec qui il eut de nombreuses conversations, Gödel est assez mal connu. Cela est dû en grande partie à sa personnalité réservée : il ne chercha jamais, comme Einstein ou Freud, à populariser ses résultats par des livres ou des conférences.

Le travail de 1941 constitue la dernière des grandes découvertes logiques de Gödel, car ensuite il s'occupe pendant quelques années de physique relativiste, puis jusqu'à sa mort, le 14 janvier 1978, de philosophie des mathématiques. On évalue encore mal aujourd'hui l'ampleur de son travail et de sa réflexion en philosophie. Entreprise en 1986, la publication de tous ses travaux et d'une partie de ses notes personnelles, qu'il écrivait dans un langage sténographique aujourd'hui abandonné, donnera accès à cette partie de son travail, quasi inaccessible jusqu'alors.

Avant d'exposer le sens de son résultat de 1941, rappelons ses trois autres énoncés principaux, qui bouleversèrent profondément et durablement la logique mathématique et, au-delà, la philosophie des sciences.

Le premier travail de Gödel fut sa thèse, approuvée le 6 juillet 1929 par Hahn et Furtwängler, mathématicien et cousin du célèbre chef d'orchestre. Dans cette thèse, il répondait à une question posée par Hilbert et Ackerman : «Ce que l'on peut établir en logique par le moyen de raisonnements codifiés, par exemple dans le système formel des *Principia Mathematica* de Russel et Whitehead, donne-t-il complètement tout ce qui est vrai en logique?» La réponse positive de Gödel constitue ce que l'on appelle le théorème de complétude du calcul des prédicats du premier ordre. Le résultat est étonnant, parce qu'il signifie que la notion de vérité logique peut être ramenée à de la syntaxe, et puissant parce qu'il implique notamment que tout système logique non contradictoire possède un modèle, autrement dit que cohérence et existence sont deux notions qui coïncident en calcul des prédicats du premier ordre.

Pour comprendre le sens du théorème, examinons un exemple de «vérité logique» dont Gödel établit la prouvabilité. La formule «si, pour tout x et tout y, x est en relation avec y, alors, pour tout z, z est en relation avec z» est une évidence, cela quel que soit le domaine d'objets que l'on prenne pour faire varier x, y et z, et quelle que soit la relation que l'on envisage. La formule indiquée est une vérité de la logique. Ce que nous dit le théorème de complétude de Gödel est que cette vérité est démontrable élémentairement par les règles de calcul mises au point par les logiciens et donc que ces règles de calcul sont complètes (ce que les logiciens pressentaient, mais que Gödel fut le premier à établir).

Gödel démontra son deuxième résultat important (composé de deux théorèmes d'incomplétude) peu de temps après, en 1930. C'est le plus connu de ses résultats et sans doute celui dont les implications philosophiques sont les plus nombreuses : il entraîne notamment l'impossibilité de ramener les mathématiques de l'infini aux mathématiques du fini. David Hilbert avait espéré que cela serait possible et il s'était même donné pour objectif, dans son «Programme de Hilbert», de le démontrer. Le premier théorème d'incomplétude de Gödel indique toute formalisation de l'arithmétique et des théories plus puissantes que l'arithmétique, telle la théorie des ensembles est nécessairement incorrecte ou incomplète, c'est-à-dire que nécessairement ou bien elle permet de démontrer des résultats faux, ou bien elle ne donne pas les moyens de prouver tous les théorèmes. Si l'on ne s'intéresse qu'aux théorie ne permettant que la démonstration de résultats vrais, on peut énoncer le résultat de Gödel par : toute formalisation de l'arithmétique est incomplète.

Le second théorème d'incomplétude énonce que, parmi les formules vraies de l'arithmétique non démontrables dans un système formel donné, il y en a une dont le sens est très simple, celle qui affirme que le système formel en question est non contradictoire. Le second théorème d'incomplétude de Gödel indique donc que jamais une théorie intéressante ne pourra démontrer d'elle-même qu'elle ne conduit pas à une contradiction.

Ainsi, les deux théorèmes d'incomplétude ont un sens négatif, tandis que le résultat de complétude de 1929, lui, a un sens positif. On peut résumer ces résultats en disant que la logique peut se ramener à de la syntaxe, mais que l'arithmétique, et toute théorie plus puissante, ne pourra jamais être ramenée à de la syntaxe.

Le troisième grand travail de Gödel en logique mathématique date de 1938 et porte sur les axiomes de la théorie des ensembles. Il indique que les axiomes «douteux» de la théorie des ensembles n'introduisent pas de contradiction, et qu'en conséquence on peut les utiliser sans hésitation. Ces axiomes «douteux» sont l'axiome du choix selon lequel «à chaque fois qu'un ensemble d'ensembles est donné, on peut constituer un ensemble nouveau en choisissant un élément dans chacun de ces ensembles», et l'axiome du continu, appelé hypothèse du continu, qui indique qu'«il n'y a que deux sortes de sous-ensembles infinis de l'ensemble des nombres réels : ceux qu'on peut mettre en correspondance élément par élément avec les nombres réels, et ceux qu'on peut mettre en correspondance élément par élément avec les nombres entiers.»

Bien que très intéressant, ce troisième travail de Gödel ne résolut pas toutes les questions qu'on se posait sur l'axiome du choix et de l'hypothèse du continu. En effet, on aurait bien voulu savoir si ces axiomes sont indépendants des autres axiomes de la théorie des ensembles, autrement dit si, de plus, leurs négations introduisent des contradictions.

Gödel travailla longuement sur ce problème, il établit même le résultat recherché pour l'axiome du choix, mais, insatisfait, il abandonna son travail sur les axiomes de la théorie des ensembles, sans publier son résultat supplémentaire sur l'axiome du choix. C'est Paul Cohen qui, en 1963, réussit à montrer l'indépendance des deux axiomes, donnant quelques regrets à Gödel d'avoir renoncé trop rapidement.

Le quatrième et dernier des travaux principaux de logique mathématique de Gödel, qui fut présenté il y a 50 ans, porte sur les principes non finitaires qu'on est obligé d'adopter (d'après le second théorème d'incomplétude), en plus des simples mathématiques du fini, pour établir la non-contradiction de l'arithmétique.

D'après les carnets de Gödel, la démonstration du résultat principal lui serait apparue le 1er janvier 1941. Dans ce travail, Gödel propose une méthode permettant d'associer à chaque formule de l'arithmétique une formule d'un langage plus riche «immédiatement intelligible» et dont la non-contradiction est intuitive. La non-contradiction de cet autre système formel entraînant celle de l'arithmétique, on obtient une confirmation intuitive de la validité de l'arithmétique élémentaire.

Bien que Gödel fût motivé dans ce travail par des considérations métamathématiques, le principe qu'il introduisit est aujourd'hui utilisé lors de la conception de langages informatiques fondés sur la méthode de «programmation par les preuves». Dans de tels langages, on considère que la meilleure façon d'obtenir des programmes fiables est de les obtenir automatiquement à partir d'une démonstration mathématique.

En 1979, les Japonais Goto et Sato ont utilisé le système de Gödel afin d'extraire des programmes à partir de preuves, et si l'on préfère aujourd'hui d'autres systèmes que celui proposé en 1941, on ne peut s'empêcher d'admirer ce travail. Gödel, motivé par des considérations sur les fondements des mathématiques, introduit une technique qui est au cœur des recherches informatiques actuelles.

Gödel prit comme principe fondamental de sa philosophie cette interaction de l'abstrait le plus pur et du concret le plus immédiat : il fut un réaliste en philosophie des mathématiques. Il défendit l'idée que les objets mathématiques ne sont pas seulement des fictions du langage ou de simples configurations mentales, mais qu'ils existent indépendamment de nous, et que la connaissance de leur univers le plus abstrait n'est pas sans conséquence sur les objets mathématiques les plus simples. Le logicien américain Harvey Friedman a produit, depuis une vingtaine d'années, un faisceau de résultats allant dans ce sens, notamment des propositions indécidables simples concernant les nombres entiers, dont la vérité ne peut être établie que dans des systèmes formels de haut niveau.

Le réalisme de Gödel le conduisit notamment à affirmer que l'hypothèse du continu est vraie ou fausse, même si nous n'avons pas encore trouvé le moyen de proposer les axiomes naturels qui permettent d'en décider. Ce réalisme extrême dont Gödel dit lui-même qu'il l'aida à établir ses résultats fondamentaux s'oppose aux conceptions intuitionnistes et constructivistes en philosophie des mathématiques, lesquelles semblent pourtant donner une vision plus raisonnable de l'activité mathématique. Tout récemment, la philosophe logicienne Penelope Maddy s'est appuyée sur les résultats établis depuis le résultat de Cohen de 1963 en théorie des ensembles et a remis en valeur la philosophie réaliste des mathématiques, dans une élaboration nouvelle des arguments qui doit beaucoup à celle soutenue par Gödel.

Cinquante ans après son dernier grand travail en logique mathématique, Gödel est toujours d'actualité. La profondeur de ses résultats, de ses écrits déjà publiés et de ses notes personnelles bientôt disponibles l'y maintiendront longtemps.

3

Machines, prédictions et fin du monde

Les paradoxes de la prédiction prouvent-ils l'existence du libre arbitre, et l'imminence de la fin de l'humanité?

Nous sommes déconcertés par les progrès de la science, et il nous arrive de nous réjouir des limitations absolues de l'approche rationnelle du monde. On connaît, par exemple, l'utilisation du non-déterminisme et de la non-localité de la mécanique quantique pour argumenter en faveur du libre arbitre humain ou de la transmission de pensée. On connaît aussi le grand pouvoir de séduction des théorèmes d'incomplétude de Gödel : il n'est pas rare qu'ils soient évoqués à propos de questions étrangères aux mathématiques.

Moins connues, certaines difficultés de la théorie des probabilités et de la prédiction pourraient être exploitées par tous ceux qui ont le souci d'établir la supériorité des humains sur les ordinateurs et les machines. Par jeu, et peut-être aussi pour encourager le renouvellement des discussions entre les mécanistes qui défendent que le cerveau n'est qu'une machine compliquée (et dont les arguments ne sont pas tous mauvais) et les antimécanistes (dont les arguments ne sont pas tous bons), nous allons présenter quelques-unes des difficultés de la prédiction. Ces difficultés montrent que, pour des raisons plus ou moins bien éclaircies, la prédiction est parfois impossible. Nous terminerons par un paradoxe récemment développé par le philosophe canadien John Leslie qui, si on le prenait au sérieux, devrait nous inquiéter gravement.

L'ordinateur et l'apéritif

Commençons par le plus simple et le plus spectaculaire des paradoxes de la prédiction, qu'on pourrait appeler le paradoxe de l'apéritif. Un ami qui vous reçoit chez lui vous offre le choix entre du whisky et du jus d'orange. Vous lui annoncez alors: «Je vais te prouver que je suis un être libre dont tu ne pourras pas prévoir le comportement. Dis-moi ce que tu crois que je vais choisir, et tu verras que tu te trompes.» Si votre ami vous annonce : «Tu vas choisir le whisky», vous lui répondez : «Tu as perdu, je choisis le jus d'orange» ; et s'il vous annonce : «Tu vas choisir le jus d'orange», vous lui répondez : «Perdu! Je choisis le whisky.» Vous pouvez ajouter : «Tu vois, je t'ai prouvé que je suis libre, mais si tu penses qu'une seule expérience ne suffit pas, recommençons.»

Bien sûr, personne n'est dupe de ce genre de farce – sauf peut-être les adolescents dans leurs relations avec leurs parents – et il faudrait beaucoup de naïveté pour croire qu'on établit ainsi la réalité du libre arbitre ou l'irréductibilité du cerveau humain à une machine. Il y a d'ailleurs un moyen radical de montrer qu'on n'établit pas vraiment la preuve du libre arbitre humain avec le paradoxe de l'apéritif : c'est le programme d'ordinateur suivant de cinq lignes qui peut vous remplacer :

1. La fée annonce : *(1)* Je ne me trompe jamais dans mes prédictions ; *(2)* Voici une boîte rouge et une boîte bleue ; *(3)* Tu pourras ouvrir soit la boîte bleue, soit la boîte rouge et la boîte bleue, et tu prendras alors le contenu des boîtes ouvertes ; *(4)* Dans la boîte rouge, je mettrai 100 francs ; *(5)* Avant de remplir la boîte bleue, je ferai une prédiction (que je ne te communiquerai pas) : si je prédis que tu prendras la boîte bleue toute seule, je mettrai 1 000 francs à l'intérieur ; si je prédis que tu prendras les deux boîtes, je ne mettrai rien dans la boîte bleue. Que faut-il faire? Deux raisonnements apparemment rationnels conduisent à deux conclusions opposées.

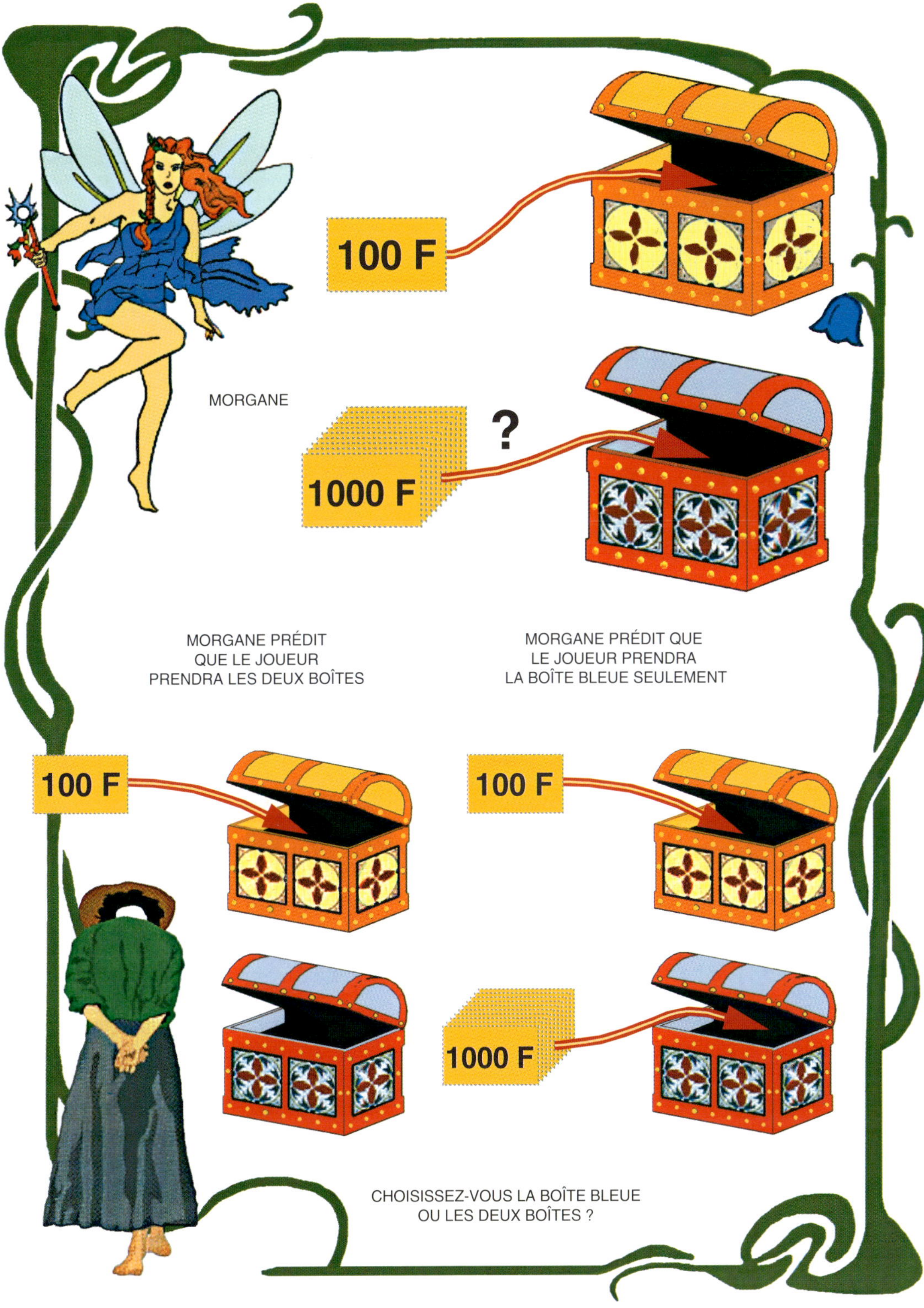
100 F
MORGANE
?
1000 F
MORGANE PRÉDIT
QUE LE JOUEUR
PRENDRA LES DEUX BOÎTES
MORGANE PRÉDIT QUE
LE JOUEUR PRENDRA
LA BOÎTE BLEUE SEULEMENT
100 F
100 F
1000 F
CHOISISSEZ-VOUS LA BOÎTE BLEUE
OU LES DEUX BOÎTES ?

Écrire à l'écran «Que crois-tu que je vais choisir?»,

Lire la réponse, la mettre dans la variable R,

Si R = «Le whisky» alors écrire «Je choisis le jus d'orange»,

Si R = «Le jus d'orange» alors écrire «je choisis le whisky»,

Écrire «Tu vois que je suis libre».

Je maintiens, que malgré sa banalité, le paradoxe de l'apéritif est intéressant, car, de la façon la plus élémentaire qui soit, il montre que, dans certaines situations simples et sans mystères, une partie d'un système ne peut prédire un événement futur du système, et cela même si le système global est fini, déterministe et n'est constitué que d'un petit nombre de composants mécaniques.

Si celui qui fait la prédiction n'est pas obligé de la divulguer, il n'y a plus de paradoxe. C'est donc l'appartenance du prédicteur au système et l'obligation d'énoncer sa prédiction qui engendrent ici la difficulté.

N'oublions pas que, à l'inverse, la prédiction est possible dans certains cas assez complexes : un ordinateur isolé est toujours prévisible. Pour connaître le résultat de son calcul lorsqu'on le fera fonctionner, il suffit de connaître son état initial détaillé et de disposer d'une machine analogue qu'on placera dans le même état initial et à qui on fera réaliser le même calcul. Tout est parfaitement fixé à l'instant du début du calcul de l'ordinateur et, tout étant parfaitement déterministe dans l'exécution des programmes, il en résulte qu'aucune incertitude n'entache leur déroulement, même compliqué. Notons d'ailleurs que l'un des buts principaux des constructeurs et des concepteurs d'ordinateurs est d'éviter tout indéterminisme, ce qui parfois n'est obtenu (en particulier pour les mémoires vives) qu'en utilisant des techniques spéciales – comme les codes correcteurs d'erreurs – qui détectent et corrigent tout écart au déterminisme strict.

Par nature donc, le résultat du calcul d'un ordinateur isolé peut toujours être simulé, soit sur une autre machine identique – ce qui simplifie le travail –, soit – et en informatique c'est une opération courante – sur une machine différente qui imitera – on dit parfois qui émulera – la première.

Dans l'énoncé ci-dessus, il est essentiel de préciser «isolé». En effet, un ordinateur isolé ne peut prendre qu'un nombre fini d'états différents – c'est un automate d'états finis – et donc il en arrive nécessairement à tourner en rond, ce qui rend prévisible non seulement son comportement dans la minute qui vient, mais aussi son comportement à l'infini. Un ordinateur non isolé qui dispose de mémoires de plus en plus volumineuses à sa demande – comme une machine de Turing – est simulable comme précédemment et donc est prévisible pour la minute qui vient, mais n'est pas prévisible à l'infini. On ne peut pas, par exemple, déterminer par analyse de son état initial et de ses programmes s'il va s'arrêter ou non : c'est la fameuse indécidabilité de l'arrêt. Par ailleurs, un ordinateur connecté à un réseau est imprévisible pour la raison toute simple qu'il peut faire dépendre son comportement futur des informations qu'il échangera par le réseau.

Gardons à l'esprit les deux évidences que nous venons de voir, car elles nous serviront de repère quand, plus loin, la tête nous tournera: *(a)* pour des raisons immédiates et n'ayant rien à voir avec le libre arbitre, la prédiction est parfois impossible ; *(b)* il y a des cas non triviaux où la prédiction est possible, comme celui du comportement des ordinateurs isolés.

L'intelligence artificielle mise en doute?

La deuxième situation où la prédiction entraîne des difficultés graves est connue sous le nom de paradoxe de Newcomb. Il fut inventé par le physicien William Newcomb vers 1960 et a été l'objet de discussions acharnées depuis.

Une fée vous dit :

(1) Je ne me trompe jamais dans mes prédictions ;

(2) Voici une boîte rouge et une boîte bleue ;

(3) Tu pourras ouvrir soit la boîte bleue, soit les deux boîtes (la boîte rouge et la boîte bleue), et tu prendras le contenu des boîtes ouvertes ;

(4) Dans la boîte rouge, je mettrai 100 F ;

(5) Avant de remplir la boîte bleue, je ferai une prédiction (que je ne te communiquerai pas): si je prédis que tu prendras la boîte bleue toute seule, je mettrai 1 000 F dedans ; si je prédis que tu prendras les deux boîtes, je ne mettrai rien dans la boîte bleue.

Que faut-il faire? Ouvrir les deux boîtes, comme les règles nous y autorisent, ou se contenter d'ouvrir uniquement la bleue?

La plupart des gens à qui l'on pose le problème disent qu'il vaut mieux n'ouvrir que la boîte bleue, seule. En effet, cela rapportera 1 000 F – si les prédictions de la fée sont toujours justes –, alors que prendre les deux boîtes – toujours si les prédictions de la fée sont justes – ne rapportera que 100 F.

Mais certaines personnes font un autre raisonnement. Elles disent : «Au moment où je fais mon choix, les boîtes sont remplies ; donc, à cet instant, je choisis entre prendre le contenu de la boîte bleue uniquement, ou prendre le contenu de la boîte bleue et de la boîte rouge. Je ne veux pas me priver du contenu de la boîte rouge que je sais être de 100 F! Je dois donc ouvrir les deux boîtes.»

Pour renforcer l'hésitation entre les deux raisonnements, on peut imaginer qu'un arbitre contrôle le jeu : il a connaissance de la prédiction de la fée et il vérifie qu'à l'instant où le joueur choisit, la fée ne change pas le contenu des boîtes. Cela rend difficile le renoncement au contenu de 100 F de la boîte rouge que préconise le premier raisonnement.

Deux raisonnements qui semblent justifiés conduisent à deux conclusions opposées. L'une des hypothèses de départ doit être absurde. C'est sans doute l'hypothèse concernant la prédiction. Donc, le paradoxe de Newcomb montre que la prédiction des choix humains est impossible, même quand celui qui fait les prédictions ne les annonce pas.

Je trouve cela étrange, car, comme dans le paradoxe de l'apéritif, on pourrait faire intervenir un ordinateur. Supposons en effet que nous ayons programmé un ordinateur pour raisonner comme nous venons de le faire. La conclusion que nous avons obtenue concernant l'imprévisibilité du comportement humain s'appliquerait à notre ordinateur. Nous aurions donc une démonstration que le comportement des ordinateurs est imprévisible, ce qui est incompatible avec la remarque faite plus haut que le comportement d'un ordinateur isolé est toujours prévisible. La contradiction est grave.

2. Je sais qu'une fois sur deux j'oublie de fermer la fenêtre de la cuisine et qu'alors, une fois sur 10, le chat de la voisine vient s'installer sur la table de mon bureau. Lorsque je ferme la fenêtre, le chat n'est presque jamais sur mon bureau, en fait moins d'une fois sur 1 000. Je vois le chat sur mon bureau. Ne dois-je pas en conclure que, très probablement, la fenêtre est ouverte? La formule de Bayes justifie un tel raisonnement.

Dans le paradoxe de Newcomb avec ordinateur, nous utilisons l'hypothèse qu'il est programmé pour raisonner sur le problème comme nous le faisons nous-mêmes. La contradiction obtenue nous oblige à reconnaître que, cette fois, c'est l'hypothèse d'une programmation possible qui est à rejeter. Nous devons donc conclure du paradoxe de Newcomb avec ordinateur que jamais nous n'arriverons à programmer des machines pour qu'elles raisonnent comme nous. Tiendrions-nous là une preuve de l'absurdité du projet de l'intelligence artificielle qui prétend réaliser des machines ayant des capacités d'intelligence équivalentes à celles des humains?

Je sais que beaucoup de gens doutent de la faisabilité du projet de l'intelligence artificielle, mais il me semble absurde de croire qu'on peut prouver aussi simplement que cela, et par avance, l'échec de ce programme de recherche, dont les résultats actuels sont loin d'être négligeables. Il y a donc quelque chose qui ne va pas dans ce que je viens de raconter, et même si je ne sais pas quoi précisément, je ne crois pas que le paradoxe de Newcomb avec ordinateur démontre l'impossibilité de l'intelligence artificielle.

Personne aujourd'hui n'a réussi à formuler clairement la ou les erreurs dans les raisonnements autour du paradoxe de Newcomb, et le vertige dont on est saisi quand on cherche à approfondir le problème n'a d'égal que la conviction très forte que rien ne peut en être tiré concernant le monde réel, ni, en particulier, concernant le projet de l'intelligence artificielle: il y a une inadéquation évidente entre les moyens utilisés – qui ne portent sur aucun fait réel – et les conclusions qu'on prétend obtenir concernant la liberté humaine ou l'intelligence artificielle. Identifier exactement l'entourloupette n'est pas facile, mais il est certain qu'il y en a une! Les lecteurs intéressés pourront se reporter au livre de W. Poundstone (*Les labyrinthes de la raison,* 1988, éditions Belfond) où le paradoxe de Newcomb est longuement et finement discuté.

Le philosophe que personne ne croit

La troisième difficulté que je souhaite évoquer concernant la prédiction a été récemment avancée par John Leslie, un philosophe spécialisé dans l'étude des problèmes de cosmologie et qui s'est aussi particulièrement intéressé au principe anthropique. Ce principe, qui est l'objet encore aujourd'hui de nombreuses discussions entre astrophysiciens, affirme que : «Lorsque nous réfléchissons à notre situation dans l'Univers, nous ne devons pas nous étonner de nous trouver quelque part où la vie et l'intelligence sont possibles, puisque, si elles ne l'étaient pas, nous ne serions pas là pour le remarquer!» ou, sous forme succincte : «Un observateur doit s'attendre à se trouver là où les observateurs sont possibles.» Il s'agit d'une évidence, mais, comme nous allons le voir plus loin, de l'évidence à l'absurde le chemin est parfois court! Certaines caractéristiques physiques de l'Univers ne s'expliquent bien qu'en utilisant ce principe.

La formule de Bayes

Dans notre exemple, il y a deux théories (ou hypothèses) en compétition : la théorie *A* = "La fenêtre est ouverte" et la théorie *B* = "La fenêtre est fermée". La probabilité *a priori* de la théorie *A* est P_A = 0,5 et la probabilité *a priori* de *B* est aussi P_B = 0,5. On sait par ailleurs que lorsque *A* est vraie, la probabilité que le chat soit sur le bureau est de Q_A = 0,1 et que lorsque c'est *B*, elle est de Q_B = 0,001. La formule de Bayes indique que la probabilité P'_A que "La fenêtre est ouverte" soit vraie lorsqu'on sait que le chat est sur le bureau (probabilité *a posteriori*) est :

$$P'_A = (P_AQ_A)/(P_AQ_A + P_BQ_B).$$

Bien sûr, la probabilité P'_B que ce soit *B* qui soit vraie lorsqu'on sait que le chat est sur le bureau est :

$P'_B = P_BQ_B/(P_AQ_A + P_BQ_B)$.

Ici, on obtient :

P'_A = 0,5 x 0,1/(0,5 x 0,1 + 0,5 x 0,0001) = 0,9901 = 99 pour cent.

Dans le cas de l'Apocalypse, le calcul donne :

P'_A = 0,01 x 0,1/(0,01 x 0,1) + (0,99 x 0,001) = 0,502512 = 50,25 pour cent.

Dans le paradoxe des bébés, le calcul donne :

P'_A = 0,01 x 1/(0,01 x 1 + 0,99 x 1/70) = 0,4142 = 41,42 pour cent.

L'argument de l'Apocalypse

Précisons que ce que j'appellerai le paradoxe de Leslie (appelé aussi argument de l'Apocalypse) provoque une réaction violente et immédiate de rejet de pratiquement toute personne à qui on l'explique. Cette réaction est due à la conclusion du raisonnement. Il est étrange que ce soit la conclusion qui gêne, plus que le raisonnement lui-même! Car celui-ci semble être correct dans bien des situations similaires et serait sans doute considéré comme banal s'il ne nous touchait pas de si près, comme nous allons le voir.

Pour introduire le raisonnement de Leslie, considérons d'abord l'histoire du chat de la voisine :

«Je me lève une nuit d'été en me demandant si je n'ai pas oublié de fermer la fenêtre de la cuisine. Je sais que cela m'arrive un jour sur deux. Je sais aussi que, lorsque j'oublie de fermer la fenêtre, le chat de la voisine vient s'installer sur mon bureau dans 10 pour cent des cas. J'évalue aussi que la probabilité pour que le chat de la voisine soit sur mon bureau lorsque la fenêtre est fermée est très faible, disons 0,1 pour cent. J'allume la lumière du bureau, je ne sais pas si la fenêtre de la cuisine est ouverte, mais je vois le chat de la voisine sur mon bureau. N'ai-je pas une bonne raison maintenant de croire que la fenêtre de la cuisine est ouverte?»

Tout le monde s'accorde à croire que oui, car c'est un principe de bon sens que de dire : entre deux théories également probables, je dois préférer celle qui rend ordinaires mes observations, à celle qui fait de mes observations des faits exceptionnels. En théorie des probabilités, cela est parfaitement démontrable et résulte de ce qu'on appelle la formule de Bayes. Un calcul précis avec cette formule indiquerait ici qu'après avoir observé le chat, je dois considérer qu'il y a 99,01 pour cent de chances pour que j'aie laissé la fenêtre de la cuisine ouverte. En résumé: le fait de voir le chat fait passer la probabilité que la fenêtre soit ouverte de 50 pour cent à 99,01 pour cent. Plus généralement, l'observation du chat augmente la probabilité de l'hypothèse que la fenêtre est ouverte, quelle que soit l'évaluation initiale de cette probabilité.

Considérons maintenant deux hypothèses complémentaires que nous appellerons *Théorie A* et *Théorie B* :

– *Théorie A* : l'humanité disparaîtra avant 2150.

– *Théorie B* : l'humanité passera le cap de l'année 2150.

Admettons que, dans le cas de l'hypothèse *A*, un humain sur dix aura connu les années 1990 (ce qui correspond à une estimation raisonnable) et que, dans le cas de l'hypothèse *B* où les humains continueront à proliférer, un humain sur 1 000 aura connu les années 1990 (la conclusion serait encore plus troublante que celle que nous allons obtenir si on remplaçait le rapport «1 sur 1 000» par «1 sur 100 0000» ou par un rapport encore plus petit).

Faisons l'évaluation – optimiste – que la probabilité de la *Théorie A* est de 1 pour cent et que celle de la *Théorie B* est de 99 pour cent. Maintenant posons-nous la question : qu'est-ce qui rend plus probable que je sois ici en 1993? Est-ce la *Théorie A*, pour laquelle «avoir connu les années 1990» est vrai pour une assez grande partie des humains (10 pour cent), ou est-ce la *Théorie B*, pour laquelle «avoir connu les années 1990» est un fait exceptionnel, vrai pour moins de 0,1 pour cent des humains (car beaucoup naîtront après l'an 2000). Comme dans l'histoire du chat de la voisine, entre deux théories je dois préférer la théorie qui fait de mes données des informations ordinaires, à celle qui les fait apparaître comme exceptionnellement rares ; et donc, je dois revoir à la hausse la probabilité de la *Théorie A*. Un calcul précis avec la formule de Bayes donne que la valeur 1 pour cent en faveur de la *Théorie A* passe à 50,25 pour cent en faveur de la *Théorie A*. La prise en compte du fait que je suis en train de vivre dans les années 1990 fait passer la probabilité d'une Apocalypse proche de 1 pour cent à 50,25 pour cent!

3. Quelle que soit l'évaluation *a priori* que nous fassions de la probabilité de l'hypothèse *A* : «l'Apocalypse se produira avant 2150», l'utilisation de la formule de Bayes – comme dans le cas du chat sur la table – fait croître cette évaluation quand nous prenons en compte l'information que nous sommes en 1993. Par exemple, en supposant – ce qui est optimiste – que la probabilité de *A* est initialement de un pour cent, nous arrivons à la réévaluation de (1/100 × 1/10)/[1/100 × 1/10 + 99/100 × 1/1 000] = 0,502512 = 50,25 pour cent. La probabilité de A, lorsque nous tenons compte de notre position dans le temps, passe donc de un pour cent à 50,25 pour cent.

Très peu de gens admettent que l'argument de l'Apocalypse est juste : comment le seul fait de tenir compte que je suis vivant en 1993 pourrait-il justifier le passage d'une évaluation de 1 pour cent pour la *Théorie A* à une évaluation de plus de 50 pour cent, qui signifierait que la fin de l'humanité est imminente?

John Leslie, qui fut le premier à publier ce raisonnement en 1989, indique qu'il a été proposé par Brandon Carter – l'astrophysicien inventeur de l'expression «principe anthropique» – dans une conférence faite en 1983, mais que ce dernier par peur de choquer – ou parce qu'il n'arrivait pas à être complètement certain de la justesse de son raisonnement? – n'avait pas repris le détail du raisonnement dans le texte écrit de sa conférence.

L'argument apparaît absurde à la plupart des gens à qui vous l'exposez pour la première fois. Il les conduit même à douter de votre bonne santé mentale si vous insistez en disant que vous pensez qu'il s'agit d'un argument à prendre au sérieux.

Le lecteur choqué du raisonnement et qui pense disposer de bons arguments pour le contrer doit se méfier. Il est très peu probable qu'il ait trouvé un contre argument orignal que John Leslie n'ait pas déjà décortiqué, car, comme je le disais plus haut, l'article détaillé du philosophe publié dans la prestigieuse revue *Mind* (vol. 101, n° 403, juillet 1992, pp. 521-540) donne des réponses assez bonnes – à mon sens – à toutes les critiques élémentaires. Si, malgré tout, des lecteurs pensent disposer d'arguments clairs contre le raisonnement de Leslie, je leur suggère d'entrer en contact directement avec lui pour les lui expliquer. Son adresse, qu'il m'a autorisé à publier, est : Département de philosophie, Université de Guelph, Guelph, Ontario, N1G2W1, Canada. Il parle le français et se fera un plaisir de répondre comme il a répondu aux longues lettres que je lui ai envoyées. John Leslie prépare aussi un livre où il traitera plus généralement de toutes les façons rationnelles d'aborder les questions liées à la fin du monde en philosophie et en astrophysique.

John Leslie note qu'il y a un lien entre son raisonnement et le principe anthropique, car la forme généralisée du principe qu'«Un observateur doit s'attendre à se trouver là où les observateurs sont possibles» est qu'«Un observateur doit s'attendre à se trouver là où les observateurs sont le plus probables», ce qui est la base de l'argument de l'Apocalypse. John Leslie y voit la confirmation qu'il faut prendre au sérieux son argument de l'Apocalypse.

Dans un article tout récent de la célèbre revue *Nature*, l'astrophysicien Richard Gott III, de l'Université de Princeton, donne une présentation assez différente, mais convergente de l'argument de l'Apocalypse (qu'il relie au principe copernicien : «sans raison particulière, c'est une erreur de croire que nous occupons une position privilégiée dans l'Univers»).

Je ne veux pas entrer dans le détail des critiques qui ont été opposées à Leslie et de celles – prévisibles – qui vont l'être à l'article de R. Gott. Je me contenterai de deux remarques.

Qu'en pensent les bébés?

La première remarque, qui est analogue à celle faite pour le paradoxe de Newcomb, c'est qu'il y a une disproportion grave entre les moyens mis en œuvre dans le raisonnement – moyens dérisoires n'invoquant aucun fait matériel nouveau – et la conclusion obtenue qui, elle, concerne notre avenir proche et qui, concrètement, signifie que les risques nucléaires, les risques dus à la pollution ou aux épidémies doivent être pris plus au sérieux qu'ils ne le sont lorsqu'on ne fait pas le raisonnement.

Le deuxième point qui me fait espérer que le raisonnement de Leslie est inacceptable est ce que j'appelle le paradoxe des bébés.

Imaginons que les données suivantes sont exactes (elles ne le sont pas précisément pour la France, mais sont assez proches des données réelles).

– 1 pour cent des bébés meurent dans leur première année de vie.

– Pour les 99 pour cent qui passent leur premier anniversaire, la durée de vie moyenne est de 70 ans.

En copiant Leslie et en imaginant que je suis un bébé de moins de 1 an, je peux alors faire le raisonnement suivant :

«Le fait que je sois dans ma première année de vie est ordinaire si je suis un humain qui n'atteint pas son premier anniversaire ; en revanche, être dans ma première année de vie est pour moi quelque chose d'exceptionnel si je suis un humain dont la durée de vie est de 70 ans, car je n'ai qu'une chance sur 70 d'être dans ma première année. Si je suis un bébé dans sa première année de vie, je dois donc revoir à la hausse le 1 pour cent de chances (de malchances!) que les statistiques m'attribuent de ne pas connaître mon premier anniversaire. La formule de Bayes me dit précisément que prendre en compte le fait que je suis dans ma première année, en calculant comme Leslie, transforme le 1 pour cent en 41,42 pour cent. Je dois donc craindre sérieusement de ne jamais souffler ma première bougie.»

La conclusion du raisonnement est résolument absurde, car si 1 pour cent des bébés meurent dans leur première année et que je suis un bébé dans ma première année de vie, j'atteindrai mon premier anniversaire dans 99 pour cent des cas. Une réévaluation à la hausse du 1 pour cent en 41,42 pour cent n'est pas justifiée. John Leslie, à qui j'ai soumis le paradoxe des bébés, m'a proposé la réponse suivante. Pour lui, il est exact que, dans le cas des bébés, il n'y a pas de réévaluation à opérer de 1 pour cent à 41,42 pour cent. Mais, pour les risques d'Apocalypse prochaine, dit-il, les choses sont différentes, car la probabilité dont nous partons dans le raisonnement résulte d'une évaluation subjective des risques que court l'humanité aujourd'hui ; nous sommes donc en droit de modifier cette évaluation approximative qui, contrairement au cas des bébés, n'est pas le produit d'études statistiques objectives.

Je laisse les lecteurs évaluer si cette réponse est satisfaisante, et je m'excuse auprès d'eux d'avoir peut-être jeté le trouble dans leur esprit en exposant des paradoxes dont je connais le pouvoir obsessionnel.

4

Le désordre total existe-t-il?

Comment faire pour se comporter de manière quelconque?

Être ordonné est difficile, chacun le sait bien. Plus étonnant, être vraiment désordonné est aussi très difficile... Examinons un exemple.

Monsieur Hasard chaque matin prend du café ou du thé et, comme il désire ne pas prendre toujours la même chose, il oscille régulièrement : café, thé, café, thé, café, thé, etc. Mais cette oscillation l'ennuie aussi! Il décide donc de ne jamais répéter la même séquence, en particulier de ne jamais répéter deux fois de suite, café, thé. Bien sûr, c'est impossible : s'il ne veut jamais répéter deux séquences identiques consécutivement, alors, après un jour avec café, il doit boire du thé et, après un jour avec thé, il doit boire du café, ce qui au quatrième jour le conduit obligatoirement à la répétition de la paire café-thé. Très bien, se dit-il, puisque ne jamais boire deux fois de suite la même chose est impossible, je me contenterai de ne jamais répéter trois fois de suite la même séquence, et ainsi je me comporterai de la manière la plus désordonnée possible.

La suite de Thue-Morse

Est-ce faisable, et Monsieur Hasard a-t-il raison de croire que cela lui évitera l'ennui? Autrement dit, existe-t-il des suites de 0 et de 1 ne comportant jamais trois fois consécutivement la même séquence? Si oui, peut-on les considérer comme totalement désordonnées?

La réponse – oui à la première question, non à la seconde – est donnée par ce qu'on appelle la suite de Thue-Morse. Pour obtenir cette suite, on commence par 01, puis on remplace chaque 0 par 01 et chaque 1 par 10, ce qui donne 0110 ; on recommence alors la même substitution, ce qui donne 01101001, puis 0110100110010110, etc. Vous constatez – ce que je trouve assez merveilleux, vu la simplicité du procédé – que jamais il n'y a trois fois de suite la même séquence dans la suite infinie que l'on obtient *(voir sur la figure 2 une démonstration de cette propriété).*

Le fait que cette suite ne répète jamais trois fois consécutivement la même séquence permet-il de dire qu'elle est vraiment désordonnée? Non, et Monsieur Hasard se trompe gravement s'il le croit. En effet, la définition en quelques lignes qui en a été donnée montre que la suite de Thue-Morse n'est pas du tout désordonnée. De plus, on peut la définir encore plus simplement en 22 mots par : «le nième élément est un 0 si et seulement si le nombre de 1 dans l'écriture binaire de n est pair».

Nous nous trouvons dans une situation désagréable, qui apparaît souvent quand on cherche une définition de la notion de suite aléatoire : imposer la condition «jamais deux fois de suite la même séquence» est trop fort, car aucune suite de 0 et de 1 ne vérifie cette condition ; et, à l'opposé, imposer «jamais trois fois de suite la même séquence» est trop faible, car des suites très régulières et parfaitement prévisibles comme la suite de Thue-Morse satisfont cette condition. Subrepticement, nous ajoutons une contrainte nouvelle à la notion de désordre : nous souhaitons que les suites ne soient pas «prévisibles». Nous reviendrons sur ce point.

Pour avancer, réfléchissons à ce que nous recherchons. Nous voudrions trouver une condition simple qui, lorsqu'elle est vérifiée par une suite de 0 et de 1, permette d'affirmer qu'il s'agit d'une suite totalement désordonnée – autrement dit, aléatoire – et, bien sûr, nous voudrions que la condition ne soit pas trop forte, c'est-à-dire qu'il existe des suites répondant à cette condition.

Fréquences limites

La théorie classique des probabilités s'est révélée impuissante, car elle ne permet pas d'affirmer qu'une suite donnée est aléatoire ou ordonnée (la suite 01010101... peut parfaitement résulter d'une suite de lancers d'une pièce, avec 0 pour pile et 1 pour face). Toutefois, la théorie classique des probabilités établit que certaines propriétés sont vérifiées avec une probabilité 1, et cela va nous guider. En particulier une suite produite par les lancers successifs d'une pièce de monnaie non truquée vérifie, avec une probabilité 1, qu'il y a, à l'infini, autant de 1 que de 0. Plus précisément, une telle suite vérifie, avec une probabilité 1 ce qu'on appelle la loi des grands nombres : la fréquence limite des 1 est 1/2, ainsi que celle des 0. Est-ce suffisant pour définir le désordre absolu? Bien sûr que non : la suite alternée que nous avons évoquée : 010101010101..., très ordonnée, car elle ne comporte que les paires 01, ou 10, vérifie cette propriété.

Et si l'on imposait, en plus, que les fréquences limites d'apparition de 00, de 10, de 01 et de 11 soient toutes égales à 1/4? Cela reste insuffisant, car par exemple 1100110011001100 ... vérifie à la fois la condition sur les 1/2 et les 1/4. Soyons encore plus exigeants : imposons simultanément que les fréquences limites d'apparition de toutes les séquences de 1 élément soient 1/2, de 2 éléments soient 1/4, de 3 éléments soient 1/8, etc. Appelons une telle suite une suite normale en base 2. Avons-nous une définition satisfaisante des suites aléatoires?

Dans une telle suite, on ne retrouve jamais indéfiniment la même séquence autrement dit, la suite n'est jamais périodique à partir d'un certain rang comme la suite 0110001010101010.... C'est bon signe. Est-ce suffisant? Deux questions se posent : existe-t-il de telles suites? Peuvent-elles être considérées comme vraiment quelconques?

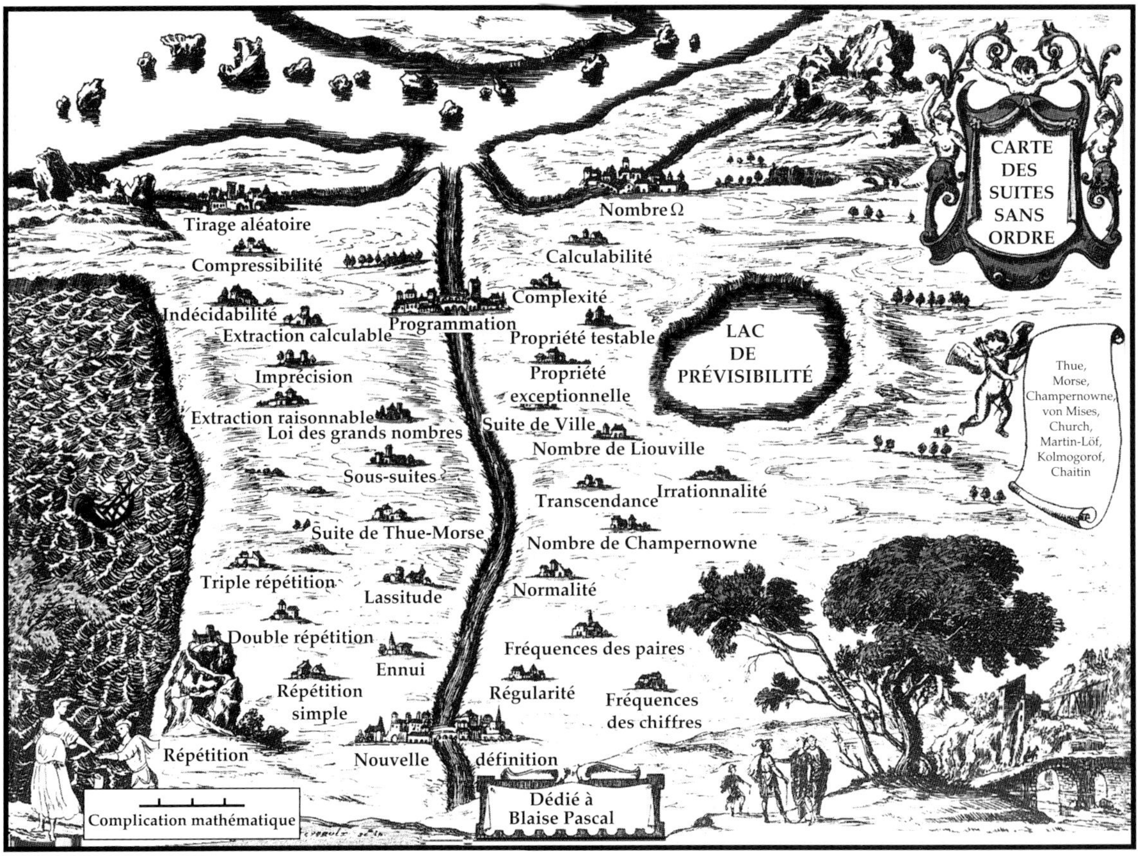

1. La recherche d'une bonne définition des suites désordonnées est un long cheminement.

Là encore, la réponse – oui à la première question, non à la seconde – est connue depuis bien longtemps, grâce aux travaux du grand mathématicien français Émile Borel et à ceux du mathématicien anglais D. Champernowne. E. Borel montra en 1909 que «presque» toutes les suites de 0 et de 1 sont normales en base 2, et Champernowne donna un exemple de suite normale qu'on ne peut considérer comme désordonnée. La suite de Champernowne est obtenue en écrivant successivement tous les entiers en base 2 (0 = 0, 1 = 1, 2 = 10, 3 = 11, 4 = 100, 5 = 101, 6 = 110, 7 = 111, etc.) les uns derrière les autres, ce qui donne : 0110111001011101111000... En réalité, Champernowne donna son exemple en base 10, ce qui le conduisit au nombre 0,12345678910111213... La définition de la notion de suite aléatoire par les fréquences limites des séquences n'est donc pas bonne : à tout moment, connaissant le début de la suite de Champernowne, on peut la continuer et, de plus, elle est très régulière.

Nombres irrationnels et transcendants

On sait qu'un nombre réel est rationnel, c'est-à-dire peut s'écrire sous la forme p/q avec p et q entiers si, et seulement si, son développement binaire est périodique à partir d'un certain moment *(voir la figure 2)*. Par exemple, 2/3 est rationnel et s'écrit 0,101010 ... en base 2. Le nombre $\sqrt{2}$ est irrationnel, comme on le sait depuis l'Antiquité, et donc son développement en base 2 (ou en n'importe quelle base) n'est pas périodique. L'idée naturelle consiste alors à dire qu'une suite de 0 et de 1 est aléatoire si c'est «le développement en base 2 d'un nombre irrationnel». Mais, là encore, le nombre de Champernowne, qui n'est pas périodique et donc définit un nombre irrationnel, montre que cela n'est pas une bonne définition de la notion de suite aléatoire.

Des nombres sont encore plus extraordinaires que les nombres irrationnels, ce sont les nombres transcendants. Par définition, ce sont les nombres qui ne sont solutions d'aucune équation polynomiale à coefficients entiers. Le nombre irrationnel $\sqrt{2}$ n'est pas transcendant, car il est solution de l'équation $X^2 - 2 = 0$. On sait que π et e sont transcendants. Imposer à une suite de 0 et de 1 d'être le développement binaire d'un nombre transcendant ne serait-il pas la bonne méthode pour définir la notion de suite aléatoire?

Malheureusement encore, la réponse est non. Pour le voir, il suffit de considérer le nombre L = 0,101001000000100... (entre les «1», il y a une fois

LA SUITE DE THUE-MORSE

$$0 \rightarrow 01 \rightarrow 0110 \rightarrow 01101001 \rightarrow 0110100110010110 \rightarrow ...$$

La suite de Thue-Morse est la suite infinie qu'on obtient en poursuivant la même opération de substitution : f : $0 \rightarrow 01$ $1 \rightarrow 10$.

Cette suite ne comporte jamais trois fois de suite la même séquence :
jamais trois fois de suite "0"
jamais trois fois de suite "01",
etc.

Pour montrer que la suite de Thue-Morse ne comporte jamais trois fois consécutivement la même chose – on dit "est sans cube" –, il suffit de montrer que, pour toute suite x ne comportant pas de cube, la suite $f(s)$ obtenue à l'étape suivante n'en comporte pas non plus.

Pour cela, supposons que s est sans cube et que $f(s)$ comporte un cube : alors $f(s)$ = ... aaa... et cherchons une contradiction. Nous distinguons trois cas.

Cas 1 : la suite a comporte un nombre pair de chiffres binaires, et le cube aaa commence à un emplacementde numéro impair dans $f(s)$. Il est clair alors que s comporte un cube aussi, obtenu en remplaçant, dans a, 01 par 0 et 10 par 1, ce qui contredit l'hypothèse.

Cas 2 : la suite a comporte un nombre pair de chiffres binaires, et le cube aaa commence à un emplacement de numéro pair dans $f(s)$. Par construction de $f(s)$, le chiffre binaire de numéro $2n + 1$ est 0 (respectivement 1) si et seulement si celui de numéro $2n + 2$ est 1 (respectivement 0). Donc, en enlevant le dernier chiffre binaire de a et en ajoutant devant a le chiffre binaire complémentaire du premier chiffre binaire de a, on obtient un mot a' ayant un nombre pair de chiffres binaires qui est répété trois fois dans $f(s)$, la répétition commençant un emplacement avant celle de a. On est donc ramené au cas 1.

Cas 3 : la suite a comporte un nombre impair de chiffres binaires. Alors il résulte de l'équivalence notée au cas 2 que la suite, apparaissant en commençant à un rang pair dans $f(s)$ et aussi en commençant à un rang impair, est nécessairement composée d'une alternance de 0 et de 1 : 01010, par exemple. La suite a commence et finit donc par le même chiffre binaire. Il en résulte que, dans $f(s)$, il y aura deux chiffres binaires, de rang $2n + 1$; $2n + 2$, qui seront égaux (soit à la jonction entre le premier a et le second a du cube, soit à la jonction entre le second a et le troisième, ce qui, toujours à cause de l'équivalence notée plus haut, est impossible).

«0», puis 2 = 2! fois «0», puis 6 = 3! fois, puis 24 = 4! fois, etc.). Cette suite de chiffres binaires étant très régulière, on ne peut pas la considérer comme aléatoire. Pourtant le nombre L est transcendant, comme Liouville le démontra en 1844 (ce fut d'ailleurs l'un des premiers nombres dont on prouva la transcendance, bien avant e et π), donc il y a des nombres transcendants dont le développement est régulier, ce qui interdit de fonder une définition des suites aléatoires sur les nombres transcendants. Une autre raison pour ne pas définir la notion de suite aléatoire à partir de la notion de nombre transcendant provient de la difficulté qu'il y a à connaître les propriétés du plus célèbre d'entre eux, π. En effet, on ne sait même pas si la suite des chiffres binaires du développement binaire de π est normale en base 2, ce que l'on constate pourtant sur les chiffres binaires connus.

Pour l'instant, toutes nos tentatives de définition ont été infructueuses.

Tentatives par les sous-suites de von Mises

Le mathématicien von Mises, qui chercha obstinément toute sa vie à définir la notion de suite aléatoire, proposa l'idée suivante : imposons à la suite de vérifier la loi des grands nombres (autant de 0 que de 1 à l'infini), ainsi qu'à toutes les sous-suites extraites «par des moyens raisonnables». La suite 01010101... vérifie bien la loi des grands nombres, mais pas la sous-suite obtenue en prenant un élément sur deux, car cela donne 000000... Selon l'idée de von Mises, la suite 010101... n'est donc pas aléatoire, ce qui est satisfaisant. Sur cet exemple, ainsi que sur d'autres comme les suites obtenues à partir du nombre de Champernowne ou du nombre de Liouville, la définition de von Mises indique qu'il ne s'agit pas de suites aléatoires.

Malheureusement, il y a un grave problème : la définition de von Mises est imprécise, et, lorsqu'on cherche à préciser, on rencontre des difficultés insurmontables. Elle est imprécise, car elle ne dit pas ce que c'est qu'extraire une sous-suite par des moyens raisonnables. Tentons de remédier à l'imprécision. La première idée consiste à supprimer la condition «par des moyens raisonnables». Malheureusement, il n'y aura alors pas de suite aléatoire, car aucune suite de 0 et de 1 n'est telle que toutes ses sous-suites vérifient la loi des grands nombres (de toute suite infinie de 0 et de 1, on peut extraire une sous-suite composée uniquement de 1 ou uniquement de 0 et qui ne satisfait donc pas la loi des grands nombres).

La deuxième idée pour éviter l'imprécision de la définition de von Mises, proposée en 1940 par le mathématicien américain Alonzo Church, est beaucoup plus subtile et intéressante. Elle consiste à ne considérer que les sous-suites extraites par des moyens calculables. Alonzo Church, en même temps que d'autres mathématiciens comme les très célèbres K. Gödel et A. Turing, avait quelques années auparavant proposé une définition précise de la notion de fonction calculable : une fonction est calculable si on peut la définir à l'aide d'un programme d'ordinateur *(voir les chapitres 1 et 2)*. La suite extraite en prenant tous les termes de rang pair est évidemment extraite par des moyens calculables. Donc, avec la définition de von Mises et Church, 0101010101... ne doit pas être tenue pour aléatoire (elle possède une sous-suite extraite par un procédé calculable qui ne satisfait pas la loi des grands nombres). De même, la définition de von Mises et Church permet de ne pas considérer comme aléatoires les suites

Tout nombre rationnel p/q a un développement en base 10 (c'est vrai aussi en base 2) périodique à partir d'un certain moment.

Lorsqu'on fait la division de p par q, les restes possibles sont en nombre fini ; donc à un moment, on retrouve nécessairement un reste qu'on a déjà trouvé avant. À partir de là, tout recommence. Exemple 22/7.

```
22,000000000 | 7
 1           |-----------
  3          | 3,14285714...
   2         |
    6        |
     4       |
      5      |
       1     |
        3... |
```

Le calcul recommence ensuite, redonnant 142857 142857...

Inversement, tout nombre dont le développement est périodique à partir d'un certain moment est rationnel (on le voit grâce à la formule

$$1 + p + p^2 + p^3 + ... = 1/(1 - p)).$$

Le nombre de Champernowne : 0,12345678910111213... n'est pas périodique à partir d'un certain moment, donc il est irrationnel.

Mais, comme la structure est ordonnée, les nombres irrationnels ne sont pas nécessairement aléatoires.

2. Le nombre de Champernowne montre que l'idée de définir la notion de suite aléatoire à partir de la notion de nombre irrationnel ne convient pas.

obtenues à partir des nombres de Champernowne et de Liouville, ce qui est bien ce qu'on souhaite. Elle permet aussi de ne pas considérer comme aléatoires les constantes mathématiques π et e, ce qui, à bien y réfléchir, est naturel aussi, puisque ce sont des nombres parfaitement prévisibles que l'on sait calculer et qui ne sont donc pas quelconques du tout! On peut aussi montrer – c'est un peu plus difficile – que la définition de von Mises et Church n'est pas exagérément restrictive et que de nombreuses suites répondent à cette définition. Un exemple d'une telle suite est le nombre Ω de Chaitin *(voir la figure 5)*.

On a cru, un moment, que c'était la définition attendue de suite aléatoire. Malheureusement encore, un résultat assez délicat – mais sans appel – condamna la définition de von Mises et Church. Le mathématicien français J. Ville prouva l'existence d'une suite (trop compliquée pour être définie ici) aléatoire, au sens de von Mises et Church, ayant la propriété suivante : pour tout n, le nombre de 1 dans les n premiers chiffres binaires de la suite est supérieur au nombre de 0. Cette propriété, qui est contraire à ce qu'on attend d'une suite aléatoire (car elle contredit en particulier ce qu'on appelle la loi du logarithme itéré, qui impose non seulement la loi des grands nombres, mais aussi des contraintes sur l'écart entre le nombre de 1 et le nombre de 0), empêche de considérer que la suite de Ville est aléatoire, alors que la définition de von Mises et Church conduirait à la considérer comme aléatoire. La définition de von Mises et Church n'est pas acceptable : elle permettrait de dire aléatoires des suites qu'il n'est pas naturel d'appeler ainsi!

Enfin la bonne définition!

La bonne solution, dont certains mathématiciens avaient fini par douter qu'elle puisse exister, fut proposée, en 1965, par le jeune mathématicien suédois P. Martin-Löf. Elle est un peu compliquée, mais il vaut la peine de faire l'effort nécessaire pour la comprendre, puisque, cette fois, la définition est satisfaisante.

L'idée est de dire qu'une suite aléatoire ne doit vérifier aucune propriété exceptionnelle qu'on peut réellement tester. Pour rendre précise cette idée, il faut définir *(a)* ce qui signifie propriété exceptionnelle ; *(b)* ce qu'est une propriété réellement testable.

Une propriété exceptionnelle d'une suite est une propriété que seule une infime partie – on dit un ensemble de mesure nulle – de l'ensemble des suites de 0 et de 1 vérifie. La propriété «se terminer par une infinité de 0», ou «être le développement d'un nombre rationnel» (qui équivaut, nous l'avons déjà dit, à la propriété «être périodique à partir d'un certain moment») sont des propriétés exceptionnelles, car une proportion infiniment faible de suites de 0 et de 1 les vérifient. Comme ce sont aussi des propriétés réellement testables, cela signifie que, par définition, une suite aléatoire, au sens de Martin-Löf, ne se terminera pas par une infinité de 0 et ne sera pas périodique à partir d'un certain rang. Les résultats d'E. Borel en théorie des probabilités montrent que «ne pas satisfaire la loi des grands nombres» est aussi une propriété exceptionnelle, de même que «ne pas satisfaire la loi du logarithme itéré» (qui a été la cause du rejet de la proposition de von Mises et Church). Comme ce sont aussi des propriétés réellement testables, les suites aléatoires, au sens de Martin-Löf, satisferont par définition à la loi des grands nombres et à la loi du logarithme itéré.

Pour comprendre ce que signifie «être une propriété réellement testable», considérons les 30 premiers chiffres binaires d'une suite infinie :

110011110011000011000011110011.

Nous remarquons que les «1» vont deux par deux, ainsi que les «0» (dit autrement : le chiffre binaire de rang $2n$ est le même que le chiffre binaire de rang $2n - 1$). Cela est peu ordinaire, et donc si nous avions à prendre la décision d'accepter ou de refuser cette suite comme suite aléatoire, nous la refuserions : elle est louche! Une

Nombre normal en base 10

La fréquence limite des "0" est 1/10
La fréquence limite des "1" est 1/10
...
La fréquence limite des "9" est 1/10
La fréquence limite des "00" est 1/100
La fréquence limite des "01" est 1/100
La fréquence limite des "02" est 1/100
...
La fréquence limite des "000" est 1/1000
...
...

Tout nombre normal en base 10 est irrationnel et semble devoir être désordonné, mais le nombre de Champernowne 0,12345678910111213... est normal en base 10.

3. Les nombres normaux en base 10 (ou en base 2) semblent devoir être quelconque et ressembler au résultat d'un tirage aléatoire équitable. Le nombre de Champernowne montre encore que ce n'est qu'une illusion, car, bien que très régulier, il est normal. L'idée de dire qu'une suite est aléatoire si elle est la suite des chiffres binaires d'un nombre normal est donc mauvaise.

propriété réellement testable est simplement une propriété comme «les «0» et les «1» vont deux par deux», qu'on peut tester par programme avec une précision de plus en plus grande en fonction du nombre de chiffres dont on dispose. La condition que le test soit définissable par programme est très importante : si on ne l'imposait pas, alors toute suite particulière s vérifierait la propriété exceptionnelle «être égal à s», et il n'y aurait donc aucune suite aléatoire. La réussite de la définition de Martin-Löf provient de ce qu'elle associe une condition provenant de la théorie des probabilités («ne satisfaire aucune propriété exceptionnelle») à une condition d'effectivité qui tempère la première condition, indispensable pour avoir une définition non vide.

La définition de Martin-Löf, qui est parfaite sur le plan mathématique, mais un peu dure à avaler (nous n'avons d'ailleurs pas explicité la définition complète de propriété réellement testable), a été clarifiée, une dizaine d'années plus tard, grâce à la théorie de la complexité de Kolmogorov.

La complexité de Kolmogorov

Cette théorie définit la complexité d'un objet fini (par exemple, une suite finie de 0 et de 1) par la taille du plus petit programme d'ordinateur qui permet d'imprimer l'objet en question. La complexité de Kolmogorov d'une suite de un million de «1» est très faible, car il existe des programmes très courts comme «pour $i = 1$ jusqu'à 1 000 000 ; imprimer 1 ; fin.» qui impriment cette suite. La suite du premier million de chiffres du développement binaire de π possède une complexité de Kolmogorov plus importante, car le plus court programme qui l'imprime comporte plusieurs lignes (on ne le connaît pas vraiment, mais sa longueur, qui dépasse probablement 100, est bien inférieure à un million). Les programmes courts qui permettent d'imprimer des objets longs peuvent être vus comme des versions comprimées de ces objets. À l'opposé, une suite de longueur 1 000 000 qui a une complexité de Kolmogorov supérieure ou égale à 1 000 000 (il en existe) est totalement incompressible : aucun moyen ne permet de la décrire sous forme condensée.

Nombre de Liouville

L = 0,1010010000001000...
1! 2! 3! 4!

4. Liouville montra que le nombre décrit ci-dessus est un nombre transcendant, c'est-à-dire qu'il ne vérifie aucune équation polynomiale à coefficients entiers. Comme c'est un nombre très régulier, on en déduit que l'idée de dire qu'une suite est aléatoire si elle est la suite des chiffres d'un nombre transcendant est encore une mauvaise idée.

Cette notion de compression issue de la théorie de la complexité de Kolmogorov permet de prouver le résultat suivant, qui confirme que la définition de Martin-Löf est la bonne : une suite infinie de 0 et de 1 est aléatoire, au sens de Martin-Löf, si et seulement elle est incompressible, c'est-à-dire si et seulement s'il existe une constante c telle que, pour tout n, la complexité de Kolmogorof des n premiers chiffres binaires de la suite est supérieure à $n - c$.

Aléatoire est donc, dans ce sens, équivalent à incompressible. Ce n'est pas inattendu. Ce qui l'est plus peut-être, c'est qu'il ait fallu attendre les années 1970 pour le découvrir, ce qu'on doit indépendamment au mathématicien allemand C.P. Schnorr, au mathématicien russe L. Levin (aujourd'hui aux États-Unis) et au mathématicien américain G. Chaitin.

Les propriétés des suites aléatoires au sens de Martin-Löf sont remarquables ; en voici quelques-unes.

La suite des chiffres binaires d'une telle suite infinie ne peut pas être définie par un programme. Si elle pouvait l'être, on utiliserait le programme qui la définit pour obtenir une version compressée de ses chiffres binaires. Cette propriété a deux conséquences remarquables. D'abord, la suite des chiffres binaires de π ou des constantes usuelles des mathématiques qu'on sait calculer par algorithmes (par exemple, à partir de leurs développements en série) ne sont pas aléatoires dans le sens absolu de Martin-Löf. Ensuite, puisque qu'un programme ne peut jamais produire de suites aléatoires, les fonctions *random* des langages de programmation, engendrées par programmes, ne peuvent qu'être imparfaitement aléatoires.

La suite des chiffres binaires d'une suite aléatoire est toujours normale et définit toujours un nombre transcendant.

La suite des chiffres binaires d'une suite aléatoire est imprévisible : quand on parie à l'aide d'un programme sur le $n + 1$-ième chiffre binaire d'une suite aléatoire en connaissant seulement les n premiers chiffres binaires, on n'obtient en moyenne pas mieux que si l'on pariait au hasard. Cette propriété d'imprévisibilité confirme l'idée intuitive qu'on ne gagne pas contre le hasard, et qui, sous des formes différentes, avait déjà été mathématisée par la théorie des martingales.

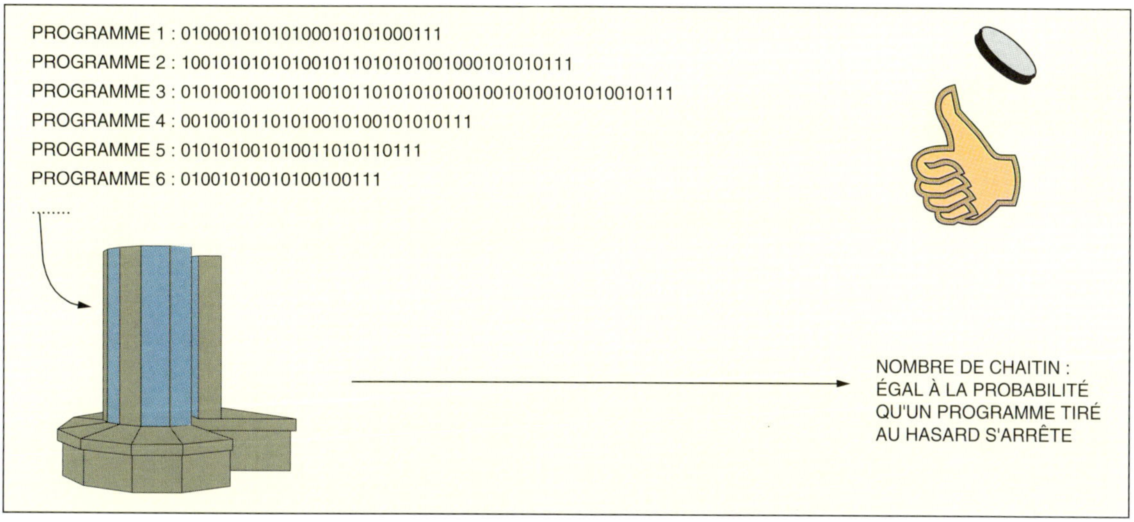

5. À chaque ordinateur on peut associer un nombre oméga de Chaitin Ω : pour cela, on tire un programme au hasard par des lancers successifs d'une pièce de monnaie qui déterminent une suite de chiffres binaires correspondant à un programme, et l'on fait fonctionner l'ordinateur avec ce programme. Le plus souvent, le programme provoque un arrêt immédiat, mais il existe des programmes qui conduisent l'ordinateur dans une boucle infinie. Le nombre Ω est la probabilité que l'ordinateur s'arrête, c'est-à-dire la somme infinie de tous les termes $2^{-\text{longueur}\,(Pr)}$, où *Pr* est un programme qui s'arrête. Ce nombre est mathématiquement défini, mais n'est pas calculable : pour le calculer il faudrait savoir reconnaître les programmes qui ne s'arrêtent pas, tâche impossible.

La suite des chiffres binaires d'une suite aléatoire, ainsi que toutes les suites infinies qu'on peut en extraire par programme satisfont la loi des grands nombres : les suites aléatoires de Martin-Löf sont donc aléatoires, au sens de von Mises et Church (la définition qu'ils proposaient était donc simplement trop faible).

Bien! Mais quelles consignes doit-on donner à Monsieur Hasard pour la suite de ses petits déjeuners? Nous n'avons pour l'instant défini aucune suite précise qui soit aléatoire, au sens de Martin-Löf. En existe-t-il réellement? Oui, et en fait presque toutes les suites de 0 et de 1 sont aléatoires, au sens de Martin-Löf. On est donc dans une situation paradoxale : presque toutes les suites sont aléatoires, au sens de Martin-Löf, mais on ne peut en définir aucune par algorithme. Elles sont partout, mais on ne peut jamais les toucher!

Attention, les mathématiques sont subtiles! «Ne pas pouvoir définir par programme des suites aléatoires de Martin-Löf» ne signifie pas «ne pas pouvoir en définir dans l'abstrait». G. Chaitin a proposé un moyen mathématique de définir ce qu'il appelle le nombre oméga. La suite des chiffres de ce nombre est aléatoire, au sens de Martin-Löf. Le nombre oméga est – par définition – la probabilité de l'arrêt d'un ordinateur lorsqu'on lui fournit un programme écrit chiffre binaire par chiffre binaire à l'aide de tirages successifs d'une pièce de monnaie *(voir la figure 5)*. À chaque ordinateur est ainsi associé un nombre aléatoire parfait, mais qui échappe à tout jamais à notre pouvoir d'investigation (car sa définition ne permet pas de le calculer, à cause de l'indécidabilité de l'arrêt d'un programme).

Le seul conseil qu'on puisse finalement donner à Monsieur Hasard pour «organiser» ses petits déjeuners, c'est de prendre une pièce de monnaie et de l'utiliser pour déterminer à pile ou face, chaque matin, s'il doit prendre du café ou du thé. Puisque toutes les suites, sauf une infime minorité sont aléatoires au sens de Martin-Löf : en procédant ainsi, il sera presque sûr d'éviter toute monotonie.

Tout cela pour en arriver là, me direz-vous! Oui, et c'est bien là l'un des inconvénients majeurs de la théorie des suites aléatoires de Martin-Löf. Elle est très belle, merveilleuse même, elle semble fondamentale et apporte un éclaircissement essentiel à bien des questions ; aussi intéresse-t-elle de plus en plus de monde, y compris les physiciens, mais sa gravissime ineffectivité rend difficile, et presque impossible, toute utilisation pratique de ses résultats.

5

La cryptographie quantique

Comment, grâce à la mécanique quantique, faire des billets infalsifiables, distribuer des clefs secrètes, ou effectuer un tirage à pile ou face à distance.

Au début des années 1970, Stephen Wiesner, aujourd'hui employé de la Société informatique *Thinking Machines* à Cambridge, dans le Massachusetts, proposa d'utiliser la mécanique quantique pour coder des billets de banque dont l'infalsifiabilité serait garantie par le principe d'incertitude d'Heisenberg. Son rapport de recherche, qui ne fut publié que dix ans plus tard, proposait aussi d'utiliser la mécanique quantique pour entremêler deux messages d'une façon telle qu'on ne puisse en lire qu'un, et qu'en le lisant, on rende l'autre illisible (ce qui est utile dans certains protocoles d'échanges de données informatiques).

Charles Bennett, du Centre de recherche *IBM* de Yorktown Heights, aux États-Unis, et Gilles Brassard, de l'Université de Montréal, s'inspirèrent des idées de S. Wiesner, pour concevoir, au début des années 1980, un système de distribution de clefs secrètes dont la sûreté repose aussi sur la mécanique quantique. Ce système est arrivé à maturité : les expériences menées actuellement à Yorktown Heights ont effectivement permis la transmission quantiquement garantie de clefs secrètes de plusieurs milliers de bits entre deux points distants... de 32 centimètres. Plus récemment, on a réussi une telle transmission sur plusieurs kilomètres.

La mécanique quantique semble résister à toutes les mises à l'épreuve qu'on lui fait subir et donc, dans l'avenir, les méthodes de cryptographie quantique devraient jouer un rôle important. Cela d'autant plus que les méthodes de cryptographie fondées uniquement sur des idées mathématiques restent toutes incertaines.

La cryptographie s'est considérablement développée ces dernières années, de par l'augmentation des communications par voies hertzienne et téléphonique, et la généralisation des réseaux informatiques qui ont créé des besoins nouveaux. La possibilité de faire exécuter des calculs complexes par les ordinateurs a facilité l'utilisation des algorithmes de codages les plus élaborés, et, parallèlement, fragilisé la presque totalité des méthodes utilisées auparavant. Les informaticiens ont proposé des idées nouvelles comme les fonctions à sens unique : à partir de x, le calcul de $f(x)$ est facile, mais, à partir de $f(x)$, il est très difficile de calculer x (le codage est facile, le décodage impossible pour qui n'a pas la clef). Des centaines d'articles ont été publiés, plusieurs conférences annuelles réunissent les chercheurs du domaine, et un journal international spécialisé a même été créé. Cependant aucun système de cryptographie mathématique n'a été démontré incassable en dehors du système *one-time pad* – inventé en 1917 par Gilbert Vernam – qui est présenté sur la figure 1.

Les systèmes violables et *one-time pad*

Tous les systèmes de codages secrets fondés sur les mathématiques sont dangereux (à l'exception de *one-time pad*), pour trois raisons.

La première est qu'on les justifie à l'aide d'arguments de difficulté dans le pire cas, ou dans le cas moyen ; or, quand je transmets un message codé, j'aimerais avoir une garantie de confidentialité pour «l'envoi précis que je fais aujourd'hui». Je ne peux pas me satisfaire de l'affirmation qu'en moyenne le type de code que j'utilise est difficile à casser, et encore moins de l'affirmation que le type de code que j'utilise est difficile à casser pour certaines clefs ressemblant à celle que j'utilise! Certains systèmes qu'on a crus bons sont maintenant déconseillés, parce que l'on a découvert des cas facilement cassables. Dans les systèmes fondés sur les nombres premiers, comme le célèbre et très prisé RSA, baptisé du nom de ses auteurs Rivest-Shamir-Adleman, on donne des consignes aux utilisateurs pour choisir les nombres premiers servant à engendrer les clefs de codage : les consignes données aujourd'hui sont plus strictes que celles d'hier, et il est à craindre qu'elles le soient moins que celles qu'on donnera demain! Un résultat mathématique indique d'ailleurs qu'il est impossible de se prémunir, à l'aide de clefs courtes, contre un décodeur ayant une capacité de calcul non limitée.

La seconde raison de la fragilité des systèmes de cryptographie mathématique est que, même les énoncés mathématiques qui pourraient certifier en général les codages sont trop difficiles pour être démontrés. Cela peut étonner, mais c'est ainsi : les spécialistes croient vraie telle conjecture qui établit la difficulté du décryptage de telle méthode (par exemple la factorisation des nombres entiers pour le RSA), mais personne ne sait démontrer ces conjectures. Tous les systèmes connus, sauf *one-time pad* reposent ainsi sur une conjecture non démontrée.

Une troisième raison pour que nous nous méfiions des méthodes de cryptographie mathématique est d'un autre ordre : rien n'interdit de penser que certains services secrets savent des choses qu'ils gardent pour eux, et donc une confiance aveugle en l'état de l'art apparent en cryptographie pourrait être trompeuse. Contrai-

VERSION EN BASE 2

ON UTILISE LA TABLE D'ADDITION : 0 + 0 = 1 + 1 = 0   1 + 0 = 0 + 1 = 1

MESSAGE À CODER A	0	0	1	0	1	1	0	0	1	0	1	1	0	1	0
CLEF DE CODAGE B	0	1	1	1	0	1	1	0	1	1	1	0	0	1	0
MESSAGE CODÉ $C = A + B$	0	1	0	1	1	0	1	0	0	1	0	1	0	0	0

POUR DÉCODER, IL SUFFIT DE FAIRE $C + B$

VERSION EN BASE 26

ON UTILISE L'ADDITION CYCLIQUE (SI UN RÉSULTAT DÉPASSE 26, ON LUI SOUSTRAIT 26. EXEMPLE : 12 + 14 = 36 = 10)

MESSAGE À CODER	A	B	R	A	C	A	D	A	B
NUMÉRO DES LETTRES A	1	2	18	1	3	1	4	1	2
CLEF DE CODAGE	Y	V	O	N	J	Z	P	H	A
CLEF DE CODAGE TRADUITE EN NOMBRES B	25	23	15	14	10	26	16	8	1
MESSAGE CODÉ $C = A + B$	26	25	7	15	13	1	20	9	3
TRADUCTION EN LETTRES	Z	Y	G	O	M	A	T	I	C

1. *One-time pad*, ou code de Vernam, utilise une clef de codage aussi longue que le message à coder. Une version en base 2 de ce code est utilisée en informatique. La version en base 26 permet de coder facilement à la main un texte en prenant un texte aléatoire comme clef de codage. On possède une garantie mathématique d'inviolabilité de *one-time pad* à la condition de ne jamais utiliser deux fois la même clef de codage et d'utiliser des clefs aléatoires. Pour l'utiliser sans risque, il faut faire parvenir la clef de codage à son partenaire : c'est le problème de la distribution des clefs, problème que la mécanique quantique permet de traiter.

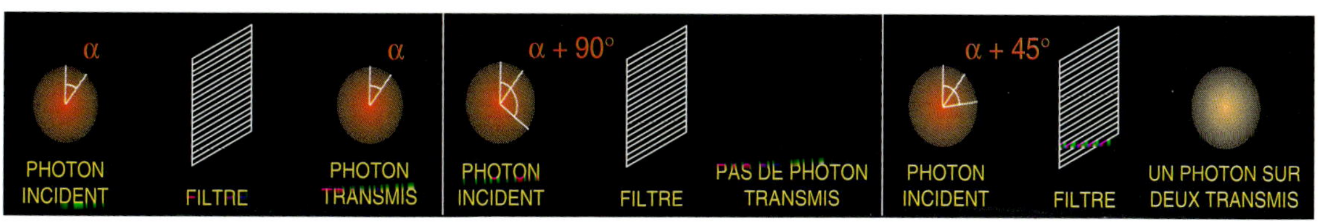

2. La traversée du photon à travers un filtre selon leur polarisation respective.

rement aux autres domaines des mathématiques, il est possible que des résultats importants aient été obtenus et soient tenus secrets à cause de leur intérêt stratégique. Le bon sens souffle que c'est un vrai problème, et un vrai risque de la cryptographie mathématique.

Reste donc la seule méthode dont l'inviolabilité a été vraiment prouvée : le *one-time pad*. C'est une méthode de codage élémentaire *(voir la figure 1)* qui possède la propriété suivante : si vous disposez d'une clef secrète aussi longue que le message que vous voulez coder et si vous n'utilisez jamais plus cette clef secrète, quiconque ne connaît pas la clef est dans l'impossibilité de décoder votre message. La raison de cette propriété se comprend aisément : le message à coder peut être transformé en un message quelconque selon la clef que vous utilisez ; selon la clef, le mot *ARTICHAUT* peut aussi bien donner *ABRACADAB* ou *ZYGOMATIC* ou tout autre mot de neuf lettres. En l'absence de la clef, il est donc totalement impossible de décoder un message utilisant le *one-time pad* ; c'est pourquoi il fut utilisé pour le «téléphone rouge» entre Moscou et Washington. Son inconvénient est que le récepteur et l'émetteur doivent avoir chacun une copie de la clef et que cette copie est évidemment longue si l'on veut transmettre de longs messages.

Pour le téléphone rouge, on dit que des bandes magnétiques, soigneusement escortées, transitaient régulièrement par avion entre Washington et Moscou. Finalement la difficulté de l'utilisation de *one-time pad* provient de la difficulté de la distribution des clefs. Comme une clef peut être une suite aléatoire de 0 et de 1, le problème est ramené au problème de l'acheminement d'une suite aléatoire de 0 et de 1 entre un émetteur et un récepteur, sans qu'elle puisse être interceptée par l'adversaire.

Si l'on dispose d'un canal de communication protégé de tout espionnage — par exemple la valise diplomatique — le problème est réglé. Mais comment être certain qu'une valise diplomatique n'est pas ouverte et son contenu microfilmé, ou les bandes magnétiques qu'elle contient recopiées? On connaît des cas!

La cryptographie quantique

C'est là qu'intervient la mécanique quantique : elle permet de concevoir un canal de communication protégé de tout espionnage, ou plus précisément un canal de communication qu'il sera impossible d'espionner sans se faire repérer, ce qui est suffisant : on n'utilisera pas une clef dont on saura qu'elle a été espionnée.

Ce système, imaginé par Ch. Bennett et G. Brassard en 1984 à partir des travaux de S. Wiener de 1970, et redécouvert par Wiedeman quelques années plus tard, utilise des photons polarisés sur lesquels nous nous arrêterons un peu. Dans ce système, l'information est contenue dans la polarisation du photon.

Un photon polarisé est un objet quantique, donc étrange : on peut l'imaginer comme une boîte contenant une information cachée et possédant deux modes d'ouverture : si vous choisissez la bonne ouverture, vous entrez en possession de cette information ; si vous choisissez la mauvaise, vous n'apprenez rien et, de plus, en ouvrant la mauvaise porte, vous avez détruit l'information que l'autre porte vous aurait permis d'obtenir.

J'ai conçu un objet de physique classique qui possède cette propriété des photons polarisés (la seule nécessaire en cryptographie quantique). Ce modèle physique, décrit sur la figure 3, illustre la propriété du photon polarisé qui permet la cryptographie quantique. Toutefois le modèle mécanique ne fonctionne que si l'on utilise normalement les boîtes, c'est-à-dire si l'on ne cherche ni à les détruire, ni à les radiographier ; avec des photons quantiques, toute tricherie est impossible, car elle contredirait les principes fondamentaux de la mécanique quantique.

Venons-en aux photons polarisés eux-mêmes du modèle de Ch. Bennett et G. Brassard. Lorsqu'on fait passer un photon à travers un filtre polarisant d'orientation α, le photon est polarisé selon la direction α, car le champ électrique associé au photon n'est plus quelconque, mais parallèle à l'axe α. Si ensuite on le fait passer dans un filtre polarisant de même orientation, le photon traverse certainement, ce que l'on constate en plaçant un détecteur derrière le deuxième filtre. Lorsqu'on fait passer un photon à travers un filtre d'orientation α, puis à travers un filtre d'orientation $\alpha + 90°$ le photon est absorbé par le second filtre.

Qu'arrive-t-il quand vous interceptez un photon polarisé d'un angle α avec un filtre orienté d'un angle $\alpha + 45°$? Une fois sur deux, le photon passe, une fois sur deux, il ne passe pas. Et si, au lieu d'intercepter un photon polarisé d'un angle α, il s'agit d'un photon polarisé d'un angle $\alpha + 90°$, le résultat est identique : une fois sur deux, il passe, et, une fois sur deux, il ne passe pas à travers le filtre. Donc si vous vous trompez, et que vous orientez votre filtre à $\alpha + 45°$, il vous est impossible de retrouver une information (composée d'une série de photons) codée selon l'angle α. L'erreur commise, il

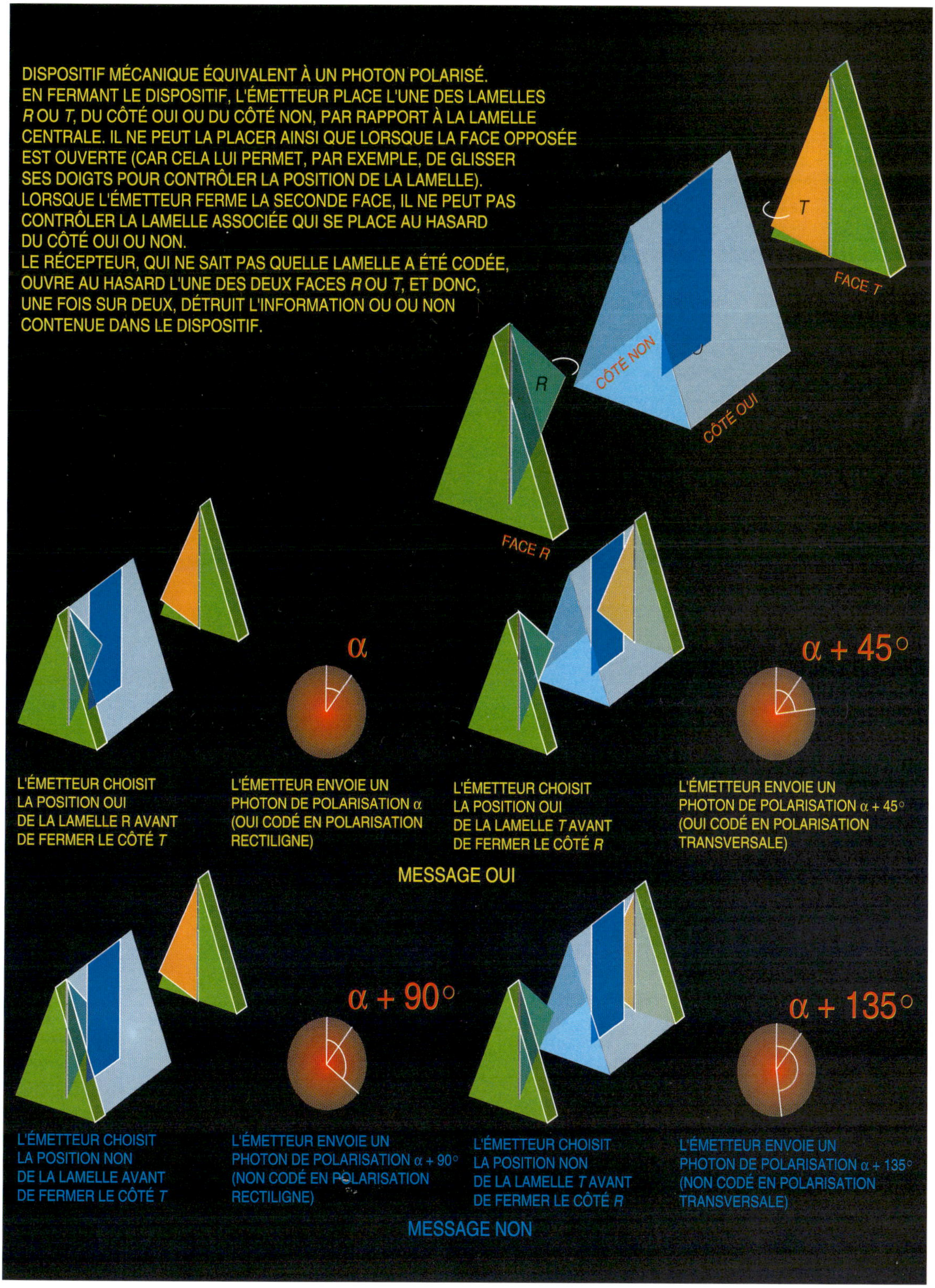

3. Dispositif mécanique dont les propriétés sont celles d'un photon polarisé.

est impossible de revenir en arrière : l'information est perdue car le photon a été, soit absorbé par votre filtre, soit polarisé par votre filtre. Imaginons maintenant que je vous envoie un photon polarisé en vous disant : «S'il est polarisé d'un angle α ou α + 45°, cela signifie OUI, s'il est polarisé selon un angle α + 90° ou α + 135°, cela veut dire NON.» Comment pouvez-vous orienter votre filtre pour savoir si je vous ai transmis OUI ou NON?

Première configuration : vous choisissez de lire la polarisation avec un filtre orienté selon α. Si j'ai codé mon message avec α pour OUI et α + 90° pour NON (polarisations rectilignes), vous décodez alors correctement mon message : si le photon passe, c'est que j'ai codé OUI, et s'il ne passe pas, c'est que j'ai codé NON. Mais, si j'ai codé avec α + 45° ou α + 135° (polarisations transversales), vous lirez une réponse aléatoire qui ne signifiera rien, et vous aurez perdu tout espoir de savoir ce que je voulais vous transmettre.

Seconde configuration : vous choisissez de lire le photon avec un filtre orienté selon α + 45°. Si j'ai codé mon message avec α + 45° pour OUI et α + 135° pour NON, vous allez retrouver l'information, sinon, comme précédemment, vous trouverez quelque chose qui ne signifiera rien.

Si vous utilisez maintenant un filtre orienté à α + 90°, vous êtes ramené au cas α (en échangeant les OUI et les NON) ; si vous utilisez un angle α + 135°, vous êtes ramené au cas α + 45°, et si vous utilisez un autre angle, vous êtes dans une situation mixte, qui n'est pas meilleure.

Au bout du compte, seules les deux premières configurations sont utiles, et c'est seulement lorsque je vous dirai si j'ai codé mon message rectilignement (c'est-à-dire avec α ou α + 90°) ou transversalement (c'est-à-dire α + 45° ou α + 135°) que vous saurez si ce que vous avez trouvé correspond à mon message. Si vous découvrez que vous vous êtes trompé en choisissant de décoder rectilignement ou transversalement, vous ne pourrez pas revenir en arrière : vous aurez perdu l'information OUI ou NON.

C'est ce que je mentionnais plus haut ; un photon polarisé peut être comparé à une boîte contenant une information OUI ou NON et comportant deux modes d'ouverture : si vous utilisez le bon, vous obtenez la bonne information : sinon, vous trouvez quelque chose qui ne signifie rien, et, en plus, vous détruisez irrémédiablement l'information que contenait la boîte. Remarquons aussi que, si vous avez choisi le mauvais mode d'ouverture, rien ne vous le signale.

Voyons maintenant comment Ch. Bennett et G. Brassard ont proposé d'utiliser ces photons polarisés pour transmettre une clef sans risque, entre un émetteur et un récepteur.

Le codage du message

L'émetteur code une suite aléatoire de OUI et de NON selon le système précédent, où α et α + 45° représentent OUI, et où α + 90° et α + 135° représentent NON. Il émet des photons à intervalles réguliers. L'émetteur choisit au hasard et au même rythme, pour chaque photon, de coder rectilignement ou transversalement, et garde en mémoire les choix de codage qu'il a faits. Le récepteur décode au hasard selon α ou α + 45°, et donc, une fois sur deux en moyenne, retrouve ce que l'émetteur a codé, et une fois sur deux trouve quelque chose qui ne correspond à rien. Ensuite l'émetteur (par un autre canal qui n'a pas besoin d'être confidentiel, mais qui doit être infalsifiable, comme, par exemple, une onde radio) indique, photon par photon, quand le codage était rectiligne ou transversal. Le récepteur sait maintenant quels bits reçus sont corrects et ceux qui ne signifient rien. Il transmet à l'émetteur la liste des numéros des bits qu'il a correctement décodés, par exemple il lui indique qu'il a bien codé les bits de numéro 1 3 4 6 9 10 12 13 16, etc. Maintenant l'émetteur et le récepteur possèdent une liste de bits communs que l'émetteur utilise pour envoyer un message (sur un canal infalsifiable) selon *one-time pad*, c'est-à-dire avec une certitude parfaite de confidentialité.

Avant cela, il serait souhaitable qu'ils s'assurent que leur transmission de bits n'a pas été interceptée. C'est tout à fait possible : ils vont accepter de sacrifier quelques-uns de leurs bits communs en échangeant non seulement le numéro des bits, mais aussi la nature du message (OUI ou NON). L'émetteur indique par exemple que le bit numéro 1 est OUI, que le bit numéro 6 est OUI, le bit numéro 13 est NON, etc. Si le récepteur n'a pas précisément cette liste, c'est que leurs photons ont été interceptés. En effet, si un espion a épié la ligne et a tenté de lire les photons polarisés et de les déchiffrer, il n'a pu, dans la première phase que les lire au hasard comme le récepteur. Donc, une fois sur deux, il n'a pas choisi le bon axe de lecture, et donc une fois sur deux, il a renvoyé un photon polarisé mal imité, et donc, une fois sur quatre, le photon retransmis par l'espion n'est pas celui que l'émetteur et le récepteur connaissent. Même quand l'espion n'a pas lu selon le bon axe, il peut avoir de la chance et réémettre un photon conforme à ce que l'émetteur connaît, donc c'est seulement une fois sur quatre qu'il se fait repérer.

Avec le système considéré, tout espion sur la ligne est inévitablement repéré. Si c'est le cas, bien sûr l'émetteur n'utilisera pas la clef transmise pour coder selon *one-time pad*. L'émetteur et le récepteur tenteront une seconde transmission de bits, et c'est seulement lorsqu'ils seront certains de ne pas avoir été espionnés que l'émetteur transmettra son message secret avec *one-time pad*, en utilisant les bits connus par eux seuls.

Les difficultés pratiques

Si le principe de Ch. Bennett et G. Brassard n'est pas très compliqué, sa mise en œuvre pratique est plus délicate, pour de multiples raisons. D'abord il faut envoyer des photons un par un. Si l'émetteur envoie non plus un, mais un groupe de photons identiques, l'espion peut en intercepter un, laisser passer le reste du paquet, et alors il sera impossible de le repérer. Pour envoyer un seul photon à la fois, la technique consiste à émettre des trains d'ondes très faibles dont la probabilité qu'ils contiennent un photon est inférieure à 1, par exemple 1/10. Cela complique un peu le protocole décrit plus haut, mais le principe fonctionne encore. Le fait que les appareils de mesure soient imparfaits complique encore un peu le protocole, mais, à l'aide de résultats mathématiques établis par Jean-Marc Robert, de l'Université de Montréal, Ch. Bennett et G. Brassard, aidés de François Bessette, Louis Salvail et John Smolin ont résolu ces difficultés et effectivement réalisé en 1991 des expériences de transmission de clefs secrètes fondées sur la mécanique quantique.

Le principe même du système interdit que les trains d'ondes soient amplifiés pour être envoyés dans une fibre optique, ou que la fibre optique utilisée puisse contenir des répéteurs qui lisent le signal et le réémettent : de tels répéteurs brouilleraient le message d'une manière irrémédiable, comme le ferait un espion. Les propriétés des fibres optiques connues aujourd'hui limitent l'utilisation de la technique de G. Brassard et Ch. Bennett à des transmissions de quelques kilomètres au plus. Pour réussir mieux, il faudra encore progresser dans la qualité des fibres optiques ou alors utiliser des canaux de transmission sous vide et totalement rectilignes (ce qui n'est pas absurde dans l'espace).

L'idée de Ch. Bennett et G. Brassard est sûre, mais présente des difficultés de mise en œuvre. D'autres idées, en particulier l'idée originale de S. Wiesner pour les billets de banque

	1	2	3	4	5	6	7	8	9	10	11
MESSAGE À CODER	NON	OUI	NON	NON	NON	OUI	OUI	NON	OUI	OUI	OUI
SUITE DE DIRECTION DE POLARISATION : R POUR RECTILIGNE T POUR TRANSVERSALE	R	T	T	T	R	T	R	T	R	R	T
ANGLES DE POLARISATIONS RETENUS POU L'ENVOI	90	45	135	135	90	45	0	135	0	0	45
SUITE DE DIRECTIONS DE LECTURE POUR LE DÉCODAGE	T	T	R	T	T	T	R	T	T	R	R
RÉSULTATS DES MESURES DU RÉCEPTEUR	OUI	OUI	NON	NON	OUI	OUI	OUI	NON	OUI	OUI	NON
BITS COMMUNS CORRESPONDANT AUX MÊMES CHOIX DE DIRECTION		2		4		6	7	8		10	

4. L'émetteur choisit une suite aléatoire de OUI ou NON, et choisit aussi une suite aléatoire de directions de polarisation (soit rectiligne *R*, soit transversale *T*). Cela détermine les angles de polarisation des photons qu'il envoie avec la règle [OUI *R*] → 0°, [OUI *T*] → 45°, [NON *R*] → 90°, [NON *T*] → 135°. Le receveur décode au hasard transversalement ou rectilignement les photons reçus et retraduit son résultat en une suite de OUI ou de NON. Lorsqu'il a choisi le même axe de décodage que l'émetteur, il a trouvé la bonne information, sinon il a trouvé un résultat aléatoire. L'émetteur indique, par un canal infalsifiable (comme une onde radio), les axes de polarisation qu'il a utilisés. Le récepteur sait alors quels sont les bits qu'il a en commun avec l'émetteur. Il en indique les numéros à l'émetteur : 2 4 6 7 8 10. De plus, s'ils acceptent de sacrifier quelques bits, l'émetteur et le receveur peuvent savoir s'ils ont été épiés, et donc s'ils peuvent se servir des bits en commun qui restent pour en faire une clef de codage de *one-time pad*. La mécanique quantique garantit parfaitement le procédé.

infalsifiables, relèvent carrément de la science-fiction, et c'est à cause de cela que le scepticisme a longtemps prévalu sur les applications de la cryptographie quantique. Détaillons quand même l'idée de Wiesner : elle est amusante, et nous en savons assez sur les photons polarisés.

Les billets infalsifiables de S. Wiesner

D'abord les billets infalsifiables doivent comporter un mécanisme permettant le stockage de photons polarisés, disons 20, par exemple entre deux miroirs parfaits. C'est à cause de cela qu'il s'agit de science-fiction : aujourd'hui nous ne savons même pas conserver un photon polarisé pendant une seconde.

Un billet infalsifiable comporte un numéro apparent qui l'identifie et un numéro caché dans les 20 photons polarisés. La banque garde, associé à chaque numéro apparent du billet, le numéro caché et en plus, le système qui a été utilisé pour coder le numéro caché dans les photons polarisés. Elle sait, par exemple, que, pour le billet numéro 132425, le numéro caché est

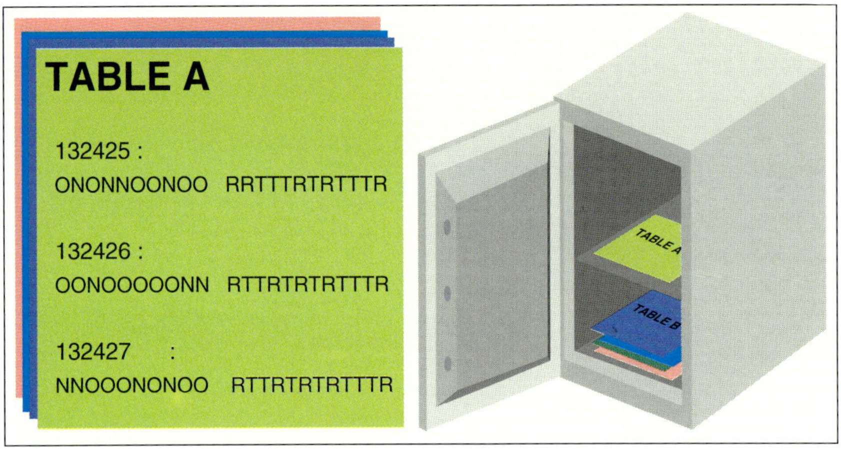

5. Dans chaque billet, des photons polarisés sont conservés (entre des miroirs parfaits par exemple). La banque sait que le billet n° 132425 porte, codée dans les photons polarisés, une suite de OUI et de NON comme, par exemple, [OUI NON OUI NON NON OUI OUI NON OUI OUI] en utilisant les axes de polarisation [*R R T T T R T R T T T R*] et donc que les photons sont polarisés selon les angles donnés par la règle [OUI *R*] → 0°, [OUI *T*] → 45° [NON *R*] → 90°, [NON *T*] → 135°. Si un faussaire veut imiter un billet, il essaie de lire la suite de OUI et NON codée dans les photons, mais comme il ne sait pas quels axes de polarisation ont été utilisés, il lit au hasard transversalement ou rectilignement les photons du billet qu'il essaie de copier. Une fois sur deux, il ne choisit pas le bon axe (et détruit alors définitivement l'information codée dans le photon), ce qui rend impossible la fabrication d'un billet identique au modèle. La banque, pour s'assurer qu'un billet est authentique, lit selon les axes de polarisation qu'elle connaît et s'aperçoit immédiatement qu'un billet est faux, ou même qu'on a tenté de l'imiter. Bien sûr le système n'est fiable que si la table de correspondance entre numéros de billets, suites de OUI ou de NON, et suites de *R* et de *T*, est maintenue parfaitement secrète, ce qui n'est peut-être pas une chose facile.

254364 et que le premier photon a été polarisé rectilignement, le second transversalement, etc. Lorsque la banque veut savoir si un billet est authentique, elle lit les photons du billet selon le système qu'elle seule connaît, et vérifie qu'ils codent bien le numéro caché. Si nécessaire, elle recrée alors les mêmes photons pour reconstituer le billet.

Un faussaire qui voudrait imiter un billet va tenter de lire les photons polarisés, mais, comme il ignore l'orientation de polarisation, il va se tromper une fois sur deux, et donc ne réussira pas à accéder au numéro secret du billet (sauf avec une probabilité de $(3/4)^{20} = 0{,}0032$). Il sera donc dans l'impossibilité de faire un faux billet. Bien sûr, pour que le système marche, il ne faut pas que la banque mette en circulation plusieurs exemplaires du même billet. Il faut aussi que la banque réussisse à garder secrète la table des numéros et systèmes de codage utilisée pour chaque billet.

Les billets quantiques infalsifiables sont aujourd'hui de la science-fiction, mais si on réussissait à concevoir l'analogue électronique des petites boîtes que j'ai décrites dans la figure 3, on pourrait tout à fait utiliser le système de S. Wiesner pour fabriquer des cartes à puce totalement infalsifiables. Je pense que c'est possible.

Le tirage à pile ou face, à distance

Mentionnons encore, parmi les idées de la cryptographie quantique, une solution proposée pour le tirage à pile ou face à distance.

Il s'agit d'un problème classique en cryptographie dont des solutions mathématiques ont été proposées, et elles sont, bien sûr, sujettes aux remarques que je faisais dans l'introduction. Vous voulez faire un tirage à pile ou face avec quelqu'un qui est loin de vous, et qui n'a pas plus confiance en vous que vous n'avez confiance en lui. Comment vous y prendre pour que ni lui ni vous ne puissiez tricher? Le protocole suivant, proposé par G. Brassard et Ch. Bennett, résout le problème.

Votre adversaire choisit pile ou face ; il code alors, soit rectilignement s'il a choisi pile, soit transversalement s'il a choisi face, une suite de 100 bits dans des photons polarisés, qu'il vous envoie (toujours avec le même système, α et $\alpha + 45°$ représentent OUI et $\alpha + 90°$ et $\alpha + 135°$ représentent NON). De votre côté, vous décodez au hasard, rectilignement la moitié des bits qu'il vous a transmis, et transversalement l'autre moitié. Vous choisissez alors pile ou face en convenant que, si vous avez correctement deviné son choix, vous avez gagné, et que sinon vous avez perdu. Vous lui transmettez alors votre choix. Lorsque vous indiquez votre choix à votre adversaire, s'il vous dit qu'il a gagné, vous ne pouvez pas lui faire confiance, mais, grâce aux photons qu'il a envoyés, vous vérifiez qu'il a choisi pile ou face : votre adversaire vous indique maintenant s'il avait choisi de polariser son envoi rectilignement ou transversalement, et pour vous convaincre qu'il ne triche pas, il vous indique la suite de bits qu'il a codée. Vous vérifiez qu'il ne ment pas en comparant les bits qu'il vous donne avec ceux que (une fois sur deux) vous avez décodés selon le bon axe de codage. Le fait que vous tombiez bien sur les bits qu'il vous annonce prouve que ce n'est pas après avoir connu votre choix qu'il a fait le sien, mais bien avant et que donc il n'y a pas tricherie de sa part.

Ce système n'est pas aussi sûr que les précédents. En fait, il n'est sûr qu'à la condition de supposer qu'il est impossible de garder un photon polarisé un long moment, et donc ce système de tirage à pile ou face suppose une hypothèse de développement technologique qui est exactement opposée à celle faite pour les billets infalsifiables de S. Wiesner : il ne faut pas savoir mettre en réserve un photon polarisé.

La fragilité du système, lorsqu'on sait garder en réserve des photons, est due à la possibilité dont dispose l'émetteur de produire ce qu'on appelle des photons corrélés. Deux photons corrélés sont deux photons négatifs l'un de l'autre : si, en mesurant le premier transversalement on trouve OUI alors on trouvera NON pour le second, et de même rectilignement. Ces photons corrélés ont joué un rôle très important dans la discussion des principes de la mécanique quantique et sont au centre de ce qu'on appelle le paradoxe d'Einstein-Podolsky-Rosen.

Si l'émetteur vous fait parvenir des photons provenant de paires corrélées, en gardant en réserve pour lui l'autre élément de chaque paire, alors il peut tricher. En effet, il peut prétendre qu'il a choisi pile (c'est-à-dire polarisation rectiligne) après que vous lui avez indiqué votre choix, face par exemple. Lorsque vous le testez en lui demandant de vous prouver qu'il connaît bien la polarisation rectiligne des photons qui vous sont parvenus, il utilise les photons qu'il a gardés en réserve pour faire la réponse que vous attendez. En fait il n'avait rien choisi avant de vous envoyer les 100 photons, c'est seulement après votre choix de pile ou face qu'il a fait le sien, et ce sont les photons en réserve qui lui permettent de prétendre le contraire.

Récemment Claude Crépeau, de l'École normale supérieure de la rue d'Ulm à Paris, et G. Brassard ont proposé d'autres méthodes de tirage à pile ou face fondées sur la mécanique quantique, qui ne peuvent pas être victimes de cette tricherie. Une de leurs idées est de trouver des primitives élémentaires comme «l'engagement d'un bit» (l'équivalent de mettre une pièce sur une table et de la cacher avec la main) et à partir de ces primitives de définir des protocoles réalisant des opérations plus complexes comme le tirage à pile ou face, ou les mélanges de signaux dont nous parlions tout au début.

Les progrès dans ces décompositions et dans la réalisation quantique des primitives permettent d'espérer très prochainement des applications réelles autres que la distribution de clefs secrètes. En particulier, certains protocoles d'identification, qui présentent un intérêt même si on ne sait pas faire voyager des photons polarisés sur plus de quelques centimètres, sont sur le point d'être réalisés.

Il est quand même amusant de penser que les petites boîtes de la figure 2 peuvent servir aussi à un tirage à pile ou face à distance, par courrier. Il suffit en effet d'utiliser la méthode de Ch. Bennett et G. Brassard : l'émetteur vous envoie 100 boîtes par la poste, etc. Cependant la production de boîtes corrélées n'est pas possible (toujours sous l'hypothèse qu'on ne détruit pas les boîtes et qu'on ne les radiographie pas) et aucune tricherie analogue à celle des photons corrélés n'est donc envisageable. Une autre méthode plus simple, fondée uniquement sur l'hypothèse que le courrier postal est régulier et prend un certain délai, est facile à imaginer : le même jour, votre adversaire et vous, vous postez une lettre à l'autre avec écrit dessus OUI ou NON. Vous avez convenu auparavant que, lorsque vous recevrez les lettres, si les deux messages sont identiques (tous les deux OUI ou tous les deux NON), vous avez gagné ; sinon, c'est lui qui a gagné. Là non plus aucune tricherie n'est possible si les postes fonctionnent régulièrement.

Cette dernière méthode de tirage à pile ou face à distance peut d'ailleurs s'adapter à deux utilisateurs assez éloignés l'un de l'autre qui, au lieu d'utiliser comme je le proposais tout de suite le délai de la poste, utiliseraient le délai de transmission d'un signal lumineux d'un point à un autre. Cette fois-ci, à la condition d'être certain qu'aucun compère ne puisse se placer sur le trajet des signaux lumineux pour les truquer, on obtient un système de tirage à pile ou face à distance non plus garanti par la mécanique quantique, mais par la relativité restreinte!

6

Chaînage avant et déductions logiques

On aménage le chaînage avant, version moderne du modus ponens *des stoïciens, pour qu'il soit efficace dans les systèmes experts.*

Pas besoin de connaître la logique pour raisonner correctement! Si je vous dis que, dans une classe, «les élèves qui sont musiciens aiment tous les mathématiques ; les élèves grands et bruns sont musiciens ; ceux qui ne portent pas de lunettes sont tous bruns ; Armand est grand et ne porte pas de lunettes», vous en déduirez rapidement qu'Armand aime les mathématiques. La structure du raisonnement est la suivante : vous disposez de certaines connaissances concernant Armand, la base de faits, qu'on représente par : {grand, non lunettes}, et vous savez de plus que :

(1) Si *musicien* alors *aime les mathématiques*,

(2) Si *grand et brun* alors *musicien*,

(3) Si *non lunettes* alors *brun*,

L'utilisation de ces règles accroît vos connaissances sur Armand : la règle *(3)* vous fait passer à la nouvelle base de faits {grand, non lunettes, brun}, la règle *(2)* à {grand, non lunettes, brun, musicien}, la règle *(1)* à {grand, non lunettes, brun, musicien, aime les mathématiques}.

On ne peut pas faire plus naturel et élémentaire : on appelle cette progression le chaînage avant, parce qu'on enchaîne toujours dans le même sens, de la gauche vers la droite, les règles mises à notre disposition par l'énoncé. Chaque étape du raisonnement, qui s'appelle une inférence, consiste à prendre une règle dont chaque prémisse est vérifiée par l'état présent des connaissances, puis à ajouter, à l'état des connaissances, la partie droite de la règle. Ce principe logique, appelé *modus ponens*, était déjà connu des stoïciens. Rien de plus mécanique que cette augmentation régulière des connaissances par utilisation des règles de gauche à droite dès que c'est possible. Il a été démontré que lorsque plus aucune règle ne peut être utilisée, alors l'ensemble des connaissances atteint ne dépend pas des choix faits lorsque plusieurs règles étaient utilisables concurremment : le chaînage avant ne dépend pas de l'ordre des règles.

Les spécialistes des systèmes experts (logiciels tentant d'égaler les capacités des experts

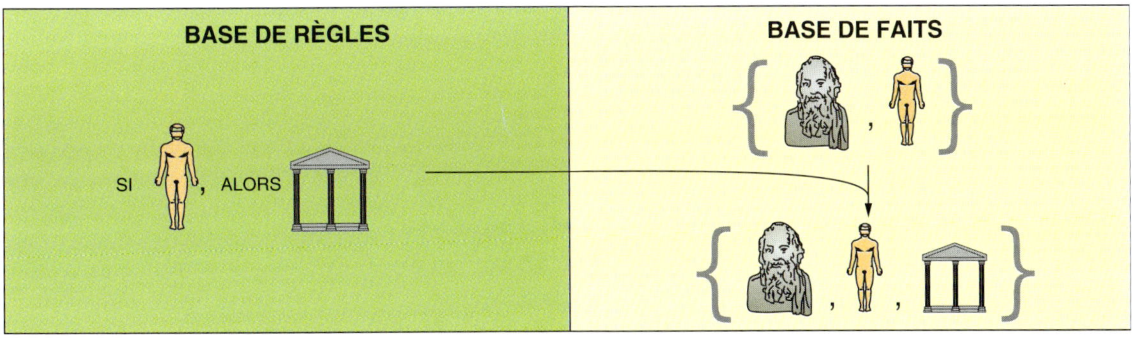

1. Un exemple simple de chaînage avant utilisé dans le syllogisme : «Socrate est mortel».

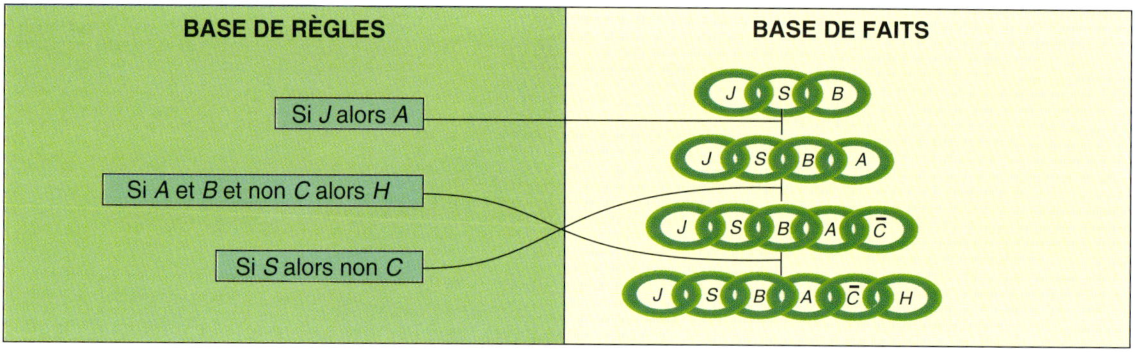

2. Pratique du chaînage avant.

dans des domaines spécialisés) raffolent de cette méthode de raisonnement, car elle est facile à programmer et permet un très grand nombre d'inférences par seconde : plusieurs centaines, voire plusieurs milliers. Certains systèmes experts utilisent uniquement ce mode de déduction.

Une question vient immédiatement à l'esprit : le chaînage avant est-il complet? Toutes les conséquences logiques qu'on peut tirer des règles et des connaissances de départ sont-elles trouvées par le chaînage avant? La réponse est *oui* si vous n'utilisez pas de négation dans la base de faits et dans les règles ; elle est *non* dans le cas contraire.

Nous ne décrirons pas ici les méthodes logiques générales utilisées pour trouver les conséquences d'un ensemble de formules. Ces méthodes sont aujourd'hui parfaitement connues et formalisées, et tous les mathématiciens les acceptent ; elles régissent l'utilisation des particules logiques *et, ou, implique, équivalent, non*, et constituent le calcul des propositions ; elles ont été élaborées sous leur forme moderne au XIXe siècle par Boole, Peirce, Schröder, Morgan et Frege.

Le résultat de complétude du chaînage avant est un résultat que tout le monde devrait connaître, son importance en intelligence artificielle est immense, même si parfois ses utilisateurs ignorent les limitations de l'énoncé : il faut que la négation ne soit utilisée, ni dans les règles, ni dans les connaissances de départ (la base de faits).

Pour prouver que le chaînage avant n'est pas complet si l'on utilise des négations, il suffit de donner un exemple de situation faisant apparaître l'insuffisance du chaînage avant.

Reprenons la situation précédente en ajoutant la règle : *(4)* Si *lunettes* alors *musicien*, et considérons la base de fait associée à Bernard, dont nous savons simplement qu'il est grand. Aime-t-il les mathématiques? Oui, car de deux choses l'une : ou bien il ne porte pas de lunettes et alors il est dans la même situation qu'Armand {grand, non lunettes} dont nous avons vu que, nécessairement, il aimait les mathématiques, ou bien il porte des lunettes et alors il est musicien d'après *(4)* et donc aime les mathématiques d'après *(1)*. Par un raisonnement logique qui bien sûr peut être refait avec les méthodes logiques que nous évoquions plus haut, nous venons de prouver que Bernard aime les mathématiques. Le chaînage avant trouve-t-il cela? Non, car, à partir de {grand} et des quatre règles, rien ne peut être déduit par chaînage avant : aucune règle n'a «grand» pour seule prémisse, le chaînage avant ne produit ici aucune inférence. Le chaînage avant est donc incomplet : il ne trouve pas tout ce que la logique voudrait.

Gravité de l'incomplétude

On pourrait croire que, prenant conscience de l'incomplétude du chaînage avant, les concepteurs de systèmes experts vendus dans le commerce, ou bien interdisent la négation, ou bien proposent un mode de raisonnement plus subtil que le chaînage avant. Aussi étonnant que cela puisse paraître, ce n'est pas le cas, et je connais de nombreux logiciels (vendus parfois très cher) qui utilisent le chaînage avant comme algorithme de déduction avec des bases de règles pouvant comporter des négations ; or les notices d'utilisation n'avertissent pas les acheteurs qu'ils risquent de ne pas obtenir ce que la logique usuelle fait attendre. J'ai même eu connaissance d'un système expert testé dans un centre de recherche nucléaire qui utilisait une sorte de chaînage avant dont aucune preuve de complétude n'avait été donnée. Ce n'est pas grave, vous répliquera-t-on peut-être, puisque (nous allons le voir plus loin) rien d'incorrect ne peut être déduit avec un chaînage avant. Erreur! Oublier de déduire peut avoir des conséquences catastrophiques : si une centrale nucléaire diverge et que le système expert de surveillance omet de déduire «descendre les barres d'uranium et fermer l'enceinte de confinement», on risque de s'en souvenir longtemps (rassurons les lecteurs inquiets, ce système expert n'a jamais été utilisé).

L'insuffisance déductive du chaînage avant est donc réellement ennuyeuse et semble, dans un premier temps, imposer son abandon. C'est vraiment regrettable, car il s'agit d'un algorithme efficace, dans le sens qu'il ne nécessite qu'un temps polynomial d'exécution en fonction de la taille des données : il fait partie de la classe *P* que nous examinerons plus loin. Quatre méthodes peuvent être envisagées pour surmonter cette incomplétude du chaînage avant. Nous allons d'abord les énumérer, puis donner quelques détails sur chacune d'entre elles. Cela nous conduira à envisager une logique à trois valeurs, nous permettra d'évoquer des travaux récents sur la compilation logique réalisés par Philippe Mathieu de l'Université de Lille, et nous conduira finalement à la fameuse question «*P* = *NP*?», aujourd'hui encore non résolue.

Face à l'insuffisance du chaînage avant pour faire des déductions complètes on a envisagé plusieurs méthodes.

Se soumettre aux conditions du résultat de complétude, c'est-à-dire continuer à utiliser le chaînage avant, mais en s'astreignant à ne jamais écrire de négation dans les bases de règles et les bases de faits.

Changer la définition de la notion de conséquence logique, de façon à ce que le chaînage avant soit complet : on garde tout, chaînage avant et utilisation de la négation, mais on change la logique! Cette solution peut sembler démente, mais les mathématiciens sont des gens à l'esprit très ouvert!

Aider le chaînage avant en réécrivant les règles pour qu'il fasse les déductions qu'il oublie. On garde le chaînage avant, on ne change pas la logique, mais on transforme les règles. C'est la solution récemment proposée par Ph. Mathieu.

Abandonner le chaînage avant et le remplacer par d'autres méthodes de déductions complètes. Cela apparaît plus raisonnable, mais nous verrons que ce n'est pas sans inconvénient.

Se soumettre aux conditions du théorème de complétude (pas de négation) n'est pas une solution satisfaisante, puisque c'est s'interdire d'écrire des règles qu'on a envie d'exprimer. De plus, des connaissances élémentaires comme «Si *non A* alors *B*» n'ont aucun équivalent avec des règles sans négation et la restriction est donc réellement grave. Une autre idée, assez proche, consiste à

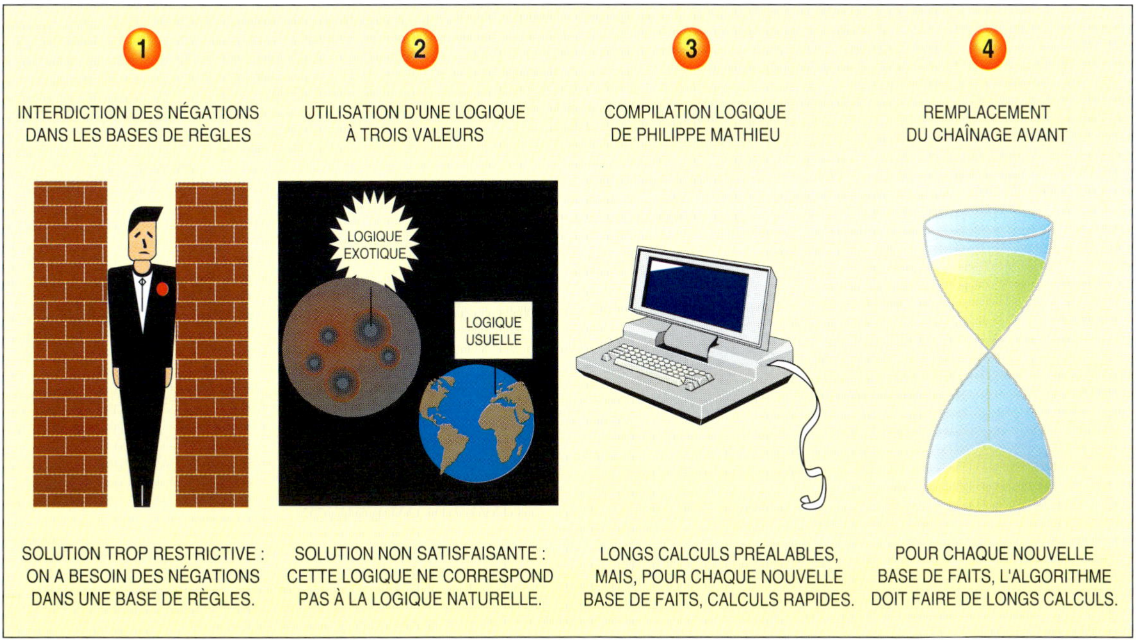

3. Pour pallier l'incomplétude du chaînage avant, quatre méthodes existent : ne pas utiliser la négation, changer la logique, compiler la base de règles, abandonner le chaînage avant. La troisième méthode semble meilleure.

généraliser autant que possible le théorème de complétude à des situations autorisant quelques négations (ce qui est possible). Malheureusement les bases de règles pour lesquelles le chaînage avant est complet sont trop peu nombreuses, et ne constituent pas un langage d'expression des connaissances qui satisfasse les besoins de l'intelligence artificielle. Tant pis pour la première idée, voyons la seconde : changer la logique.

Remarquons d'abord que le chaînage avant, pour des bases de règles (avec ou sans négations), ne déduit jamais rien de faux. Il est peut-être incomplet, mais toujours correct. C'est facile à démontrer : une étape élémentaire de chaînage avant consiste à prendre des propositions élémentaires connues vraies, par exemple «*A*», «*non B*», «*C*», à prendre une règle connue vraie, par exemple «Si *A* et *non B* et *C* alors *non D*» et à en conclure «*non D*». Cette opération est logiquement irréprochable, et jamais rien de faux ne peut être inféré de son utilisation.

De nombreux concepteurs de systèmes experts et de logiciels d'intelligence artificielle, en se fondant sur cette évidence de correction du chaînage avant, et sur la simplicité qu'il y a à comprendre les enchaînements qu'il fait, proclament le principe suivant : leur système n'utilisera que le chaînage avant et c'est à celui qui écrit les règles du système expert de se débrouiller pour que ce qui doit être déduit le soit. C'est ce qu'on appelle parfois le point de vue pragmatique en intelligence artificielle : tant pis pour la logique, ce sont les algorithmes qui priment. Ses défenseurs se disent qu'il n'est pas grave que de la règle : *Lorsqu'il pleut il n'y a pas de soleil,* et de la proposition : *Aujourd'hui il y a du soleil,* leur système ne déduise pas comme tout le monde : *Aujourd'hui il ne pleut pas*. Ils considèrent que la base de règles doit être écrite autrement. C'est à l'utilisateur de s'adapter pour que le chaînage avant fasse ce qu'il faut!

N'y a-t-il pas une façon d'éviter cette conception un peu navrante d'un monde où c'est l'homme qui se soumet aux calculs des machines, plutôt que l'inverse? N'y a-t-il pas, en cherchant bien, un sens logique à ce que donne le chaînage avant, et qui soit tel qu'on puisse dire que le chaînage avant est correct et complet vis-à-vis de ce sens logique?

Le vrai, le faux et...

La réponse est oui, et elle a été obtenue en utilisant la logique à trois valeurs. Cette logique considère qu'une proposition peut non seulement être vraie ou fausse, mais qu'elle peut aussi être indéterminée (ou inconnue). Les premières études sur cette logique remontent aux travaux du mathématicien Lukasiewicz dans les années 1920, et c'est une version particulière de cette logique, identifiée à Lille en 1987, qui a été adaptée au chaînage avant : dans cette version de la logique trivaluée, le chaînage avant est correct et complet : même pour les règles avec négations, il trouve exactement ce que *cette* logique attend qu'il trouve. Sans entrer dans les détails, indiquons que, pour cette logique, à cause de la valeur inconnue, il n'est pas toujours vrai que «*A* ou *non A*» ; c'est ce qui explique que le raisonnement fait pour montrer que Bernard aimait les mathématiques, ne peut pas être fait en logique à trois valeurs. La logique à trois valeurs ne permet pas de déduire autant de choses d'un ensemble donné de connaissances que la logique usuelle à deux valeurs, et cette impuissance fait que ses déductions correspondent exactement à ce que calcule le chaînage avant qui, lui aussi, déduit moins que la logique usuelle.

Bien que mathématiquement satisfaisante, et justifiant *a posteriori* le point de vue pragmatique en intelligence artificielle, cette solution laisse un goût amer : certes on peut défendre sur des bases intuitives cette logique trivaluée (et donc l'utilisation du chaînage avant même pour des bases de règles avec négations), on peut lui trouver toutes sortes d'explications qu'on déclarera naturelles, il n'en reste pas moins que la logique de tous les jours est la bonne logique à deux valeurs (par opposition, les autres sont parfois appelées logiques exotiques). Certaines utilisations de la logique à trois valeurs en mécanique quantique n'ont jamais réussi, pour les mêmes raisons, à faire l'unanimité. C'est une bien piètre consolation que de savoir que, lorsque de «Si *A* alors *B* et *non B*» le chaînage avant ne déduit pas *non A*, cette absence de conclusion est bien conforme à une certaine logique étrange! Ne serait-il pas plus satisfaisant de dire : avant de faire le chaînage avant, ajoutons la règle «Si *non B* alors *non A*»? Telle est l'idée de la troisième méthode.

La compilation logique

Dans celle-ci, on garde donc le chaînage et la logique usuelle, mais on essaie d'ajouter ou de changer les règles pour que les déductions du chaînage avant n'oublient rien. Ph. Mathieu a étudié cette idée dans le détail. Il a appelé compilation logique les méthodes qu'il a développées et dont il a démontré qu'elles étaient satisfaisantes. Pour cela il a utilisé un résultat que C.T. Lee, de l'Université de Berkeley, avait établi en 1967 dans sa thèse sur les transformations de formules, et qui avait été oublié jusqu'à ce que R. Demolombe, du Centre d'Étude et de Recherche de Toulouse, l'exhume récemment à l'occasion de ses travaux sur les bases de données.

L'expression compilation logique a été utilisée parce que, de la même façon qu'un compilateur de langages transforme un programme source (en *Pascal*, en *Basic*, etc.) en un code rapidement exécutable, la compilation logique transforme un ensemble de règles en un autre ensemble de règles sur lequel le chaînage avant peut travailler très rapidement et de manière complète. Parmi les différents systèmes de compilation logique proposés par Ph. Mathieu, le plus simple utilise le principe de la résolution de Robinson découvert en 1965, et qui sert par ailleurs de fondement au langage de programmation *Prolog*.

La compilation logique par résolution procède en quatre phases.

Dans la première phase, on change simplement les notations en faisant disparaître le symbole d'implication. On réécrit par exemple la règle «Si *A* et *B* alors *C*» en «*non A* ou *non B* ou *C*», ce qui n'utilise que des principes logiques connus.

Dans la seconde phase, on applique le principe de résolution de Robinson. Ce principe indique que de deux règles comme «*A* ou *B*», «*non A* ou *C* ou *non D*» (l'une doit comporter *X* et l'autre *non X*), on peut déduire «*B* ou *C* ou *non D*» (on réunit les deux règles en enlevant le «*X*» et le «*non X*»). Le principe de Robinson est appliqué jusqu'à ce qu'il ne donne plus de règles nouvelles. Comme cette phase peut faire croître énormément le nombre de règles, des méthodes fondées sur d'autres principes que la résolution de Robinson ont été étudiées par Ph. Mathieu. Nous verrons plus loin qu'il y a une raison théorique très profonde à cette phase d'accroissement.

Dans la troisième phase, certaines règles inutiles sont enlevées. Cette phase de simplification compense le plus souvent les effets de la seconde phase et ramène à un nombre de règles proche du nombre initial.

Dans la quatrième phase, les règles sont réécrites en utilisant la méthode des variantes : par exemple, «*A* ou *B* ou *non C*» donne les trois règles variantes «Si *non A* et *non B* alors *non C*», «Si *C* et *non B* alors *A*», «Si *non A* et *C* alors *B*». Cette troisième phase fait à nouveau croître le nombre de formules, mais modérément.

La base de règles finale peut ne plus comporter certaines des règles initiales. C'est le cas lorsque la compilation simplifie les bases de règles

A et *B*

A \ *B*	V	F	I
V	V	F	I
F	F	F	F
I	I	F	I

Si *A* alors *B*

A \ *B*	V	F	I
V	V	F	F
F	V	V	V
I	V	V	V

A	non *A*
V	F
F	V
I	I

A	*A* ou non *A*
F	V
V	V
I	I

4. La logique trivaluée considère qu'un énoncé peut être VRAI, FAUX ou INCONNU. Le *et* se définit très naturellement : VRAI et VRAI donne VRAI ; VRAI et INCONNU donne INCONNU ; FAUX et INCONNU donne FAUX, etc. Le *implique* peut se définir de plusieurs façons différentes, mais pour obtenir la complétude du chaînage avant, il faut le définir par : Si *A* alors *B* est toujours VRAI, sauf si *A* est VRAI et que *B* n'est pas VRAI, auquel cas si *A* alors *B* est FAUX. Ce *implique* particulier, qui permet d'obtenir la complétude du chaînage avant, a été proposé en 1987. Bien que donnant effectivement satisfaction du point de vue théorique, la logique trivaluée possède certaines propriétés gênantes et antinaturelles. Par exemple *A* ou non *A* n'est pas toujours VRAI. On considère en général que les logiques modales, temporelles ou même intuitionnistes sont mieux adaptées pour traiter des situations où certaines connaissances sont évolutives.

(ce qui se produit quand des règles sont redondantes). Si, pour des soucis de lisibilité de la base de règles, on tient absolument à ce que les règles initiales soient toujours présentes, on les garde.

Les résultats démontrés par Ph. Mathieu établissent que le chaînage avant appliqué à la base de règles compilée est complet : toute proposition élémentaire qui résulte, par les moyens généraux de la logique usuelle, d'une base de règles et d'une base de faits, sera trouvée par le chaînage avant appliqué à la base compilée et à la base de faits (qui ne change pas).

Dans l'exemple à quatre règles que nous avons envisagé tout à l'heure, la compilation logique donne cinq nouvelles règles :

(5) Si *non musicien* alors *non lunettes*,

(6) Si *grand* alors *musicien*,

(7) Si *non musicien* alors *non grand*,

(8) Si *non aime les mathématiques* alors *non musicien*,

(9) Si *non brun* alors *lunettes*.

La compilation logique indique aussi que la règle *(2)* est devenue inutile, ce qu'on voit directement, car si «Si *grand* alors *musicien*», il est certain que «Si *grand et brun* alors *musicien*». On remarque aussi que l'inférence que le chaînage avant oubliait concernant Bernard peut maintenant être faite (en une seule étape) grâce à la règle *(6)*.

Le «ou» dans les conclusions

Un des avantages de la méthode de Ph. Mathieu (outre qu'elle concilie logique classique et chaînage avant) est qu'elle résout aussi le problème des *ou* dans la partie conclusion des règles (à droite), qu'on ne peut pas s'autoriser à écrire directement quand on utilise directement le chaînage avant. En effet la première phase de la compilation logique peut être appliquée même s'il y a des *ou* en conclusion de règles. En fait, moyennant une généralisation facile de la première phase, la compilation logique peut transformer n'importe quel ensemble de formules du calcul propositionnel en un ensemble de règles pour lequel le chaînage avant est complet.

Les méthodes de Ph. Mathieu présentent l'inconvénient de faire parfois croître la taille des bases de règles, c'est pourquoi on peut souhaiter traiter l'incomplétude du chaînage avant en le remplaçant par un algorithme qui déduise lui-même tout ce qu'il faut, sans qu'on ait à transformer la base de règles. Existe-t-il de tels algorithmes?

Beaucoup, et on les connaît depuis longtemps. C'est la quatrième méthode pour traiter l'incomplétude du chaînage avant. Nous allons décrire l'un de ces algorithmes de remplacement et expliquer pourquoi on n'a guère envie de l'utiliser.

Pour cela, nous avons besoin d'un petit résultat logique dont vous vous convaincrez aisément de la vérité : le fait élémentaire «aime les mathématiques» résulte des règles et des connaissances de base sur Armand, si, et seulement si, la formule du calcul propositionnel obtenue en regroupant toutes les règles, toutes les connaissances sur Armand, et le fait élémentaire «non aime les mathématiques», est contradictoire. Comme, pour savoir si une formule est contradictoire, il suffit d'écrire sa table de vérité, et que tout ce travail peut être confié à un programme, nous avons un algorithme qui peut remplacer le chaînage avant et dont nous sommes certains cette fois qu'il est entièrement satisfaisant : pour chaque fait élémentaire auquel on s'intéresse, on teste (par table de vérité) si ajouter sa négation à la base de règles donne un ensemble contradictoire.

Calculer des milliards d'années?

Malheureusement il y a un hic, qui naît, non pas de la difficulté des calculs, mais de leur nombre. Lorsqu'on fait une table de vérité pour une formule comportant n propositions élémentaires, cette table comporte 2^n lignes. Pour n égal à 20, cela fait déjà plus d'un million de lignes. Pour des ensembles de règles utilisant 200 propositions de base, ce qui n'est pas rare en matière de systèmes experts, on obtient une table de vérité qu'aucune machine, même si elle travaillait plusieurs milliards d'années et occupait tout le système solaire, ne pourrait jamais calculer (on n'est jamais assez fort pour ce calcul). On dit que l'algorithme que nous avons proposé pour remplacer le chaînage avant est exponentiel en fonction de la taille des données. Nous avons déjà indiqué que le chaînage avant calcule toujours en temps polynomial en fonction de la taille des données.

Très bien, mais peut-être y a-t-il des algorithmes complets (ce que n'est pas le chaînage avant) qui ne soient pas exponentiels comme celui utilisant les tables de vérité? La réponse est : nul n'en connaît, et l'on a de bonnes raisons de croire qu'il n'en existe pas. En effet, le problème du calcul des conséquences élémentaires d'un ensemble de règles est équivalent au problème de la satisfiabilité d'une expression booléenne, et ce problème a été démontré *NP*-complet par Cook en

1971. Donnons quelques explications. Le signe *P* désigne la classe des problèmes qui peuvent être résolus en temps polynomial en fonction de la taille des données. Le problème de divisibilité d'un entier par un autre, par exemple, est de type *P*. Le sigle *NP* désigne la classe des problèmes, qu'on ne peut généralement pas résoudre en un temps polynomial, mais dont on peut vérifier la solution en temps polynomial lorsqu'on la connaît. Bien que de très nombreux efforts aient été faits, personne n'a réussi à prouver aujourd'hui que $P \neq NP$. En revanche, on a trouvé des problèmes, qu'on appelle *NP*-complets, qui sont représentatifs de tous les problèmes *NP* : si l'on réussit à trouver un algorithme polynomial pour l'un d'eux alors $P = NP$, et si l'on réussit à démontrer pour l'un d'eux qu'il ne peut pas être traité en temps polynomial alors $P \neq NP$: toute la difficulté de la conjecture $P \neq NP$ se trouve concentrée sur chacun d'eux. Il semble très peu probable que $P = NP$; aussi à chaque fois qu'on prouve qu'un problème est *NP*-complet, on considère que cela signifie qu'il n'existe pas d'algorithme polynomial pour le résoudre.

Aussi est-il très vraisemblable qu'aucun algorithme complet pouvant remplacer le chaînage avant n'est polynomial. On a donc le choix entre des algorithmes sujets à l'incomplétude comme le

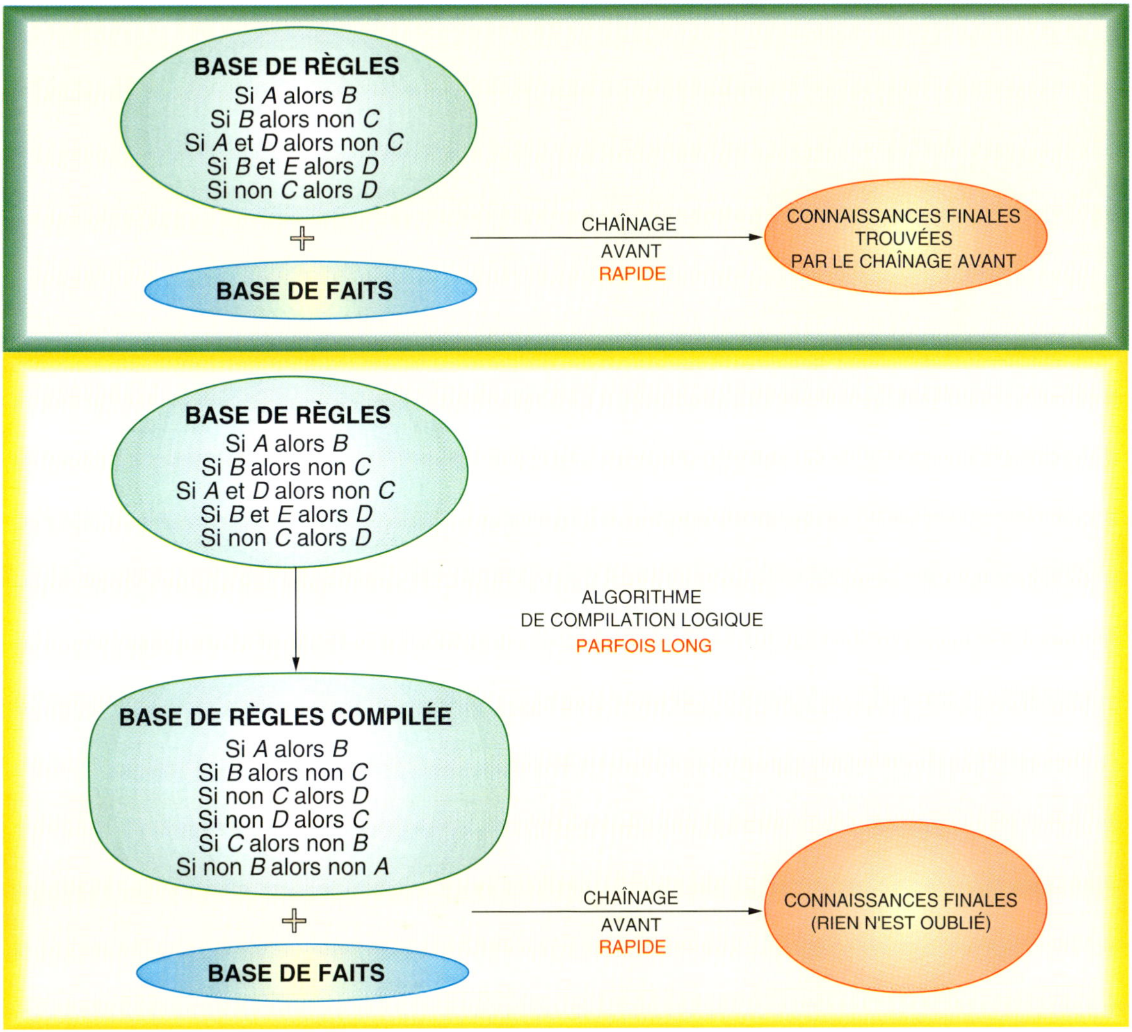

5. Transformer la base de règles permet de remédier à l'incomplétude du chaînage avant. C'est l'idée de la compilation logique. Les résultats obtenus sur la compilation logique montrent qu'elle est satisfaisante dans le sens suivant : un énoncé élémentaire (de la forme *X* ou *non X*) est conséquence de la base de règles et de la base de faits, si et seulement si le chaînage avant, appliqué à la base de règles compilée et à la base de faits (inchangée), le trouve.

A	*B*	*C*	non *C*	Si *A* alors *B*	Si *B* alors *C*	Si *A* alors *B* et Si *B* alors *C* et *A* et non *C*
V	*V*	*V*	*F*	*V*	*V*	*F*
V	*V*	*F*	*V*	*V*	*F*	*F*
V	*F*	*V*	*F*	*F*	*V*	*F*
V	*F*	*F*	*V*	*F*	*V*	*F*
F	*V*	*V*	*F*	*V*	*V*	*F*
F	*V*	*F*	*V*	*V*	*F*	*F*
F	*F*	*V*	*F*	*V*	*V*	*F*
F	*F*	*F*	*V*	*V*	*V*	*F*

6. Pour savoir si de $A \rightarrow B$ et $B \rightarrow C$ et A on peut déduire C, une méthode classique et mécanique consiste à écrire la table de vérité de la formule : ($A \rightarrow B$ et $B \rightarrow C$ et A et non C). Il y a huit cas à envisager, car A peut prendre les valeurs V ou F, de même que B et C (2 x 2 x 2 = 8). Pour chaque cas, on calcule la valeur de vérité de non C, de $A \rightarrow B$ (qui n'est faux que lorsque A est vrai et que B est faux), de $B \rightarrow C$ et de la conjonction des quatre formules A, non C, $A \rightarrow B$, $B \rightarrow C$, qui est vraie lorsque chaque formule est vraie. On constate qu'il n'existe aucun cas pour lequel ($A \rightarrow B$ et $B \rightarrow C$ et A et non C) est vrai, ce qui signifie que cette formule est contradictoire, et donc que C est conséquence logique de $A \rightarrow B$, $B \rightarrow C$ et A. En envisageant successivement tous les faits élémentaires, cette méthode donne un algorithme pour calculer l'ensemble des conséquences élémentaires d'une base de règles, et cet algorithme, contrairement au chaînage avant, est complet. Malheureusement, pour une formule ayant n propositions atomiques, chaque table comporte 2^n lignes, ce qui est rédhibitoire pour des valeurs de n supérieures à 40.

chaînage avant, ou des algorithmes non polynomiaux, comme celui décrit plus haut, qui calcule toutes les tables de vérités.

Cela explique pourquoi la deuxième phase de la compilation logique est parfois très longue : si elle ne l'était jamais, l'algorithme [compilation logique + chaînage avant] serait un algorithme polynomial pour un problème *NP*-complet, *P* serait donc égal à *NP*. Avant que Ph. Mathieu ne démontre que la juxtaposition des deux algorithmes n'est pas toujours polynomiale, il était déjà convaincu du résultat. Son raisonnement mérite un petit détour, car c'est un raisonnement sociologique plus que mathématique ; il se disait : «Si j'arrive à prouver que [compilation logique + chaînage avant] est polynomial, alors j'aurai montré que $P = NP$. Ce n'est pas vraisemblable, car de nombreux chercheurs ont tenté sans succès d'établir ce résultat; le problème ne peut pas être résolu par hasard de cette façon, et donc, dans certains cas, mon algorithme ne doit pas être polynomial».

Insistons bien sur l'idée que cela n'enlève rien à l'intérêt de la compilation logique car le travail (non polynomial dans certains cas) est fait une fois pour toutes, et une fois la compilation terminée, c'est le chaînage avant (qui, lui, est polynomial) qui calcule. La solution de la compilation logique n'est pas parfaite, mais elle permet le prétraitement de la base de connaissances et de toute façon il n'y a guère à espérer mieux, puisque ce qui se cache derrière tout cela, c'est la très difficile conjecture $P \neq NP$.

Obstruction

À propos d'une question qui paraissait élémentaire, nous sommes tombés sur ce que Jean Largeault appelait une «obstruction». L'incomplétude du chaînage avant se rattache à l'obstruction $P \neq NP$ et est donc une manifestation de ces murs infranchissables que le mathématicien trouve partout sur son chemin et qui l'étonnent. Le nombre et la variété de ces murs découverts dans le courant du XXe siècle est remarquable. Peut-être cette obstruction n'est-elle que la continuation de la découverte des irrationnels (l'impossibilité de calculer avec seulement des entiers) ou des principes de la thermodynamique (l'impossibilité de certains types de machines) ou de la relativité (l'impossibilité de dépasser la vitesse de la lumière) ou de la mécanique quantique (l'impossibilité de certains types de mesure).

Plutôt que «dramatiser» ces découvertes, ne doit-on pas les interpréter? La science, par ses progrès, décrit un monde dont on s'aperçoit qu'il ne permet pas tout : connaître, c'est parfois comprendre qu'on ne peut pas. La science ne donne pas toujours un pouvoir accru, elle nous apprend aussi que nous n'aurons pas tout pouvoir. Nous ne devenons pas plus puissants, mais plus sages! Finalement, les lois de la nature, comme les lois du code pénal, interdisent. Reste qu'en mathématiques, aucun chercheur du début du siècle ne prévoyait qu'on rencontrerait tant d'obstructions, et il est remarquable qu'une obstruction se manifeste dans le plus simple des problèmes d'intelligence artificielle.

7

Vote inconscient

Le vote inconscient pondéré, combinant oubli et hasard, accroît les choix d'un électeur.

Oublier est chose facile pour l'ordinateur ; pour nous, c'est parfois impossible. Un programme peut faire un calcul, en mettre le résultat dans une mémoire M, puis oublier ce calcul par la seule utilisation de l'instruction d'affectation «$M := 0$». Vous, vous ne pouvez pas faire l'équivalent de ce «$M := 0$». Essayez, par exemple, d'oublier votre date de naissance! Une prescription amusante d'un médecin psychanalyste intimait au malade de faire trois fois le tour de son pâté de maison sans penser au mot «éléphant».

À l'inverse, déterminer un nombre au hasard est une chose que nous pouvons faire facilement, soit à l'aide des objets physiques qui nous entourent, soit mentalement, comme nous le verrons plus loin. Pour les ordinateurs, ce n'est pas si simple et, pour la plupart d'entre eux, cela est même totalement impossible.

Peut-on tirer des conclusions philosophiques de ces aptitudes opposées des cerveaux humains et des ordinateurs face au hasard et à l'oubli? Je pense que ce serait hasardeux et j'oublierai de le faire dans ce chapitre. Ce que je souhaite ici, c'est illustrer, par une série de problèmes, que ces aptitudes peuvent, chez l'un comme chez l'autre, être obtenues au moins partiellement à l'aide d'algorithmes spéciaux.

Le premier problème porte sur le tirage au sort équitable. Sous sa forme générale, c'est le suivant : vous voulez choisir un nombre entier au hasard, équitablement, entre 1 et n. «Équitablement» signifie que vous voulez que la probabilité de choisir chacun des nombres soit la même, c'est-à-dire $1/n$. Comment vous y prendre? Nous traiterons le cas $n = 11$, les généralisations étant évidentes.

Voici d'abord la solution utilisant une pièce de monnaie qu'on lance plusieurs fois. Pour commencer, vous lancez quatre fois de suite la pièce (non truquée bien sûr!) et vous calculez le nombre entre 0 et 15, dont l'écriture binaire est donnée par les quatre résultats des lancés, en interprétant *face* comme 0 et *pile* comme 1. Si le nombre obtenu est 0 ou dépasse 11, vous ne tenez pas compte du résultat et vous recommencez, autant de fois que nécessaire. Exemple : les quatre premiers lancés donnent *PPFP*, c'est-à-

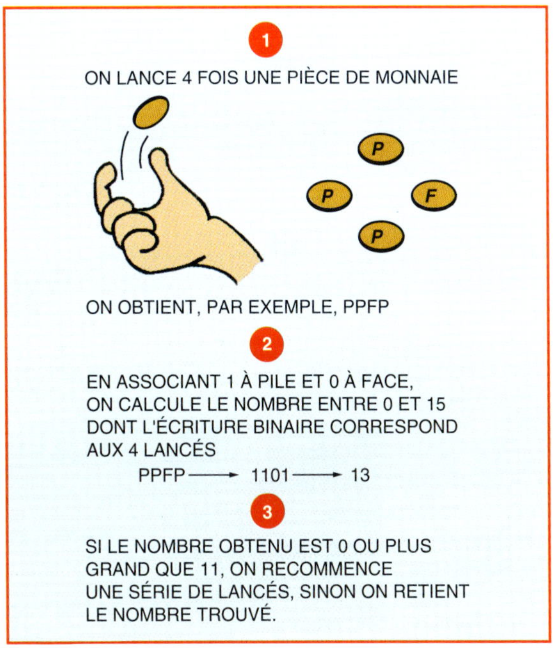

1. Choix aléatoire équitable, avec une pièce de monnaie, d'un nombre entre 1 et 11.

dire $[1101]_2 = 13$. Il faut recommencer. Les quatre lancés suivants donnent *PFFP*, c'est-à-dire $[1001]_2 = 9$. Donc, 9 est choisi.

Cette méthode est correcte, car elle aboutit, en un temps fini (non connu à l'avance), à un choix, et ce choix est équitable. Pour montrer que ce choix est équitable, on remarque que la procédure fait jouer un rôle symétrique à chacun des nombres de 1 à 11, et donc chacun a exactement une chance sur 11 d'être obtenu à l'issue de la procédure.

L'inconvénient de cette méthode est que, avec une probabilité de 5/16, vous devrez faire plus d'une série de quatre lancés (plus généralement, avec une probabilité de $(5/16)^m$ vous devrez procéder à plus de m séries de quatre lancés). Éviter cet inconvénient n'est pas si facile que cela et, par exemple, décider que le nombre 0 fera choisir 1, que 12 fera choisir 2, que 13 fera choisir 3, que 14 fera choisir 4 et que 15 fera choisir 5 est une mauvaise idée, car on ne préserve pas l'équité du tirage : 1, 2, 3, 4 et 5 ont chacun une probabilité de 2/16 d'être choisis, alors que les autres nombres 6, 7, 8, ..., 11 n'ont qu'une chance sur 16 d'être retenus.

Le nombre $(5/16)^m$ diminue très vite quand m augmente et donc, concrètement, vous ne ferez jamais de tirages prolongés avec la méthode que je propose. Sauf pour des valeurs particulières de n (comme 2, 4, 8, ..., 2^p), je ne crois pas qu'il existe des protocoles n'utilisant qu'une pièce de monnaie et garantissant que le choix sera fait équitablement en un temps fini déterminé à l'avance.

La méthode décrite s'adapte bien sûr si, au lieu de disposer d'une pièce de monnaie, vous disposez d'un dé (il faut calculer en base 6 et non plus en base 2). Avec un dé, une erreur à ne surtout pas commettre, et que mentionne tout professeur de mathématiques dans son premier cours de probabilités, est de croire que, pour choisir un nombre au hasard équitablement entre 2 et 12, il suffit de lancer le dé deux fois de suite et d'additionner les résultats. Cette méthode donne 1/36 de chance d'avoir 2 ou 12, 2/36 d'avoir 3 ou 11 (car 3 peut provenir de 1 + 2 ou de 2 + 1, et 11 de 5 + 6 ou de 6 + 5), 3/36 d'avoir 4 ou 10, 4/36 d'avoir 5 ou 9, 5/36 d'avoir 6 ou 8, 6/36 d'avoir 7.

Si vous n'avez à votre disposition ni pièce de monnaie ni dé, vous pouvez ouvrir un gros livre au hasard et regarder le chiffre des dizaines du numéro de page (attention : le chiffre des unités ne convient pas, car il est toujours pair à gauche et impair à droite). Les calculs se font alors en base 10, ce qui est assez pratique.

Tirages au sort mentaux et tirages au sort pondérés

La méthode de la pièce de monnaie suggère une idée pour le tirage au sort mental (qui vous sera bien utile si, un jour, vous êtes prisonnier, les mains attachées dans le dos et que vous voulez choisir au hasard, équitablement, entre les sept méthodes d'évasion que vous avez imaginées). Penser à un mot moyennement long, *chaussure* par exemple, comptez alors son nombre de lettres : si ce nombre est pair, vous avez obtenu un 0 ; s'il est impair, vous avez obtenu un 1. Vous recommencez comme avec la pièce de monnaie de tout à l'heure. À moins que vous n'ayez la faculté de voir immédiatement le nombre de lettres d'un mot, et à la condition de ne pas tricher avec vous-mêmes, cette procédure mentale permet le tirage équitable d'un nombre entre 1 et n.

Comment vous y prendre maintenant si vous voulez faire un tirage pondéré à la place d'un tirage équitable, comme par exemple choisir avec des probabilités proportionnelles à leur âge entre les deux charmantes personnes susceptibles d'aller au cinéma ce soir avec vous. Rien de plus simple : à la première, qui a 24 ans, vous associez les nombres 1, 2, ..., 24 ; à la seconde, qui a 27 ans, vous associez les 27 nombres suivants : 25, 26, ...,

1

ON TIRE N COUPLES (X, Y) DE NOMBRES ENTRE 0 ET 1, PAR EXEMPLE EN CHOISISSANT ÉQUITABLEMENT $2N$ FOIS UN NOMBRE ENTRE 1 ET 100 000, ET EN LE DIVISANT PAR 100 000

2

ON COMPTE LE NOMBRE M DE COUPLES TELS QUE $X^2 + Y^2 < 1$. LE QUOTIENT M/N EST UNE APPROXIMATION DE $\pi/4$, CAR IL EST À PEU PRÈS ÉGAL AU QUOTIENT DE L'AIRE DU QUART DU DISQUE DE RAYON 1 PAR L' AIRE DU CARRÉ DE CÔTÉ 1.

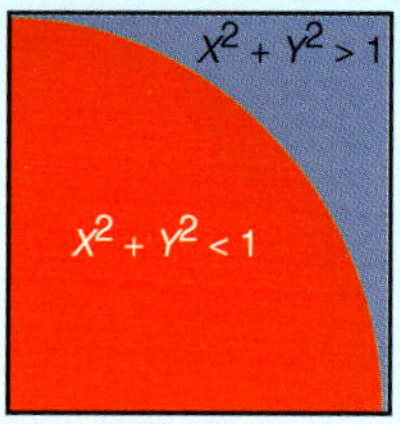

2. Calcul de π par une méthode de tirage au sort de type Monte-Carlo.

51. Vous choisissez ensuite équitablement un nombre au hasard entre 1 et 51, par une des méthodes expliquées plus haut. Si le nombre choisi est un des nombres associés à la première personne, c'est elle que vous inviterez ; sinon, c'est l'autre. Bien sûr, il est nécessaire que vous vous entraîniez à l'avance si vous voulez éviter d'avoir l'air hésitant au moment du choix en utilisant la méthode mentale!

Venons-en maintenant aux ordinateurs. Les langages de programmation offrent presque toujours une instruction qui est censée produire un nombre aléatoire à chaque fois que vous l'appelez. Cette fonction se nomme le plus souvent *random* (parfois elle se note *rnd*). Pour simplifier, nous ne considérerons que des fonctions renvoyant un 0 ou un 1. Ce que nous avons expliqué plus haut a d'ailleurs montré qu'avec une telle fonction, on peut toujours se débrouiller. La difficulté pour ceux qui conçoivent les langages de programmation et cherchent à programmer une telle fonction *random* provient de ce que, dans un ordinateur, rien ne marche au hasard. Tout est parfaitement déterministe lorsque l'ordinateur fonctionne bien et donc, sans contact avec l'extérieur, l'ordinateur ne peut pas produire de nombres aléatoires : c'est pour cela que les méthodes utilisées créent souvent des difficultés aux programmeurs.

Voici quelques-unes des idées qui sont utilisées. On peut lier l'ordinateur à un système physique (classique ou quantique) qui fasse des tirages au sort, mais cette méthode est rarement retenue, car trop lente. La lecture d'une table où sont stockés des nombres aléatoires est parfois choisie. Elle présente bien sûr l'inconvénient de coûter cher en mémoire. Son utilisation est donc réservée aux situations où l'on veut avoir une garantie très forte sur l'aspect aléatoire des digits utilisés, ce qui est le cas en cryptographie, mais pas en calcul numérique, où les méthodes, dites de Monte-Carlo, utilisent des tirages au sort uniquement pour répartir à peu près uniformément des points dans un espace *(voir la figure 2)*.

Certaines méthodes utilisent l'horloge interne, mais le plus souvent, aujourd'hui, la méthode retenue pour la conception des langages informatiques consiste à programmer les fonctions *random* avec «semence». Au lieu d'écrire «R := random» pour obtenir un nombre aléatoire, vous écrivez : «R := random (13425)», et le résultat que vous obtenez est calculé à partir de la semence : 13425. La deuxième fois que vous faites appel à «R := random(13425)», le nombre aléatoire fourni est différent, mais parfaitement déterminé. La semence peut bien sûr être changée, ou même demandée à l'utilisateur du programme quand c'est nécessaire. Ce qu'il faut savoir, c'est qu'à chaque fois que vous faites appel à la fonction *random*, le nombre obtenu dépend de la semence et du nombre d'appels précédents.

Cette méthode est pratique, car si vous exécutez votre programme plusieurs fois, vous obtiendrez la même suite exactement de nombres «aléatoires». Mais cette méthode possède aussi plusieurs inconvénients. Le premier est que vous ne pouvez pas faire un vrai tirage au sort, puisque les résultats obtenus dépendent de la semence de façon parfaitement déterministe. Même si vous ne connaissez pas la fonction utilisée pour calculer les nombres «aléatoires», cette fonction est fixée une fois pour toutes, et il n'y a donc en réa-

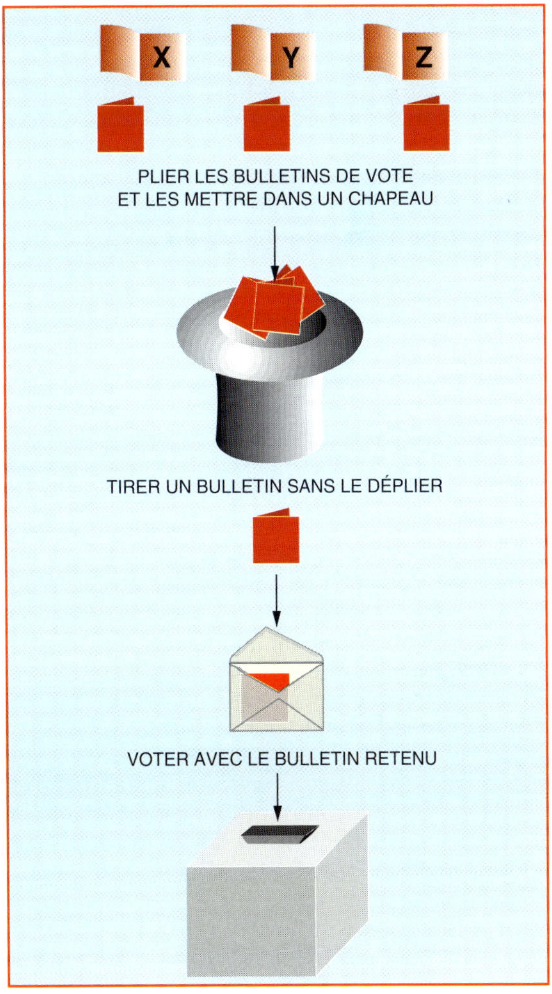

3. Le vote inconscient équitable.

lité aucun tirage au sort. Le deuxième inconvénient est que les fonctions utilisées pour engendrer du hasard ne sont jamais des fonctions donnant des suites aléatoires au sens mathématique du terme, pour la simple raison que les suites aléatoires au sens mathématique du terme – qu'on appelle suites aléatoires de Martin-Löf, car introduites par le mathématicien suédois P. Martin-Löf en 1965 *(voir le chapitre 4)* – ne peuvent pas être engendrées par des algorithmes déterministes, et donc ne peuvent pas être produites à l'intérieur d'un ordinateur usuel.

En particulier, l'idée d'utiliser les digits du développement infini de π en base 2 est une très mauvaise idée : même si on n'a pas trouvé de propriétés statistiques singularisant π par rapport à une suite obtenue par une authentique série de lancés de pièce de monnaie, le seul fait que la suite des digits de π soit calculable par ordinateur exclut cette suite de digits de l'ensemble des suites aléatoires au sens de P. Martin-Löf. Il se trouve qu'aujourd'hui on ne sait pratiquement rien démontrer concernant la suite de digits de π et qu'en particulier on n'a même pas réussi à établir mathématiquement que la proportion de 0 est la même que la proportion de 1, ce qui semble pourtant bien le cas quand on étudie les trois milliards de digits dont on dispose aujourd'hui.

Les algorithmes utilisés en pratique pour programmer les fonctions *random* sont plus ou moins mauvais, et les recherches se poursuivent pour générer des suites pseudo-aléatoires satisfaisantes pour la majorité des besoins pratiques. Des tests statistiques sont utilisés pour éliminer les fonctions vraiment trop mauvaises, mais, en général, il faut rester méfiant, car beaucoup de mauvaises fonctions sont encore utilisées : je me souviens d'un BASIC dont la fonction *random* était tellement mauvaise qu'un programme qui aurait dû afficher une répartition uniforme de points sur l'écran donnait en fait un réseau de bandes obliques!

Tous les tests statistiques utilisés pour sélectionner les bonnes fonctions *random* ne peuvent rien contre le fait que, par définition du hasard mathématique absolu, il est impossible à un ordinateur sans mécanisme physique particulier d'en produire. L'esprit humain, dont nous avons vu plus haut qu'il peut (lentement) en produire, semble donc en cela supérieur à un ordinateur. Cependant, comme nous allons le voir à propos d'un problème de vote, la possibilité d'oubli volontaire, qui, elle, ne présente aucune difficulté à une machine, fait parfois cruellement défaut à l'esprit humain.

Les avantages du vote au hasard

L'un de mes amis, fatigué de voter de la manière habituelle, m'avait expliqué son point de vue : «Je souhaite soutenir le régime démocratique dans lequel nous vivons, donc je veux voter. En revanche, je n'ai pas vraiment d'opinions arrêtées sur les différents partis et candidats entre lesquels je dois choisir, sauf à propos de certains que j'élimine, car ils défendent des idées opposées à la démocratie. Je souhaite donc voter au hasard, pour l'un des candidats démocrates. Toutefois, je préférerais ne pas savoir pour qui je vote.»

Il s'agit d'un problème d'oubli. Mon ami souhaite voter au hasard pour un candidat démocrate, mais ne veut pas savoir pour qui. Je lui ai répondu : «Avant chaque élection, la mairie t'envoie les bulletins de vote des différents candidats. Élimine ceux qui te déplaisent, plie les autres, mets-les dans un chapeau, mélange, choisis au hasard l'un des bulletins pliés, mets-le dans ta poche, déchire ou brûle les autres et va voter avec le bulletin qui est dans ta poche sans le regarder» *(voir la figure 3)*.

Mon ami semblait très satisfait. En effet, le protocole de vote proposé assure à la fois l'équité entre les candidats retenus et l'impossibilité pour lui de savoir pour qui il vote, ce qu'il désirait. Un tel protocole de vote «inconscient équitable» est amusant, car il permet de voter contre quelques-uns et non plus seulement pour quelqu'un, comme avec la méthode habituelle. En effet, statistiquement, en procédant selon la méthode décrite, on vote à parts égales – les probabilistes diraient «avec une espérance mathématique égale» – pour tous les candidats non éliminés, ce qui n'est pas le cas lorsqu'on s'abstient ou lorsqu'on vote blanc ou nul. En un certain sens donc, ce mode de vote élargit l'éventail des choix qu'offre une élection. S'il était plus connu, il y aurait peut-être un peu moins d'abstentions.

Le problème du vote inconscient pondéré

Malheureusement, mon ami est exigeant et, après avoir utilisé le protocole de vote inconscient équitable aux dernières élections, il m'a expliqué que ce que je lui avais indiqué ne lui convenait pas vraiment.

«Imagine, me dit-il, que beaucoup de gens fassent comme moi ; imagine même que tout le monde fasse comme moi. Que va-t-il se passer? Les candidats les plus farfelus auront à peu près autant de voix que les autres. Je ne le souhaite

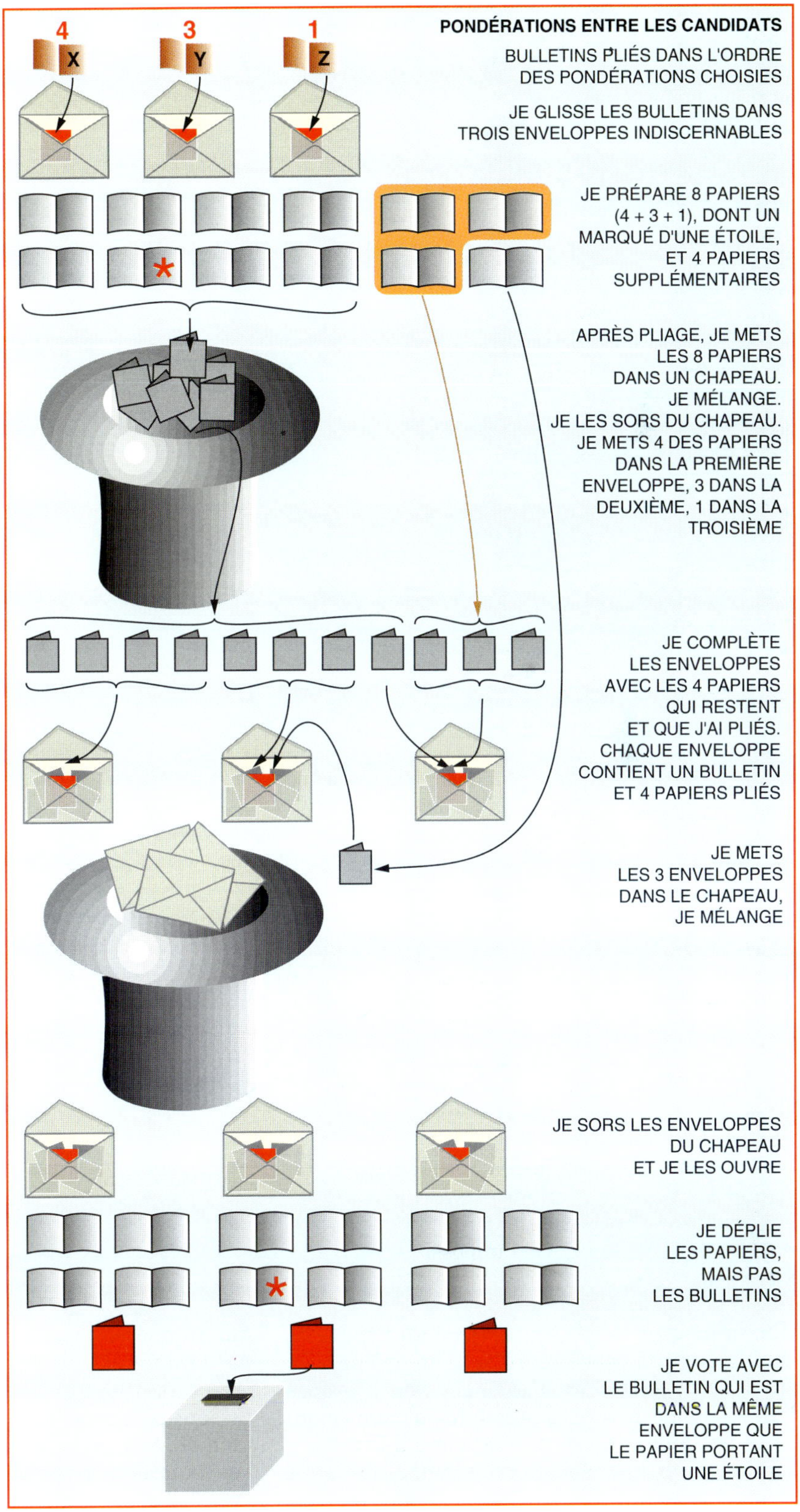

4. Vote inconscient pondéré avec un seul bulletin par candidat : la procédure avec papiers, enveloppes et chapeau. On veut choisir l'un des trois candidats *X*, *Y* ou *Z* au hasard, avec une pondération de 4, 3, 1. On ne veut pas connaître le choix fait ; on ne dispose que d'un bulletin par candidat.

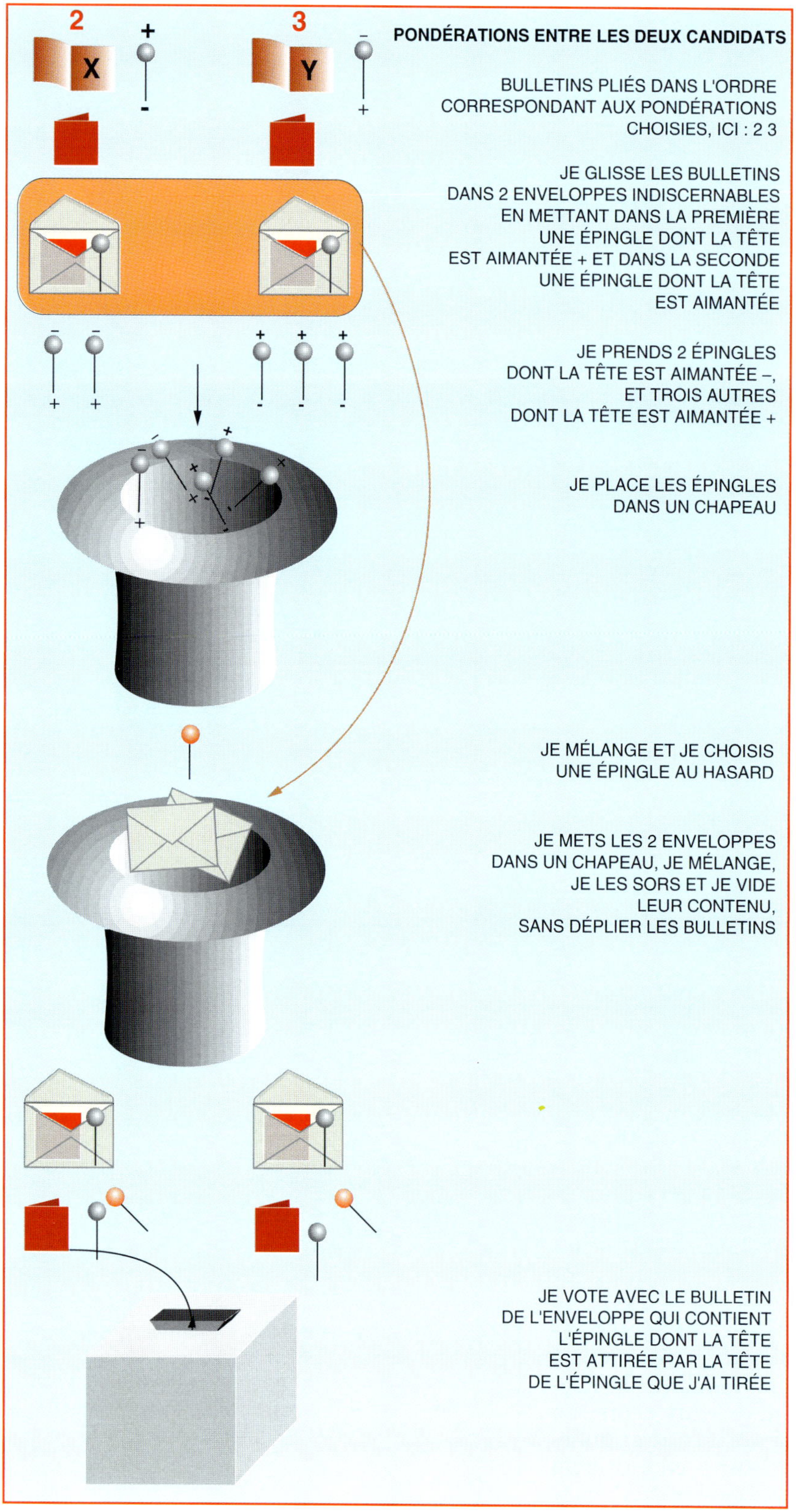

5. Vote inconscient pondéré avec un seul bulletin par candidat : la procédure avec des épingles aimantées.

pas. Je ne veux pas faire de choix ferme, mais je voudrais pondérer les candidats. Très précisément, je voudrais que le candidat *X* ait 4 fois plus de chances d'être choisi par moi que *Z*, et que le candidat *Y* ait 3 fois plus de chances d'être choisi que *Z*. J'ai bien pensé généraliser ton protocole, en mettant, dans le chapeau qui me sert au tirage, 4 bulletins pour *X*, 3 bulletins pour *Y* et 1 pour *Z*, mais, malheureusement, la mairie ne m'envoie qu'un bulletin pour chaque candidat, et je ne me vois pas attendre d'être dans le bureau de vote pour y prendre les bulletins nécessaires, puis entrer dans l'isoloir avec mon chapeau pour effectuer mon tirage au sort. Comment dois-je m'y prendre pour déterminer mon vote chez moi, avec un seul bulletin pour chaque candidat?»

La méthode la plus naturelle consiste à faire comme tout à l'heure pour pondérer des choix dans le problème de la personne à inviter au cinéma, mais, en faisant cela, mon ami va savoir pour qui il vote, et il ne le souhaite pas. C'est bien l'impossibilité d'oublier quelque chose à volonté qui bloque tout. Comment s'en sortir? Comment faire un choix pondéré au hasard, l'exécuter et l'oublier quand on ne dispose que d'un bulletin par candidat? Si mon ami était une machine, le problème serait résolu par une instruction $M := 0$, mais mon ami n'est pas une machine.

Puisqu'un programme peut oublier, peut-être existe-t-il une méthode utilisant un ordinateur. Après un peu de réflexion, j'ai imaginé une méthode, que j'ai proposée à mon ami : «Tu mets devant toi, sur une table, les trois bulletins pliés dans l'ordre *X*, *Y*, *Z*. Tu utilises ensuite un programme qui fait les choses suivantes. Il choisit au hasard, en fonction de l'heure (que tu ne regarderas pas au moment de l'utilisation), avec les pondérations que tu as fixées, un candidat *X*, *Y* ou *Z* (il est immédiat d'écrire un tel programme en utilisant le principe de pondération expliqué plus haut). Après cela, 20 fois de suite, le programme choisit au hasard (toujours avec l'horloge interne) un nombre 1, 2 ou 3, qu'il affiche à l'écran. S'il affiche 1, tu permutes les bulletins 2 et 3 ; s'il affiche 2, tu permutes les bulletins 1 et 3 ; s'il affiche 3, tu permutes les bulletins 1 et 2. Le programme, dans toutes ces permutations, suit le bulletin qu'il a choisi au départ, alors que, de ton côté, tu ne tentes pas de suivre des yeux les bulletins. Après les 20 permutations, le programme t'indique la nouvelle place du bulletin qu'il avait choisi au début. Tu le prends. Tu détruis les autres bulletins et tu éteins l'ordinateur – ce qui rend impossible la connaissance du choix qu'il avait

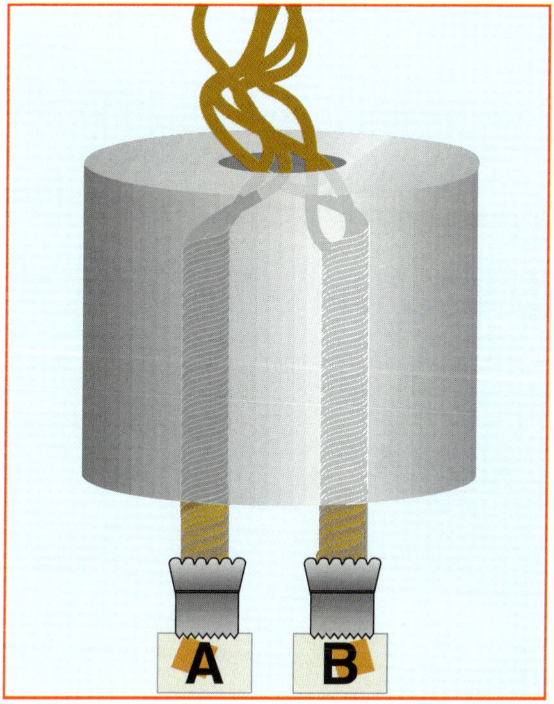

6. Chaque bulletin *X* est accroché à une corde, elle-même reliée à des ficelles en nombre égal à la pondération retenue pour *X*. On tire une ficelle au hasard, cela fait monter un bulletin, on va voter avec.

Procédure permettant, avec une pièce de monnaie, de faire des choix pondérés par des nombres irrationnels

On veut choisir entre les deux possibilités *A* et *B*, avec des probabilités proportionnelles aux deux nombres π et e. On ne dispose que d'une pièce de monnaie pour faire des tirages à pile ou face.

0

Faire un programme qui donne, une par une, les décimales successives de $\pi/(e + \pi) = 0{,}536119...$

1

Choisir équitablement un nombre n entre 0 et 9,

(1) si n est strictement plus petit que la première décimale de $\pi/(e /+ \pi)$, la possibilité *A* est choisie.

(2) si n est strictement plus grand que la première décimale de $\pi/(e + \pi)$, la possibilité *B* est choisie.

(3) sinon (c'est-à-dire si $n = 5$) :

2

Choisir équitablement un nouveau nombre n entre 0 et 9,

(1) si n est strictement plus petit que la deuxième décimale de $\pi/(e + \pi)$, la possibilité *A* est choisie.

(2) si n est strictement plus grand que la deuxième déci-male de $\pi/(e + \pi)$, la possibilité *B* est choisie

(3) sinon (c'est-à-dire si $n = 3$) :

3

etc.

fait – et tu vas voter avec ce bulletin, sans le déplier.»

L'impossibilité de l'oubli

Je pensais lui avoir fourni une méthode qui éviterait qu'il aille grossir les rangs des abstentionnistes. Mon protocole devait lui permettre de voter sans savoir pour qui, avec pondération et en ne disposant que d'un bulletin par candidat. Malheureusement mon ami n'a pas été satisfait, et il est revenu me voir en me disant : «Je n'arrive pas à *ne pas suivre* les bulletins quand le programme me donne ses instructions de permutation, et donc je sais pour qui il me demande de voter. Ta procédure ne marche pas!»

Un robot programmable qui effectuerait, sans qu'on le regarde, un choix aléatoire pondéré serait une solution, mais aujourd'hui on n'en trouve pas si facilement, et donc je lui ai suggéré de faire faire l'opération de mélange par une autre personne qui ne connaîtrait pas l'ordre de départ des bulletins et qui, à la fin du mélange, lui donnerait le bulletin avec lequel voter. Il m'a répondu que la personne en question pourrait très bien suivre des yeux les bulletins et donc qu'à eux deux, il leur serait tout à fait possible de déduire pour qui il vote. «Certes, en utilisant une tierce personne, me dit-il, il m'est impossible à moi seul de savoir pour qui je vote, et il est impossible à l'autre personne seule de le savoir aussi, mais les informations que nous pouvons posséder chacun de notre côté suffisent à retrouver le candidat pour qui je vote et que je veux ignorer.» L'imperfection était réelle.

Persuadé que ce problème du «vote inconscient pondéré avec un seul bulletin par candidat» devait posséder une solution simple, j'en ai parlé autour de moi. J'ai bien fini, de mon côté, par trouver une solution n'utilisant, en plus des bulletins, que des enveloppes, des petits papiers et un chapeau pour effectuer des tirages au sort, mais elle était assez compliquée et moins bonne que celle que m'a proposée Luc Dauchet, le fils d'un collègue *(cette solution est décrite à la figure 4).*

Une autre solution utilisant des épingles aimantées a été imaginée par Philippe Boulanger *(voir la figure 5).* Elle ne nécessite que des épingles et un aimant, mais ne permet que le choix pondéré entre deux candidats (une généralisation est possible pour n candidats, que le lecteur pourra rechercher). À la place d'épingles aimantées, on pourrait utiliser des verres polarisés. Une autre solution n'utilise que de la corde et de la ficelle *(voir la figure 6).* Ces protocoles de vote élargissent encore l'éventail des possibilités offertes par une élection, et il semblerait donc que maintenant les abstentionnistes n'aient plus d'excuse!

Deux petits problèmes

Voici deux problèmes liés.

Problème 1. Trouver une procédure permettant de faire un choix aléatoire entre deux éventualités A et B, avec des probabilités respectives pour A et pour B proportionnelles aux nombres irrationnels π et e. Remarque : on ne veut pas que les probabilités soient approximativement proportionnelles à π et e, mais qu'elles soient exactement proportionnelles à π et e, et bien sûr la procédure doit se terminer.

Problème 2. Trouver une procédure de vote permettant, avec un seul bulletin par candidat, de choisir inconsciemment entre deux candidats A et B avec des probabilités proportionnelles aux deux nombres irrationnels π et e.

Les solutions de ces problèmes sont :

Procédure de vote inconscient avec pondérations irrationnelles et un seul bulletin par candidat

On veut voter sans savoir pour qui, après avoir fait un choix aléatoire entre les deux candidats A et B, les probabilités de choisir A et B étant respectivement proportionnelles aux deux nombres π et e. On ne dispose que d'un bulletin par candidat.

0

Faire un programme qui donne, une par une, les décimales successives de $\pi/(e + \pi) = 0{,}536119...$

1

Utiliser une procédure de vote inconscient pondéré, avec une pondération de 5 pour A, de $4 = 9 - 5$ pour B et de 1 pour un candidat fictif C dont le bulletin est discernable des deux autres.

(5 est la première décimale de $\pi/(e /+ \pi)$).

Si le bulletin déterminé par la procédure n'est pas le bulletin de C, alors aller voter avec le bulletin choisi.

Sinon :

2

Utiliser une procédure de vote inconscient pondéré, avec une pondération de 3 pour A, de $6 = 9 - 3$ pour B et de 1 pour un candidat fictif C dont le bulletin est discernable des deux autres.

(3 est la deuxième décimale de $\pi/(e + \pi)$).

Si le bulletin déterminé par la procédure n'est pas le bulletin C, alors aller voter avec le bulletin choisi.

Sinon :

3

etc.

8

Complexités

La profondeur logique selon C. Bennett mesure la complexité d'organisation.

La définition du complexe serait-elle... complexe? Si cela était vrai, nous entrerions dans les cercles de l'enfer godélien, qui passent tous par les propositions autoréférentielles. Heureusement il n'en est rien et la complexité est une expérience vécue par tous, notamment les informaticiens qui se préoccupent de temps de calcul.

G. Chaitin et Kolmogorof avaient indépendamment donné une définition de la complexité aléatoire : est complexe ce qui est long à décrire... Prenons l'exemple d'une suite de chiffres, 947659923710740..., chaque chiffre étant obtenu par le lancer d'un dé à dix faces (sur chaque face du dé est inscrit un chiffre). Il n'est pas possible de décrire la suite de ces chiffres par une formule plus courte que la liste elle-même, et cette liste est aléatoire. En revanche, la suite 01010101010..., constituée de mille paires successives de 0 et de 1, est descriptible par : «La suite de mille paires de 01», phrase plus courte que la liste exhaustive. D'après cette définition, la complexité aléatoire est mesurée par la longueur, en bits, de la définition d'un objet.

Notons ici la manie des informaticiens de ne considérer que des suites de chiffres pour étudier des objets réels. Cette manie n'est détestable qu'à première vue, puisque tout objet peut être décrit par une suite des coordonnées de ses points, c'est-à-dire par une suite de chiffres. C'est sur ces suites que les informaticiens travaillent.

La définition de Chaitin-Kolmogorof laissait dans l'ombre un autre type de complexité. Prenons le nombre π. Les chiffres de ses décimales apparaissent avec la même fréquence, mais de façon désordonnée et apparemment aléatoire. Pourtant la définition de π est très succincte : «Le quotient de la circonférence du cercle par son diamètre.» De cette définition, on peut tirer de courts algorithmes de calcul de π. Il devait exister une autre complexité, liée à la fois au caractère très organisé de π et à la difficulté de son calcul. Le physicien mathématicien Charles Bennett, du Centre de recherche *IBM* de Yorktown Heights, à New York, vient de donner un sens rigoureux à cette distinction naturelle qui échappait à la formalisation, la distinction entre ce qui est complexe car aléatoire (comme un gaz), et ce qui est complexe car très organisé (comme un être vivant). Ainsi complexe peut signifier : «difficile à décrire totalement» ou «difficile à décrire pour ce qui est organisé». Par exemple, une allée de cailloux peut être difficile à décrire totalement, car il faut y indiquer l'emplacement de chaque caillou, mais elle est facile à décrire pour ce qui est, en elle, organisée : sa forme géométrique.

Deux concepts de complexité

Il existe bien deux concepts de complexité à ne pas confondre : la complexité aléatoire et la complexité organisée. Pour l'illustrer, considérons la description au millimètre près d'une maison dont les murs sont couverts de crépi.

Le plan de la maison correspond à la complexité organisée de la maison. Mais ce plan ne précise pas au millimètre près les dessins du crépi sur les murs. La description totale de la maison, qui devrait inclure tous les détails du crépi, comporte bien plus d'informations que celle du plan. La maison possède une complexité organisée moyenne (un plan n'est pas très compliqué) et une complexité aléatoire assez grande.

La complexité aléatoire est bien identifiée depuis 1965, grâce aux travaux de Solomonoff, G. Chaitin et Kolmogorof : c'est ce qu'on appelle la complexité de Chaitin-Kolmogorof, et elle est définie, nous l'avons vu, par la taille du plus petit programme (algorithme) pour un ordinateur de référence (appelé machine universelle) capable de décrire complètement l'objet auquel on s'intéresse. Ce programme minimal associé à un objet va être important pour la suite.

Contenu en calcul

Restait donc à identifier la complexité organisée. L'idée de C. Bennett est de rattacher la complexité organisée au temps de calcul qu'il faut pour produire une description. Un objet aléatoire ne nécessite aucun calcul, car il n'a aucune régularité, et l'on ne peut donc rien faire de mieux que le copier, élément par élément, dans le programme chargé d'en donner la description. À l'inverse, un objet fortement organisé contient en lui la trace d'un processus d'élaboration, de réflexion ou d'évolution qui correspond à une forme de calcul. Définir la complexité organisée d'un objet se ramène donc au problème de la définition de son contenu en calcul. En informatique théorique, les travaux sur les algorithmes prennent bien en compte les temps de calcul, mais ces études s'attachent surtout aux comportements asymptotiques des algorithmes, alors qu'ici nous n'avons affaire qu'à des objets finis ou qu'on ramène à des objets finis en fixant un niveau de précision.

Pour définir le contenu en calcul d'un objet (c'est-à-dire sa complexité organisée), C. Bennett

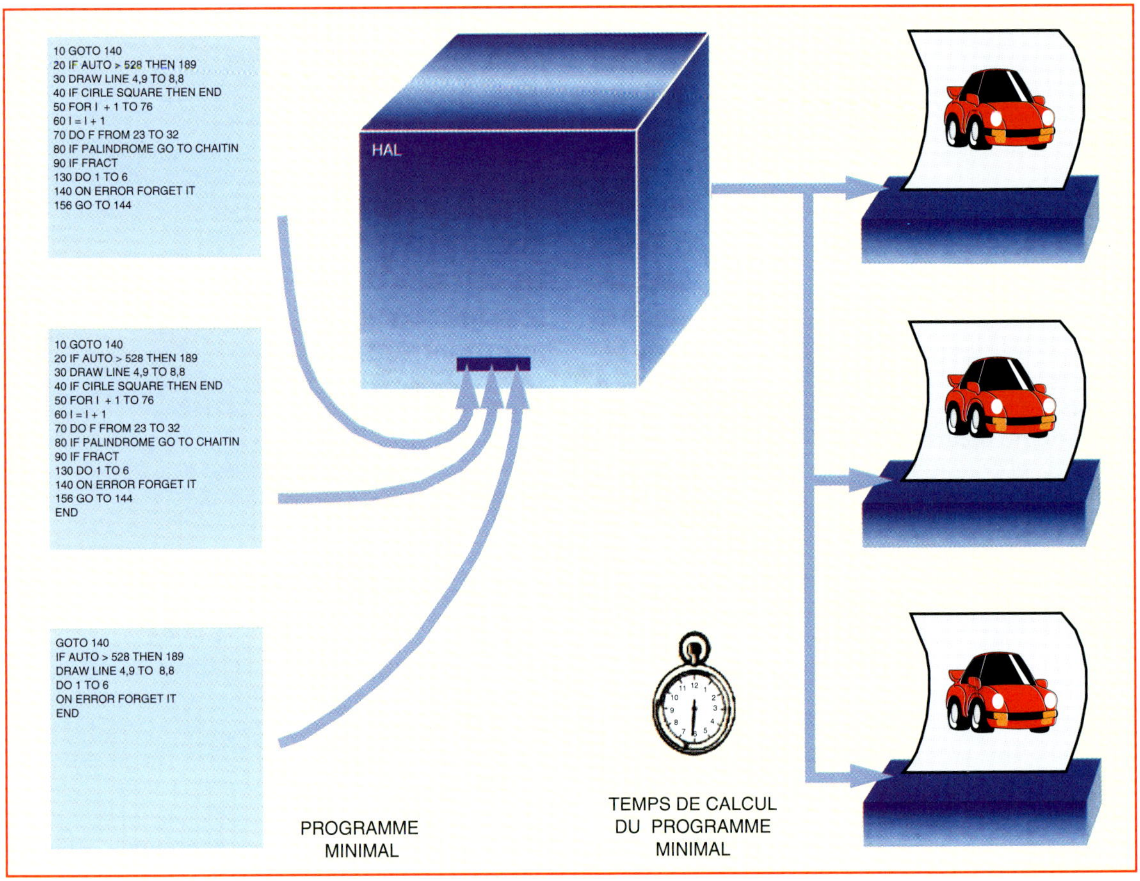

1. La complexité aléatoire ou complexité de Chaitin-Kolmogorof d'un objet fini est la taille du plus petit programme capable d'en donner le plan. C. Bennett propose de considérer le temps de calcul du plus petit programme comme mesure du contenu en calcul de l'objet fini, et de sa complexité organisée. Ce temps, il l'appelle profondeur logique de l'objet. Sa définition pour beaucoup d'objets naturels correspond bien à l'idée intuitive qu'on a de la complexité organisée, qui vient donc ainsi pour la première fois d'être formalisée.

propose de considérer le temps de calcul nécessaire pour que le programme minimal (évoqué précédemment) produise l'objet auquel on s'intéresse. Ce temps de calcul, il l'appelle profondeur logique de l'objet. Nous allons voir pourquoi cette idée est satisfaisante et pourquoi il a fallu attendre si longtemps pour qu'elle soit proposée.

2. La distinction naturelle entre complexité aléatoire et complexité organisée est mathématisée par la complexité de Chaitin-Kolmogorof et la profondeur logique de C. Bennett.

La profondeur logique de C. Bennett n'a pas été proposée plus tôt, car l'idée la plus naturelle pour définir le contenu en calcul d'un objet est de mimer la définition de la complexité de Chaitin-Kolmogorof, et donc de définir le contenu en calcul d'un objet comme étant le temps de calcul du programme le plus rapide capable de produire la description de l'objet. Cette définition, comme la précédente, est donnée en référence à un ordinateur universel, mais cette définition naturelle est défectueuse : en effet, ce temps minimal de calcul est toujours donné par le programme «imprimer "..."», où "..." contient la description énumérative de l'objet qu'on veut décrire. Le programme «imprimer "..."» calcule pendant un temps de l'ordre de la longueur de ce qu'il imprime, et aucun programme ne peut être plus rapide pour le même résultat, puisqu'il doit imprimer lui aussi, ce qui prend du temps. Cette remarque est d'ailleurs bien connue des programmeurs : ils savent tous que le programme le plus rapide pour obtenir les 20 premières décimales de π est le programme «imprimer "3,14159 26535 89793 23846"».

Le temps de calcul du plus court programme

La définition naturelle du temps minimal de calcul d'un objet n'a donc pas de sens et ne mesure rien du tout. C'est cet obstacle que C. Bennett a surmonté en faisant référence au programme minimal en taille associé à un objet. Sa définition, qu'il ne faut pas confondre avec celle proposée juste au-dessus, est, répétons-le, que le contenu en calcul d'un objet, ou profondeur logique, est «le temps de calcul du programme minimal». Certaines variantes de cette définition que C. Bennett a aussi étudiées considèrent un programme «presque minimal», c'est-à-dire pouvant être légèrement plus long que le programme minimal.

Un objet profond, c'est-à-dire ayant une grande profondeur logique, est un objet dont l'origine la plus probable est un long calcul. C'est un objet qui contient des redondances profondément cachées en lui, que seul un long travail combinatoire peut faire apparaître.

Pour tester si la définition de C. Bennett correspond bien à notre attente intuitive, nous allons considérer divers objets. Un damier, un bloc de cristal possèdent clairement une petite complexité aléatoire – puisqu'ils ne sont pas du tout aléatoires – et une petite complexité en organisation – puisque leur organisation est très répétitive. En utilisant les définitions mathématiques, on constate que, conformément à cette intuition, la complexité de Chaitin-Kolmogorof est petite, puisque le programme minimal pour décrire le bloc de cristal est très simple, et que sa profondeur logique aussi est petite, puisque le programme minimal est un programme d'itération élémentaire du genre «reproduire 64 fois le motif de base du cristal». Un tel programme fonctionne rapidement, en fait aussi vite que le programme «imprimer "..."».

Comme deuxième exemple, prenons un litre de gaz. C'est un objet qui possède une très grande complexité aléatoire. Les molécules du gaz sont réparties au hasard : on ne peut rien faire de mieux pour décrire le litre de gaz qu'utiliser un programme du type «imprimer "..."». La complexité organisée est très faible. À nouveau, les définitions mathématiques s'accordent avec nos attentes, car la complexité de Chaitin-Kolmogorof de l'objet est grande (le programme minimal, qui est «imprimer "..."», est long) et sa profondeur logique est faible (le programme minimal n'a pas de calculs à faire).

Pour l'instant, nous n'avons rencontré que des objets de petite profondeur logique. Ce n'est pas le cas des 100 000 premières décimales de π ; elles constituent un objet qui, bien qu'en apparence peu organisé, l'est en fait énormément, puisque justement c'est π! On sait écrire des programmes relativement courts, capables d'engendrer ces 100 000 décimales (et donc, contrairement au cas où l'on s'intéresse uniquement à 20 décimales de π, ce n'est plus le programme «imprimer "..."» qui est le plus court). Ces programmes courts doivent calculer longtemps, et donc la profondeur logique est grande. Conformément à notre attente, les 100 000 premières décimales de π ont bien une faible complexité de Chaitin-Kolmogorof et une grande profondeur logique. La complexité d'un objet fractal est en fait du même type. Ce n'est pas une complexité aléatoire car – et c'est ce qui fait leur charme – la plupart des objets fractals peuvent être engendrés par des programmes courts. En revanche, de longs calculs sont nécessaires pour les représenter, comme π : une fractale est un objet complexe, car profond.

Comme dernier exemple, considérons un dragon chinois ou n'importe quel être vivant. Sa com-

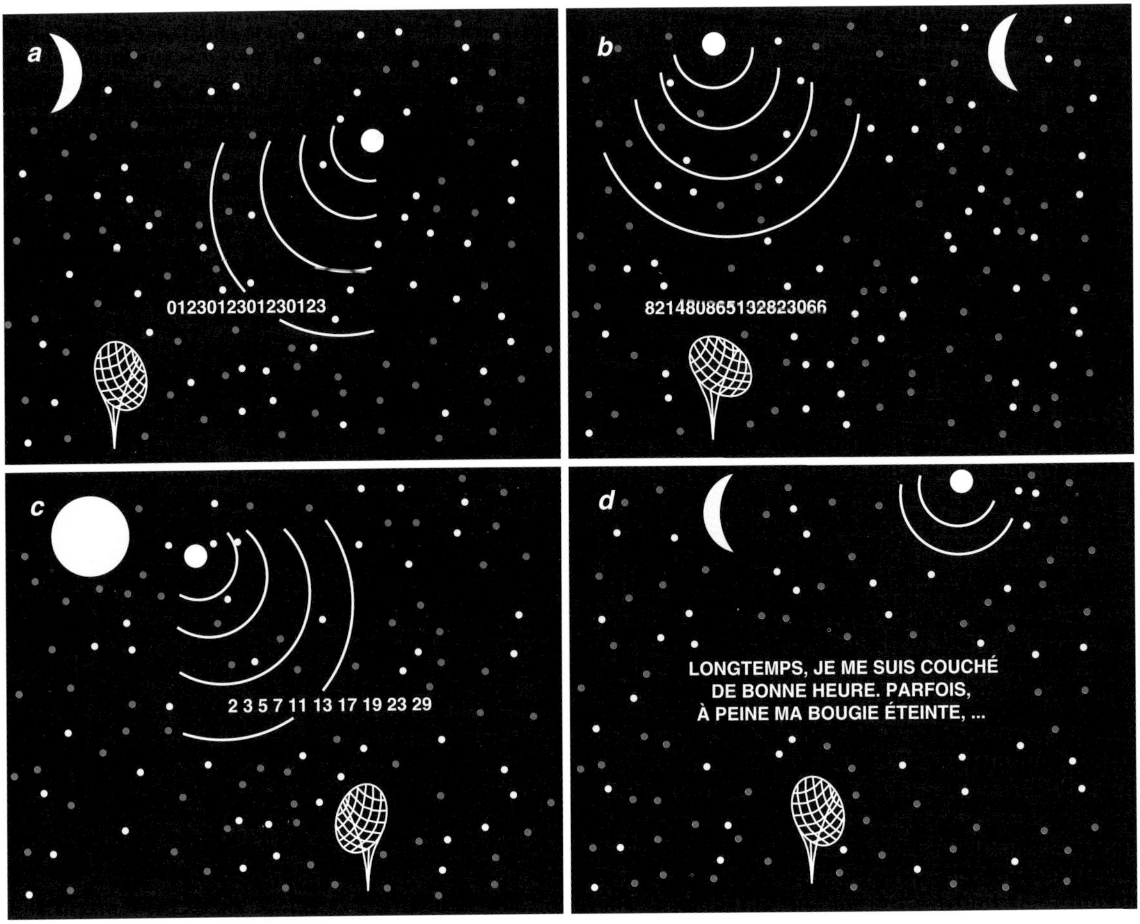

3. La présence de profondeur logique dans un objet non terrestre (par exemple, un signal astronomique venu d'une étoile lointaine) serait la meilleure preuve de son origine vivante ou même intelligente. La présence d'ordre simple (faible complexité de Chaitin-Kolmogorof et faible profondeur logique), caractéristique du message de la figure *a*, pourrait être attribuée à un phénomène physique périodique : l'ordre simple n'atteste pas la vie ou l'intelligence. Le désordre complet (forte complexité de Chaitin-Kolmogorof, faible profondeur logique) lui non plus ne peut être considéré comme un signe de vie ou d'intelligence. La suite de la figure *b* est quelconque. Le message de la figure *c*, qui contient une faible complexité de Chaitin-Kolmogorof et une certaine profondeur logique, serait certainement interprété comme preuve, ou au moins comme indice, d'une présence intelligente. *À la recherche du temps perdu* comporte *(figure d)* encore plus de profondeur logique, et si nous arrivions à identifier quelque chose de ce genre (ce qui ne serait sans doute pas évident), nous ne douterions pas une seconde d'être en présence d'intelligence (en fait, s'il s'agissait vraiment de l'œuvre de Proust, nous en déduirions même qu'il s'agit d'une intelligence facétieuse!).

plexité aléatoire est grande, car, par exemple, la répartition des poils sur la peau du dragon ne suit pas un motif parfaitement régulier. Sa profondeur logique elle aussi est grande, car on pourrait (en théorie) décrire le dragon en donnant son génome (!) et en demandant au programme de simuler le processus de développement, ce qui prendrait beaucoup de temps. Le dragon est un objet complexe aussi bien en complexité aléatoire qu'en complexité organisée.

Les développements mathématiques que C. Bennett a donnés à ses idées sont intéressants sous plusieurs aspects. D'abord il a montré que, moyennant une bonne définition des ordinateurs de référence, la définition qu'il propose ne dépend pratiquement pas de l'ordinateur choisi : sa notion est donc bien absolue. Le fait qu'elle se réfère à des mécanismes universels de calcul n'est pas considéré comme gênant depuis qu'on a identifié en physique de nombreux modèles universels de calcul en mécanique classique (calculateurs à balles de billard, par exemple) ou quantique, et même en chimie.

Loi de croissance lente

Ensuite C. Bennett a montré que la notion de profondeur logique vérifie ce qu'il appelle une loi de croissance lente : l'augmentation de la profondeur ne peut être que très lente ; ou encore : il n'y a qu'une très faible probabilité pour que, dans un court processus dynamique, un objet profond apparaisse spontanément. Cela confirme bien que, face à un objet profond, on doit considérer que son origine probable ne peut être qu'un long calcul : un objet profond porte réellement en lui la trace d'une longue évolution.

Plus malheureuses sont les conséquences des résultats d'indécidabilité de Gödel (toujours eux!) qui, comme dans le cas de la complexité de Chaitin-Kolmogorof, montrent que calculer avec certitude la profondeur logique d'un objet est une tâche d'une extrême difficulté qui sera parfois impraticable. G. Chaitin a montré, en utilisant le paradoxe de Berry (qui évoque l'impossible «plus petit nombre définissable en moins de 11 mots»), que la détermination effective de la complexité de Kolmogorof était indécidable en général. La définition de la profondeur de C. Bennett, qui s'appuie sur la complexité de Kolmogorof, est «contaminée», et on montre qu'aucun algorithme général ne peut calculer la profondeur de C. Bennett de tout objet (autrement dit, que la profondeur est indécidable en général). Ce n'est peut-être pas surprenant, car on comprend bien que, face à un objet profond (pensons aux décimales de π entre la 100 000e et la 200 000e), il soit difficile de trancher entre les explications «c'est un objet de grande complexité aléatoire» ou «c'est un objet de petite complexité aléatoire mais profond», pour trancher, il faut avoir identifié en quoi la complexité est organisée. Ce qui est profond peut avoir l'apparence de l'aléatoire. Le travail de la recherche scientifique est sans doute justement l'identification de la complexité organisée, là où apparemment ne se trouve que de la complexité aléatoire.

Les résultats de C. Bennett montrent aussi que l'apparition lente de la complexité organisée ne contredit aucunement la seconde loi de la thermodynamique qui, elle, vise plutôt l'accroissement de la complexité aléatoire. Le fait que la complexité organisée se développe est simplement le signe que dans le monde physique se déroule un processus analogue à un calcul, ce qui n'est absolument pas choquant : les mouvements mécaniques, les interactions chimiques, les processus de sélection sont bien des sortes de calculs. L'augmentation de la complexité organisée est compatible avec la thermodynamique, et cela se prouve sans avoir recours à des pirouettes, comme c'est le cas quand on confond complexité aléatoire et complexité organisée.

Un autre problème est de savoir si les lois du monde physique entraînent obligatoirement un accroissement de la complexité organisée. Ce n'est pas parce qu'une sorte de calcul se déroule dans le monde physique, qu'un autre calcul plus rapide n'est pas possible ou que les résultats de ce calcul ne peuvent pas être détruits (auquel cas, bien sûr, aucune croissance de profondeur logique n'a lieu). Le fait que notre monde physique autorise de longs calculs ne prouve donc pas que cette augmentation soit inévitable. C. Bennett travaille sur ces questions, en particulier à l'aide de la théorie des réseaux d'automates cellulaires. Ce qui est véritablement nouveau, c'est que maintenant que les bons concepts mathématiques semblent identifiés, la question de l'apparition de complexité organisée possède un sens mathématique qui, peut-être un jour, permettra de prouver que quelque chose comme la vie devait apparaître sur Terre.

Thermodynamique et informatique théorique

Une nouvelle définition de l'entropie physique.

Une série d'articles de W. Zurek, du Laboratoire de Los Alamos, établit un pont entre la thermodynamique et l'informatique théorique : il propose une définition de l'entropie qui introduit, en physique, une forme du théorème d'incomplétude de Gödel. La proposition de W. Zurek améliore la théorie thermodynamique de l'acte de mesure : sa conception prend en compte l'observateur en évaluant le contenu en information des mesures qu'il effectue.

Les fondements de la thermodynamique – pourquoi se le cacher – sont difficiles à formuler en particulier à cause du deuxième principe de la thermodynamique qui a pour conséquence une dissymétrie essentielle dans le monde physique : l'entropie d'un système fermé doit toujours croître avec le temps. L'entropie physique est une quantité qui augmente à mesure que l'extraction d'énergie devient plus difficile : l'énergie utilisable dans un système physique isolé se dégrade inéluctablement. Cette dissymétrie, conséquence du deuxième principe, s'oppose à la symétrie des lois de la physique classique et de la mécanique quantique qui, elles, ne privilégient pas de direction pour le temps : tout dans les lois fondamentales de la physique est invariant quand on change le sens du temps *(t en -t)*.

L'interprétation de la température en terme d'énergie cinétique des particules fut un grand succès de la thermodynamique statistique : est chaud ce qui est microscopiquement agité. Malheureusement la réduction de l'entropie physique à d'autres variables physiques plus fondamentales ne fut jamais aussi satisfaisante, et l'entropie reste un concept mal fondé, en définitive assez mystérieux. On pourrait bien sûr considérer que le concept d'entropie est irréductible, mais les recherches dans cette direction (puisqu'il s'agirait d'une quantité première, on a tenté d'introduire une particule élémentaire qui la caractérise appelée «infon») semblent créer plus de difficultés qu'elles n'en résolvent.

L'idée que l'entropie physique et le désordre sont deux concepts fortement liés est un lieu commun. Le lien précis, cependant, est loin d'être clair et, quand on emploie l'un pour l'autre les mots «entropie» et «désordre», comme c'est souvent le cas – y compris dans certains livres de thermodynamique –, on ne fait avancer ni l'identification de ce qu'est physiquement l'entropie, ni la formulation précise de ce qu'est physiquement le désordre.

En informatique théorique, en revanche, des définitions précises de la complexité ont été formulées pour les algorithmes et pour les objets formels ; ainsi le contenu en information algorithmique d'un objet (appelé aussi complexité de Kolmogorov) est la taille du plus petit programme (pour un ordinateur général) susceptible de produire l'objet. Ce concept sert à la définition des suites aléatoires : une suite de nombres est aléatoire quand le plus petit programme qui la définit n'est pas de taille inférieure à cette suite, c'est-à-dire quand on ne peut comprimer l'information qu'elle contient *(voir le chapitre 4)*. Que de tels concepts de quantification du désordre puissent être utilisés en physique pour faire progresser la réflexion sur les fondements de la thermodynamique apparaît possible.

À la suite de réflexions commencées en 1982 par C. Bennett, W. Zurek a proposé une théorie de la mesure utilisant les concepts de la théorie algorithmique de l'information de Chaitin-Kolmogorov (W. Zurek, *Algorithmic Randomness and Physical Entropy*, in *Phys. Rev. A*, n° 8, vol. 40, pp. 4731-4751, 1989). Cette théorie élimine certains paradoxes de la thermodynamique et rend correctement compte de la notion d'entropie du point de vue de l'observateur en train de faire des mesures ; de plus, elle ouvre quelques perspectives intéressantes sur une définition thermodynamique de l'intelligence.

L'entropie statistique est un concept mathématique qui mesure l'ignorance du détail microscopique du système observé. Pour un observateur qui examine un système physique, l'opération de mesure diminue le nombre d'états microscopiques possibles correspondant à l'état macroscopique qui lui seul est connu : plus il effectue de mesures, plus le système est connu dans ses détails. Ainsi l'entropie statistique diminue quand le nombre des mesures effectuées augmente. La situation est inconfortable : ou bien l'entropie statistique ne doit pas être assimilée à l'entropie physique – et alors cette dernière n'a pas été ramenée à une notion plus concrète – ou bien l'opération de mesure contredit le deuxième principe de la thermodynamique, qui stipule que l'entropie d'un système isolé ne peut diminuer. On pourrait arguer que le système isolé inclut l'observateur, mais il faut alors examiner en quoi l'entropie de l'observateur est modifiée.

La solution proposée par W. Zurek rétablit la situation : l'opération de mesure convertit l'incertitude sur l'état microscopique correspondant à l'état macroscopique – incertitude quantifiée par l'entropie statistique – en complexité quantifiée par le contenu algorithmique d'information de l'enregistrement des mesures. Ainsi, en décomposant l'entropie physique en une somme de deux termes : l'entropie statistique et l'entropie algorithmique, on rend compte de l'opération de mesure pour un système en équilibre sans enfreindre le deuxième principe de la thermodynamique.

Lors d'une mesure, le terme statistique de l'entropie physique décroît, et le terme algorithmique croît. Le désordre statistique est subjectif : pour l'observateur, les détails du monde se précisent par la mesure et, du fait de cette mesure, l'entropie statistique décroît. Toutefois cette observation s'accompagne d'un accroissement du désordre ob-jectif des enregistrements qu'il tire de ses observations. Selon la théorie de W. Zurek, et de façon lapidaire, quand on effectue des mesures, on diminue son ignorance, mais on s'encombre de résultats.

Il faut alors admettre que l'effacement des données enregistrées ne peut pas se faire sans coût thermodynamique (c'est-à-dire sans augmentation de l'entropie physique). Sinon, après avoir fait des mesures, il serait possible de les effacer et nous nous trouverions à nouveau dans la situation où le bilan global mesure + effacement aurait fait diminuer l'entropie physique. Or l'idée que l'effacement d'informations possède un coût thermodynamique incompressible est justement l'une des conclusions de recherches faites il y a quelques années par R. Landauer et C. Bennett. Tout est cohérent, et il semble ainsi que l'opération de mesure ait trouvé sa théorie thermodynamique ; reste le problème d'une théorie

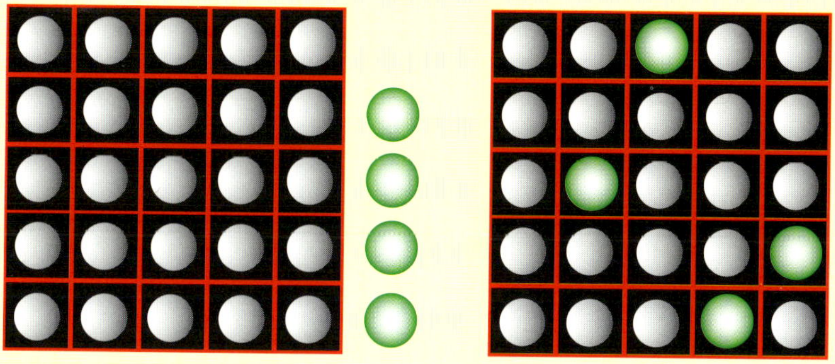

L'OBSERVATEUR SAIT, D'APRÈS LES OBSERVATIONS MACROSCOPIQUES, QUE CHACUNE DES QUATRE MOLÉCULES D'UN MÊME GAZ SE TROUVE DANS UNE CASE. IL Y A M^4 CONFIGURATIONS POSSIBLES. L'ENTROPIE STATISTIQUE EST ÉGALE À 4 LOG M.

L'OBSERVATEUR MESURE LES POSITIONS DES QUATRE MOLÉCULES. POUR ENREGISTRER LEUR POSITION, L'OBSERVATEUR MÉMORISE QUATRE FOIS LA LONGUEUR D'UN NOMBRE DE L'ORDRE DE GRANDEUR M. L'ENTROPIE ALGORITHMIQUE EST ÉGALE À 4 LOG M.

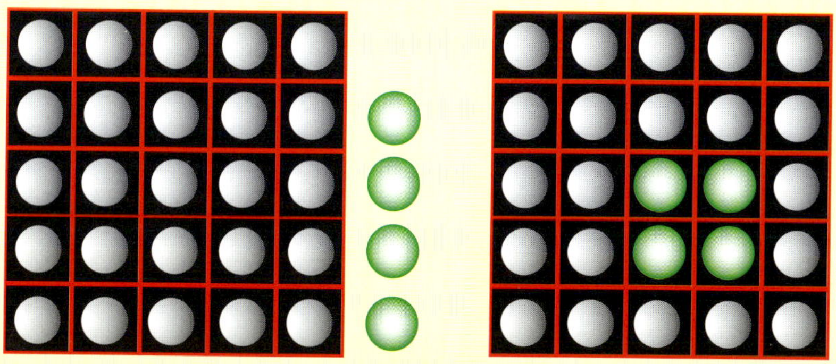

L'OBSERVATEUR DÉCOUVRE QUE LES QUATRE MOLÉCULES SONT GROUPÉES. IL MÉMORISE ALORS LE RÉSULTAT DE SES MESURES PAR UN SEUL NOMBRE, DE L'ORDRE DE GRANDEUR M (CE QUI LUI COÛTE LOG M DIGIT, QUI EST LA VALEUR DE L'ENTROPIE TOTALE).

Comment s'évalue l'entropie algorithmique au cours de la mesure.

de la mesure en mécanique quantique, qui est différent et reste entier.

Il faut aussi que la compression sans effacement des données ne réduise pas l'entropie : là encore, ce sont des conclusions que les travaux sur les ordinateurs réversibles avaient proposées il y a quelques années. Ce point est très important, car il confère un sens précis à certaines assimilations faites parfois entre «entropie physique» et «désordre» à partir de considérations combinatoires. En effet, idéalement, quand un système est parfaitement connu, c'est-à-dire quand son entropie statistique est réduite à zéro, il ne reste que son entropie algorithmique, qui mesure la simplicité du système : «simple» signifie ici «descriptible par un programme d'ordinateur court».

Ordre, désordre, simplicité et complexité ne sont plus des termes vagues ; ils ont pris un sens précis, tiré de l'informatique théorique. La grande différence avec certaines considérations plus anciennes sur l'ordre et le désordre tirées de la théorie de l'information de Cl. Shannon est qu'ici les termes «simple», «complexe», etc. peuvent être appliqués individuellement aux objets, et non plus seulement à des ensembles statistiques d'objets. Les deux points de vue ne se contredisent d'ailleurs pas ; le nouveau complète et précise l'ancien. W. Zurek démontre même l'équation de Sackur-Tetrode concernant l'évolution de l'entropie d'un gaz monoatomique à partir de considérations sur la complexité algorithmique.

On a, souvent et à juste titre, reproché aux théories physiques de l'entropie d'être subjectivistes. L'entropie est-elle devenue pour autant un concept objectif? Oui et non. Oui, car le concept, dans le cas de systèmes en équilibre, ne dépend plus de l'observateur pour peu que l'ordinateur servant à déterminer la complexité algorithmique soit toujours le même et qu'une échelle de discrétisation du monde physique soit convenue une fois pour toutes (éventuellement par des considérations liées à la mécanique quantique). Non, car un changement de ces conventions de référence change l'entropie physique. Toutefois, même si l'objectivation n'est pas totale, le progrès est net. L'entropie statistique était un concept fortement subjectif (car dépendant d'une mesure de probabilités) ; l'entropie algorithmique est un concept faiblement subjectif (intersubjectif), puisqu'elle ne dépend plus que du choix de certaines conventions de référence.

Un autre aspect de cette rencontre vaut la peine d'être mentionné, celui qui fait qu'un théorème de logique considéré comme négatif et donc sans aucun espoir d'application prend ici un sens physique intéressant : le théorème d'incomplétude de Gödel. En effet, le problème de la détermination exacte de la complexité algorithmique d'un objet est un problème logique le plus souvent indécidable (pour être précis : sauf dans un nombre fini de cas), ainsi que Chaitin l'a démontré en généralisant le premier théorème d'incomplétude de Gödel. Le calcul du terme algorithmique de l'entropie physique sera, sauf exception, hors de portée de toute analyse et de tout raisonnement mathématique formalisé. La variable «entropie physique» est donc inaccessible, non pour des raisons liées à l'indétermination en mécanique quantique, pas plus que pour des raisons liées à l'impossibilité de mesures infiniment précises, mais à cause de l'indécidabilité logique de certaines propositions. Rassurons-nous : si le calcul exact de l'entropie physique est impossible, il existe de nombreuses méthodes pour approcher la complexité algorithmique. Le théorème d'incomplétude de Gödel ne devrait donc pas trop gêner les physiciens.

Allons encore un peu plus loin sur ce problème de la mesure exacte du terme algorithmique de l'entropie physique telle qu'elle est proposée par W. Zurek. Maintenant c'est l'intelligence de l'observateur qui doit être prise en compte. Plus un observateur est intelligent, plus il sera capable de comprimer les données qu'il aura tirées des mesures faites et, donc, plus importante sera la quantité de travail qu'il sera en mesure d'extraire du système physique observé.

Dans le cas d'un système en équilibre, le meilleur codage possible de l'enregistrement des mesures permet en moyenne de maintenir constante l'entropie physique, et c'est donc une forme du théorème de la voie sans bruit de Shannon (ce théorème indique ce que peuvent faire, en moyenne, les meilleurs codages) qui garantit la validité de la seconde loi de la thermodynamique.

Dans le cas d'un système loin de l'équilibre, il est possible de coder (c'est-à-dire de comprimer) l'enregistrement des mesures : à la condition de bien identifier les régularités du système étudié, un opérateur peut faire diminuer l'entropie physique. Citons W. Zurek : «Heureusement que nous habitons un monde loin de l'équilibre : il est payant de faire des mesures. En un certain sens, les aptitudes intellectuelles d'un opérateur sont essentielles pour son succès dans l'extraction de travail utile.»

9

L'inférence inductive

Les récents modèles mathématiques de l'induction renouvellent ce thème de la philosophie scientifique.

Certains tests d'intelligence se présentent sous la forme d'énoncés du type : «Qu'est-ce qui vient logiquement après la suite de nombres : 3, 5, 7, 11, 13? Vous êtes censés reconnaître la suite des nombres premiers impairs et vous devez répondre 17, 19, 23, 29. Il ne serait pas absurde de répondre 15, 17, 19, 21 en prétextant avoir reconnu la suite des nombres impairs qui ne sont pas des carrés, mais on considère que cette réponse est plus compliquée, et on la compte fausse!

Notre but ne sera pas de critiquer ceux qui conçoivent ces tests et des préjugés qui les animent, ni de se moquer de ceux qui prétendent faire des programmes «géniaux» pour résoudre ce genre d'exercice. En revanche, nous allons examiner comment l'informatique théorique traite ce genre de situation, dans le domaine de recherche appelé l'inférence inductive.

Depuis plus d'une vingtaine d'années, les informaticiens théoriciens se sont emparés du problème de l'induction : les résultats qu'ils ont obtenus, assez extraordinaires, méritent d'être mieux connus, car ils donnent des indications précises sur l'acquisition de la connaissance. Comment le scientifique peut-il, avec des données en nombre limité, concevoir des lois? Quand il tente de telles inductions, quelles règles sont-elles légitimes ou souhaitables?

Voici l'un des modèles les plus simples proposés par les théoriciens : le «monde» que nous cherchons à connaître est une fonction f de nombres entiers, et dont les valeurs sont aussi entières ; les expériences que nous faisons donnent des valeurs de f. Par exemple, sachant que $f(1) = 1$, $f(2) = 4$, $f(3) = 9$, il faut deviner f.

Tel que, le problème n'a guère plus de sens que celui des tests d'intelligence, car, à partir d'un nombre fini de valeurs, on peut trouver une infinité de fonctions conformes à ces valeurs. Pour que la question devienne intéressante nous prendrons en compte deux autres éléments. Le premier est que nous faisons des hypothèses restrictives sur f : nous sommes prêts à admettre que f appartient à une certaine classe de fonctions qui n'est pas la classe générale de toutes les fonctions. Le second élément est que nous voulons que le procédé qui nous fasse reconnaître f soit précis, qu'il définisse une méthode que nous pourrons suivre pour rechercher f, et dont nous pourrons prouver qu'elle fonctionne correctement. En résumé, nous recherchons pour quelles classes de fonctions il est possible de concevoir une méthode qui, à partir de données finies sur une fonction f de la classe retenue, conduise à reconnaître f.

Induction de polynômes

Donnons un exemple : si F est la classe de toutes les fonctions polynomiales de degré inférieur ou égal à 3, comment pouvons-nous identifier une fonction f de la classe F à partir de la connaissance des valeurs $f(0)$, $f(1)$, $f(2)$, $f(3)$, $f(4)$, $f(5)$? Ce problème est résolu sous le nom d'interpolation polynomiale, et vous en connaissez la solution : on écrit que $f(x) = ax^3 + bx^2 + cx + d$, on remplace ensuite x par 0, 1, 2, 3, 4, 5 ; on obtient un système de 6 équations à 4 inconnues que l'on résout, ce qui donne a, b, c, d, c'est-à-dire f. Quatre équations sont d'ailleurs suffisantes dans ce cas, puisqu'il n'y a que quatre inconnues ; les données supplémentaires ne servent qu'à vérifier que l'hypothèse sur le degré n'est pas contredite. Ce procédé nous assure qu'il existe une méthode d'inférence inductive pour la famille des polynômes de degré inférieur ou égal à 3.

Il existe aussi une méthode d'inférence inductive pour la classe de toutes les fonctions polynômes sans limitation de degré. La voici. Elle procède par étapes : à l'étape 0, vous utilisez $f(0)$ et vous cherchez un polynôme de degré 0 (une constante) qui soit compatible avec f>(0) ; à l'étape 1, vous utilisez uniquement $f(0)$ et $f(1)$ et vous cherchez un polynôme de degré 1 compatible avec $f(0)$ et $f(1)$; ...; à l'étape n, vous utilisez les données $f(0)$, $f(1)$, ..., $f(n)$ et vous cherchez un polynôme d'interpolation de degré n compatible avec $f(0)$, $f(1)$, ..., $f(n)$, etc. Si f est vraiment un polynôme, alors, à partir de l'étape n (égal à son degré) vous trouverez toujours le même polynôme et ce sera le bon.

Identification des fonctions polynômes

0 Sachant que $f(0) = -1$, calculer le polynôme de degré 0 qui donne -1 pour $x = 0$.
On trouve le polynôme $P(x) = -1$.

1 Sachant que $f(0) = -1$ et $f(1) = 4$, calculer le polynôme de degré 1 qui donne -1 pour $x = 0$ et 4 pour $x = 1$.
$P(x) = ax + b$
$x = 0$ $a.0 + b = -1$
$x = 1$ $a.1 + b = 4$
donc $b = -1$ et $a = 5$.
On trouve le polynôme $P(x) = 5x - 1$.

2 Sachant que $f(0) = -1$, $f(1) = 4$, $f(2) = 17$, calculer le poly-nôme de degré 2 qui donne -1 pour $x = 0$, 4 pour $x = 1$, 17 pour $x = 2$.
$P(x) = ax^2 + bx + c$
$x = 0$ $a.0^2 + b.0 + c = -1$
$x = 1$ $a.\ 1^2 + b.1 + c = 4$
$x = 2$ $a.2^2 + b.2 + c = 17$
donc $c = -1$, $b = 1$, $a = 4$.
On trouve le polynôme $P(x) = 4x^2 + x - 1$.

3 À partir de $f(0) = -1$, $f(1) = 4$, $f(2) = 17$, $f(3) = 38$, calculer le polynôme de degré 3 qui donne -1 pour $x = 0$, 4 pour $x = 1$, 17 pour $x = 2$, 38 pour $x = 3$.
$P(x) = ax^3 + bx^2 + cx + d$...
donc $a = 0$, $b = 4$, $c = 1$, $d = -1$.
On trouve le polynôme $P(x) = 0.x^3 + 4x^2 + x - 1 = 4x^2 + x - 1$.

4 Etc.

1. Pour identifier une fonction $f(x)$ dont on sait seulement qu'elle est polynomiale (de la forme $f(x) = a_n x^n + a_{n-1} x^{n-1} + ...$), on suit l'algorithme indiqué. À partir d'un certain moment, on trouve toujours le même polynôme, qui est donc le bon. La méthode identifie le polynôme à la limite.

On dit que cette méthode d'inférence inductive réalise une *identification à la limite* : en l'appliquant à une fonction polynôme dont on prend connaissance des valeurs petit à petit, on ne peut pas savoir à partir de quelle étape on a trouvé la fonction qu'on cherche, mais on est certain qu'arrive un moment où les propositions d'identification se stabilisent sur le bon polynôme.

Le parallèle avec la pratique de la physique est évident : les physiciens sont prêts à abandonner la théorie qu'ils soutiennent si trop d'arguments s'opposent à son maintien, mais ils espèrent que, s'il y a une théorie ultime, ils finiront par la trouver. Peut-être d'ailleurs l'ont-ils déjà trouvée et ne le savent-ils pas, mais ils espèrent alors que leurs méthodes d'induction sont suffisamment bonnes pour qu'il ne soit plus nécessaire d'en changer : en un mot, les physiciens espèrent que leurs techniques d'induction constituent une méthode d'identification à la limite.

Revenons à nos polynômes : peut-on faire mieux? Autrement dit, peut-on trouver des familles de fonctions plus grandes que celle des polynômes et pour lesquelles il existe une méthode d'identification à la limite? Chercher des familles, identifiables à la limite, qui soient les plus grandes possibles est intéressant, car cela revient à chercher des méthodes d'induction faisant le moins d'hypothèses restrictives sur le monde dont elles tentent de reconnaître les lois. La réponse est OUI, et c'est l'un des résultats de base de la théorie de l'inférence inductive qui a été énoncé et démontré par Mark Gold en 1965.

L'identification par énumération

Avant d'expliquer le résultat général de M. Gold, donnons-en une conséquence intéressante : la famille des «fonctions primitives récursives» que nous allons définir est identifiable à la limite. La famille des fonctions primitives récursives, qui joue un rôle important en logique, est la famille de toutes les fonctions (à variables entières et à valeurs entières) dont on peut donner une définition en utilisant des fonctions constantes, des additions, des multiplications, des projections (au couple (x,y), on associe x), des compositions de fonctions, et des définitions par récurrence. Cette famille contient tous les polynômes, mais aussi bien d'autres fonctions comme la fonction $f(n) = n$-ième nombre premier. La fonction qui, à un entier associe son plus petit diviseur premier, est aussi primitive récursive *(voir la figure 3)*, ainsi que toutes les fonctions susceptibles d'intervenir dans un test d'intelligence, et en particulier les deux fonctions évoquées plus haut : «n-ième nombre premier impair» et «n-ième nombre impair non-carré».

Le fait que l'ensemble des fonctions primitives récursives soit identifiable à la limite signifie donc qu'il existe une méthode générale qui résout tous les tests d'intelligence du type envisagé plus haut, non pas en devinant le terme suivant, mais en devinant à partir d'un certain moment l'idée qu'a eu l'inventeur du test. Le procédé se trompera peut-être au début, mais, à partir d'une certaine étape, il fournira la bonne réponse et ne se trompera plus jamais ensuite.

Le résultat concernant la classe des fonctions primitives récursives, que nous noterons *PR*, est beaucoup plus puissant que celui concernant les fonctions polynômes, et pourtant sa démonstration reste élémentaire, car elle repose sur le fait qu'il existe une façon d'énumérer les fonctions de *PR*, pr_0, pr_1 ... pr_n ... selon la longueur des programmes qui les définissent *(voir la figure 2)*.

La méthode d'identification à la limite proposée par M. Gold pour *PR* est la suivante : à l'étape 0, lorsque $f(0)$ est connu, on recherche la première fonction de la liste pr_0 pr_1 ... pr_n ... qui prend la valeur $f(0)$ en 0; à l'étape 1, lorsque $f(0)$ et $f(1)$ sont connus, on recherche la première fonction de la liste pr_0 pr_1 ... pr_n ... qui prend les valeurs $f(0)$ en 0 et $f(1)$ en 1, etc.. À chaque fois que cette méthode est utilisée avec une fonction f de la classe *PR*, elle se stabilise, au bout d'un certain temps, sur la bonne fonction f.

Cette idée d'énumération étant introduite, il est facile de comprendre l'énoncé du résultat général de Gold : pour toute famille énumérable de fonctions (c'est-à-dire numérotée f_0 f_1 f_2 ...), il existe une méthode d'identification à la limite qui est la méthode de l'identification par énumération. Notons que le résultat général de Gold ne vaut que pour les fonctions définies pour tout entier n.

Programmation des inférences

Pour aller plus loin, il faut maintenant se poser des questions de calculabilité. On sait que toute fonction mathématique n'est pas calculable par ordinateur ; la fonction qui, à toute formule d'arithmétique élémentaire, associe 1 si elle est vraie et 0 sinon, n'est pas calculable par ordinateur. Donc, l'existence abstraite d'une fonction mathématique pour résoudre un problème ne signifie pas qu'on peut la mettre en œuvre sur machine.

On est donc amené à ne s'intéresser qu'aux méthodes d'induction programmables par ordinateur. Une telle exigence, si on l'adopte, peut être vue soit comme une exigence de clarté (si une méthode inductive est claire, on doit pouvoir en faire un programme), soit plus simplement comme une exigence d'applicabilité (pour qu'un robot ou un ordinateur applique la méthode, il faut qu'on la traduise en un programme). On peut discuter à l'infini pour savoir si les méthodes que le cerveau humain utilise pour faire de l'induction sont effectivement restreintes aux méthodes programmables ou non. Nous ne le ferons pas ici : libre à chacun de penser que les résultats concernant les méthodes inductives programmables ne concernent que les robots et les ordinateurs, ou nous concernent, nous, humains.

Le résultat de M. Gold indiqué plus haut doit être reformulé pour prendre en compte la question de la calculabilité. Il devient alors : pour tout ensemble E de fonctions énumérable par programme f_0, f_1 ... f_n ... (c'est-à-dire tel qu'il existe un programme qui pour tout n et tout m calcule $f_n(m)$), il existe une méthode programmable d'identification à la limite de E. L'ensemble des fonctions polynômes est énumérable par programme, et bien que cela soit moins évident, l'ensemble des fonctions primitives récursives aussi. Il en résulte que la classe très générale des fonctions primitives récursives est identifiable par programme, ce qui est assez remarquable.

La question suivante vient immédiatement à l'esprit : existe-t-il des classes de fonctions qui ne sont pas énumérables par programme? La

Identification par énumération de Gold

0 Rechercher parmi les fonctions p_0, p_1, p_2, p_3..., p_n... la première fonction qui coïncide avec f en 0.

1 Rechercher parmi les fonctions p_0, p_1, p_2, p_3, ..., p_n... la première fonction qui coïncide avec f en 0 et en 1.

2 Rechercher parmi les fonctions p_0, p_1, p_2, p_3, ..., p_n... la première fonction qui coïncide avec f en 0, en 1 et en 2.

3 Etc.

2. La méthode d'identification par énumération de Gold permet d'identifier à la limite toute fonction g d'une classe P qu'on sait énumérer p_0, p_1, p_2, p_3, ..., p_n, ... En effet, lorsque la fonction qu'on cherche à identifier est dans la liste p_0, p_1, p_2, p_3, ..., p_n..., la méthode de Gold finit par tomber dessus et, une fois tombée dessus, la méthode reste toujours sur la bonne fonction.

réponse est OUI et il y a une classe particulièrement simple de fonctions qui n'est pas énumérable par programme : la classe des fonctions programmables partout définies de *N* dans *N* que nous noterons *P* (et qu'on appelle aussi : classe des fonctions récursives totales).

Cette classe de fonctions est plus grande que la classe des fonctions primitives récursives, qui est elle-même plus grande que la classe des fonctions polynômes ; c'est le même raisonnement qui montre que la classe des fonctions programmables *P* est plus grande que la classe des fonctions primitives récursives *PR*, et qui montre que la classe des fonctions programmables n'est pas énumérable par programme : il s'agit d'une version du fameux raisonnement diagonal introduit par Cantor pour établir que l'ensemble des nombres réels ne peut pas être mis en correspondance bijective avec *N*.

En fait, Gold a aussi montré, dans son article de 1965, que *P* n'est pas identifiable à la limite par une méthode programmable *(ce raisonnement est expliqué à la figure 4)*. *P* n'est donc ni énumérable par programme, ni identifiable à la limite par programme.

La classe très générale des fonctions primitives récursives est énumérable par programme

A Exemple de programme montrant que la fonction qui, à *n*, associe son plus petit diviseur premier est primitive récursive :

```
entrer n;
bool := 1;
pour i := 2 à n faire [
    pour j := 1 à n faire [
    si [i*j = n et bool = 1] alors [bool := 0, p := i]]];
imprimer ("le plus petit diviseur de" n "est" p)
```

B Principe de l'énumération des fonctions primitives récursives

1 Énumérer, par ordre alphabétique, tous les programmes de longueur 1 (s'il y en a).

2 Énumérer, par ordre alphabétique, tous les programmes de longueur 2 (s'il y en a).

3 Énumérer, par ordre alphabétique, tous les programmes de longueur 3 (s'il y en a).

4 Etc.

3. La classe des fonctions primitives récursives est la classe de toutes les fonctions qu'on peut définir avec des additions, des multiplications, des projections (à *(x, y)* on associe *x*), des compositions de fonctions et des récurrences. On démontre que c'est aussi la classe de toutes les fonctions qu'on peut décrire dans un langage de programmation comportant les fonctions d'addition et de multiplication, les instructions d'entrées-sorties, entrer, imprimer, l'instruction d'affectation *a* := *b*, l'instruction [si ... alors ...], l'instruction [pour *i* := *p* à *q* faire ...], mais ne comportant pas l'instruction [go to ...]. Avec un tel langage, il est impossible d'écrire un programme qui boucle sans jamais s'arrêter. Grâce à cette caractérisation de la famille des fonctions primitives récursives en termes de programme, on peut énumérer toutes ces fonctions et appliquer la méthode d'identification par énumération de Gold.

Pas d'algorithme d'induction absolu

En matière d'induction, quel que soit l'algorithme qu'on utilise, ce n'est jamais le meilleur possible. En effet, toute fonction programmable *f* appartient à une classe énumérable par programme et donc, pour tout *f*, il existe une méthode d'identification à la limite programmable qui identifie *f*. Si un algorithme plus puissant que tout autre d'identification à la limite existait, il devrait donc identifier *P* dans sa totalité, et comme *P* n'est pas identifiable à la limite par programme cela signifie qu'il n'y a pas d'algorithme d'identification à la limite plus puissant que tout autre.

La leçon est claire : lorsque vous cherchez une méthode d'induction programmable, selon les hypothèses que vous adoptez, vous êtes en mesure d'identifier telle catégorie de fonctions ou telle autre, mais jamais vous ne pouvez vous défaire des hypothèses choisies : aucun programme d'induction n'est meilleur que tout autre, il est inutile, dans cette théorie, de rechercher un algorithme d'induction absolu.

Universalité de l'identification par énumération?

Même s'il n'y a pas de programme inductif général, la question se pose quand même de savoir si le principe d'identification par énumération de Gold est universel. Autrement dit : toute classe de fonctions identifiable à la limite l'est-elle par la méthode d'identification de Gold en choisissant bien l'énumération de fonctions? La réponse est NON si on impose aux méthodes recherchées d'être programmables et elle est OUI si on n'impose rien.

Le OUI peut être vu comme signifiant que, pour un esprit dont les capacités dépasseraient celles d'une machine, rechercher une bonne méthode d'induction est équivalent à rechercher une bonne énumération des fonctions possibles décrivant le monde : faire de l'induction, c'est classer! L'invraisemblance de cette conception trop simple du problème de l'induction peut être vue comme un argument en faveur de l'idée que le cerveau humain ne peut utiliser que des méthodes d'inférence programmables.

Dans le cas où l'on ne s'intéresse qu'aux méthodes programmables, l'universalité de la méthode d'énumération de Gold est le sujet d'une discussion un peu compliquée, mais qui mérite quelque attention.

D'abord il y a un résultat de 1971 dû au mathématicien russe J. Barzdin, de l'Université de Riga, qui construisit une classe de fonctions identifiable à la limite par programme, mais dont il montra qu'elle ne pouvait pas être identifiée par une méthode programmable d'identification par énumération. Ce résultat est important, car il prouve qu'une machine ne peut se contenter de faire de l'identification par énumération : d'autres ingrédients sont parfois nécessaires.

Cette conclusion a été récemment, remise en cause très subtilement par des résultats du mathématicien allemand Rolf Wiehagen, de l'Université Humboldt, à Berlin. Ce dernier a en effet soutenu dans un article de 1991, que certaines variantes des méthodes d'identification par énumération de Gold sont universelles. Il a en particulier proposé une variante de la méthode de Gold qui est universelle pour l'identification à la limite par programme. R. Wiehagen a aussi considéré d'autres modèles d'inférence que le modèle d'induction de l'identification à la limite, montrant, pour chacun d'eux, qu'une variante soigneusement choisie d'identification par énumération était universelle. La conclusion provisoire est donc que : *(a)* tel que, l'identification par énumération de Gold n'est pas un principe universel pour l'identification à la limite par programme, mais *(b)* légèrement modifiée, elle le devient. La question reste donc ouverte dans le cas général, et la thèse de Wiehagen, que toute classe de fonctions programmables qui peut être identifiée à la limite par programme, peut l'être par une méthode travaillant par énumération va sans doute donner lieu à des travaux intéressants dans les années qui viennent.

La prise en compte de la quantité de calculs nécessaire pour une identification complique encore le débat : il se peut par exemple que les programmes d'induction fondés sur des principes analogues à l'identification par énumération de Gold soient toujours inefficaces en temps de calcul, alors que d'autres fondés sur des idées comme l'interpolation soient beaucoup moins gourmands en calcul. La créativité serait alors nécessaire, non pas pour concevoir les programmes d'identification à la limite, mais pour en concevoir de rapides.

Aucune méthode programmable n'identifie à la limite toutes les fonctions programmables

Soit *M* une méthode programmable (supposée exister) identifiant à la limite toutes les fonctions programmables définies pour tout entier.

1 ***On propose à la méthode* M*, la fonction* f_1 *qui prend toujours la valeur 0. Initialisons la récurrence avec* $n_1 = 0$*.***

2 ***On propose alors à la méthode* M *les deux fonctions suivantes :***
celle qui vaut comme* f_1 *jusqu'à* n_1*, puis qui vaut ensuite 1,
celle qui vaut comme* f_1 *jusqu'à* n_1*, puis qui vaut ensuite 2.

Puisque la méthode *M* fonctionne correctement pour ces deux fonctions, il existe une étape $n_2 > n_1$ telle que *M* ne fait pas la même proposition à l'étape n_2 pour l'une de ces deux fonctions, que celle qu'elle fait pour f_1 à l'étape n_1. Soit f_2 cette fonction. Par définition, *M* fait, avec f_2, des propositions différentes aux étapes n_1 et n_2.

3 ***On propose alors à la méthode* M *les deux fonctions suivantes :***
celle qui vaut comme* f_2 *jusqu'à* n_2*, puis qui vaut ensuite 3,
celle qui vaut comme* f_2 *jusqu'à* n_2*, puis qui vaut ensuite 4.

Puisque la méthode *M* fonctionne correctement pour ces deux fonctions, il existe une étape $n_3 > n_2$ telle que *M* ne fait pas la même proposition à l'étape n_3 pour l'une de ces deux fonctions que celle qu'elle fait pour f_2 à l'étape n_2. Soit f_3 cette fonction. Par définition, *M* fait, avec f_3, des propositions différentes aux étapes n_2 et n_3.
Etc.

La fonction obtenue à partir de f_1, f_2, f_3, ..., f_n... (*f* vaut comme f_1 jusqu'à n_1, puis comme f_2 jusqu'à n_2, etc.) n'est pas identifiée à la limite par *M*, car la méthode *M* ne se stabilise jamais quand on lui propose *f*. Cette fonction *f* est programmable (car *M* est supposée programmable) et donc *M* ne peut pas exister.

4. Dans le raisonnement ci-dessus, le mathématicien se transforme en chasseur. Pour démontrer qu'aucune méthode ne permet d'identifier à la limite toutes les fonctions programmables totales, il tend un piège à une méthode *M* supposée avoir ces prétentions. Le mathématicien donne à *M* des fonctions et observe comment *M* se comporte. Il accumule ainsi des données sur *M*. Ces données permettent au mathématicien de concevoir des fonctions pour lesquelles *M* change souvent d'avis, puis enfin de concevoir une fonction pour laquelle *M* change une infinité de fois d'avis, et donc que *M* n'identifie pas correctement. Le mathématicien peut alors triompher : tu vois bien que tu n'existes pas!

Normes de rationalité

Outre des questions sur l'universalité du principe d'identification par énumération, les théoriciens de l'inférence inductive se sont attachés à étudier l'influence des normes de rationalité sur le pouvoir des méthodes d'induction.

Comme premier exemple de norme considérons la norme de conformité: «À l'étape n du programme d'identification à la limite (lorsque les valeurs de $f(0), f(1), ..., f(n)$ sont connues), ne proposer que des fonctions h qui soient conformes aux valeurs connues, c'est-à-dire telles que : $h(0) = f(0), ..., h(n) = f(n)$.

Bien que la norme de conformité soit particulièrement naturelle, se l'imposer est dangereux. En effet, Rolf Wiehagen a construit en 1978 une classe de fonctions qui est identifiable à la limite par programme, mais qui n'est identifiable à la limite par aucun programme satisfaisant la norme de conformité. En clair, cela signifie que, si un jour nous trouvons naturel de faire sur notre monde une hypothèse correspondant à cette classe et si nous nous imposons ensuite la norme de conformité dans nos investigations scientifiques alors nous risquerons de ne jamais trouver la bonne théorie scientifique de notre monde.

Les raisons de ce résultat mathématique peuvent être rapprochées d'une idée de bon sens : «pour faire bien, il faut parfois tolérer momentanément des erreurs ou des imprécisions» ; celui qui ne veut jamais prendre le moindre risque et qui reste collé à toutes les informations dont il dispose – ce qu'impose la norme de conformité – réussira moins bien dans certains cas que celui qui commet de petites imprudences, en se disant qu'il sera toujours temps de les rattraper lorsqu'il aura avancé.

La norme de falsifiabilité maximale est assez intéressante. Elle exige que «À l'étape n la fonction proposée à partir des données $f(0), f(1), ..., f(n)$ soit une fonction définie pour tout n». Les scientifiques, lorsqu'ils étudient un phénomène et en proposent une loi, préfèrent parfois ne pas prendre de risque et ne prédisent rien qui ne soit trop loin des conditions de l'expérience. Cette façon de se dérober en ne proposant que des théories aux ambitions modestes prémunit à bon compte les théories, car celles-ci ne pourront être contredites par des faits concernant des prédictions qu'elles ne font pas! Le philosophe K. Popper soutenait que, plus une théorie prend de risques, plus elle a de valeur.

Poussée à l'extrême, cette idée se révèle mauvaise, car elle conduit à cette norme de falsifiabilité maximale ; en 1979 les deux mathématiciens américains John Case et Ngo Manguelle ont montré, comme pour la norme précédente, qu'elle faisait perdre de la puissance inductive.

Une autre consigne a été étudiée récemment et doit être mentionnée, car elle prouve le bien fondé de certaines recherches en logique. La norme de monotonie impose que «À aucune étape de l'identification d'une fonction, la proposition faite ne doit être en contradiction avec les propositions faites auparavant». Il est

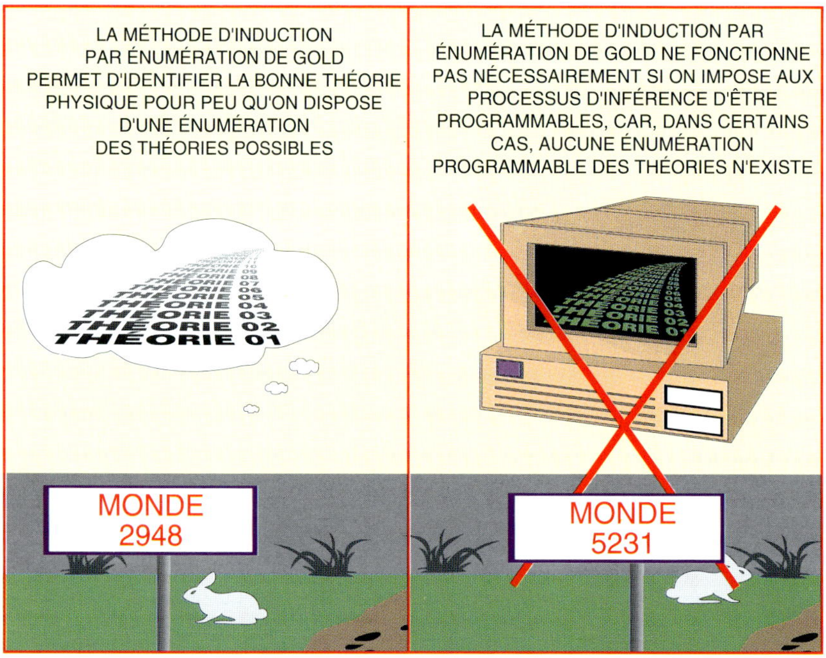

5. Pour faire de l'identification à la limite, le principe d'identification par énumération de Gold est-il suffisant? Si on n'impose pas au procédé d'identification recherché d'être programmable, la réponse est OUI, et donc faire de l'identification revient à constituer une classification, puis à l'exploiter par la méthode de Gold. Si, en revanche, on impose au procédé recherché d'être programmable, alors ce n'est plus vrai : certaines classes de fonctions identifiables à la limite ne le sont que par des procédés qui ne se réduisent pas à la méthode de Gold.

6. On peut montrer que, lorsqu'on fait de l'induction, s'imposer certains principes restreint le pouvoir de l'induction. La norme de conformité qui impose de ne proposer que des théories qui rendent compte de toutes les expériences (y compris celles qu'on n'arrive pas à refaire et qui semblent anormales) a été prouvée mauvaise. C'est le cas aussi de la norme de falsifiabilité maximale, qui impose de ne proposer que des théories générales, c'est-à-dire définies partout. Ici donc les résultats de la théorie de l'inférence inductive retrouvent et précisent les règles de bon sens. Dans d'autres cas, les résultats mathématiques sont plus étonnants.

possible à une méthode respectant la norme de monotonie de «ne pas trop se mouiller» en faisant peu de prédictions, mais, au fur et à mesure des expériences, elle ne doit pas revenir en arrière sur ce qu'elle a prédit auparavant» : les fonctions proposées doivent être de plus en plus définies. On comprend bien que, là encore, s'imposer le respect absolu de cette norme diminue le pouvoir inductif. Cela a été prouvé en 1991, ainsi que d'autres résultats plus forts du même type, par Klaus Jantke, de l'Université de Leipzig, en Allemagne. Les nombreuses études en cours sur le raisonnement non monotone – raisonnement permettant de revenir en arrière lorsque de nouvelles informations deviennent disponibles – y trouvent une justification nouvelle.

La norme d'élimination définitive impose de «ne jamais revenir à une fonction qu'on a abandonnée précédemment» et, contrairement aux précédentes, n'est pas restrictive : se l'imposer ne diminue pas le pouvoir des méthodes inductives.

De nombreux autres résultats de cette nature ont été proposés par les théoriciens de l'inférence inductive (voir, par exemple, le livre *Systems that learn* de D. Osherson, M. Stob et S. Weinstein, MIT Press, 1986). En particulier, on découvre que ne chercher que des théories qui ne soient pas inutilement longues (par exemple, qui ne dépassent pas le double de la théorie équivalente la plus courte) est restrictif ; que s'interdire de changer de théories plus de n fois est restrictif (ce n'est pas étonnant) ; qu'en revanche tolérer que la théorie proposée se trompe une fois (ou plusieurs fois) augmente le pouvoir des méthodes inductives ; que prendre en compte des méthodes inductives probabilistes ne donne bien souvent pas grand-chose d'intéressant, etc.

Bien que la portée de tous ces résultats soit difficile à évaluer à cause du modèle qui n'est, bien sûr, qu'une grossière caricature de la situation d'un chercheur scientifique, il n'en reste pas moins que ces théorèmes parfois très surprenants constituent des enseignements que la philosophie des sciences doit prendre en compte. L'intelligence artificielle, qui s'intéresse à l'apprentissage, et donc à l'induction, est aussi un lieu d'application privilégié de ces recherches. Si elle n'a pas pour l'instant pu tirer grand-chose des résultats des théoriciens de l'induction, cela est dû, là encore, à la trop grande simplicité des modèles étudiés et cela explique pourquoi de nouveaux modèles et de nouvelles idées sont aujourd'hui explorés (voir *Théorie de l'apprentissage*, par Stéphane Boucheron, éditions Hermès, 1992).

10

Les virus

Les virus et les vers informatiques constituent-ils une forme de vie?

Si le disque de votre ordinateur s'efface soudainement en affichant un message moqueur ou – moins cruel, mais très pénible pour les nerfs – si vous devez périodiquement taper «Chocolate chip» en réponse au message «Gimme cookie» pour que votre machine continue à fonctionner (il s'agit de l'effet produit par le *Cookie Monster* qui sévit dans le monde des ordinateurs compatibles PC), c'est que vos programmes sont contaminés par un virus informatique.

Qu'est-ce qu'un virus informatique? Quels en sont les différents types? Comment se répandent-ils? Que recherchent ceux qui les mettent au point? L'analogie avec la biologie est-elle justifiée? Nous aborderons ces questions en insistant particulièrement sur la dernière, qui ouvre des perspectives aussi délicates que passionnantes.

Vermine, Cheval de Troie, lapin, ver et virus

La faune des maladies informatiques est riche : même si l'on simplifie souvent en n'utilisant que le mot virus, une terminologie plus précise existe.

«Vermine» est le mot recommandé en français pour désigner toute erreur de programmation, mais il est moins utilisé que les mots équivalents «bug» ou «bogue» (au masculin ou au féminin, comme on veut!). Les verbes associés sont «déverminer», «débugger», «déboguer».

Plus qu'aux erreurs, nous nous intéresserons principalement aux programmes nuisibles créés délibérément par des programmeurs et dont un premier type est ce qu'on appelle le Cheval de Troie. Le nom Cheval de Troie s'inspire de l'antique ruse décrite par Homère dans l'*Iliade* : c'est un programme qui en cache un autre et qui, à vos dépens, exécute des opérations que vous ne soupçonnez pas. Un célèbre exemple est celui du programme d'évaluation des risques de contamination par le SIDA qui fut envoyé de la banlieue de Londres sous la forme d'une disquette à plus de 10 000 personnes du monde de l'informatique et de la médecine. Lorsque vous lanciez le programme, celui-ci vous interrogeait sur votre comportement, dans le but fallacieux de calculer vos risques d'attraper le SIDA, mais, au bout de quelque temps, à votre insu, il cryptait votre disque dur et le rendait inutilisable. Plus tard apparaissait à l'écran un message vous enjoignant de faire parvenir un chèque pour les droits du programme, en échange duquel vous deviez recevoir un code qui reconstituerait votre disque dur dans son état initial. La disquette était accompagnée d'une mise en garde explicite sur les dangers qu'on encourrait à utiliser le programme sans en acquitter les droits, mais, comme peu de gens prennent le temps de lire les documents accompagnant les logiciels (surtout s'ils sont envoyés gratuitement), de nombreuses personnes furent piégées.

Un Cheval de Troie fonctionne souvent à l'aide d'une bombe logique, c'est-à-dire qu'il n'exécute sa tâche nuisible que lorsque quelque chose de particulier se produit dans l'ordinateur : dépassement d'une date, effacement du nom de Monsieur X de la liste des employés de la Société Y, etc.

Un Cheval de Troie n'est jamais le résultat d'une erreur de programmation. En revanche, il peut se produire que, par erreur, un programmeur crée un programme qui se dédouble dans la mémoire de l'ordinateur et provoque l'exécution du nouveau programme, qui bien sûr alors se dédouble, etc. On appelle de tels programmes des lapins. On en a signalé, dès les années 1960, sur les ordinateurs de la gamme UNIVAC 1108. Lorsqu'un «lapin» est présent, il envahit toute la mémoire de l'ordinateur et ralentit ou interrompt son fonctionnement.

Quand un tel programme autoreproducteur a la capacité de circuler dans un réseau, on l'appelle un ver («worm»). Ce terme fut introduit dans le roman de science-fiction *Sur l'onde de choc*, de John Brunner, publié en 1975 (et en 1977 en version française aux éditions Robert Laffont), avant qu'aucun ver n'ait vraiment engendré de graves problèmes. Bien sûr, il n'est pas très commode de concevoir des vers, car les réseaux informatiques comportent de nombreux dispositifs de protection qui interdisent leur circulation. Les vers sont donc des productions volontaires dues à des programmeurs de très bon niveau. Les meilleures protections semblent pouvoir être contournées, et la preuve en fut donnée par une extraordinaire affaire qui s'est déroulée en novembre 1988 et a fait trembler toute la communauté informatiquc.

Un étudiant doué

Robert Morris, fils d'un expert en sécurité informatique, étudiant de l'Université Cornell, n'avait apparemment aucune intention malveillante, mais il connaissait très bien le réseau *Internet* (par des cours particuliers donnés par son père?), qui relie de nombreux centres de calcul aux États-Unis et partout dans le monde. Ayant repéré certaines faiblesses de ce réseau, il conçut un ver autoreproducteur qui déjouait tous les systèmes protecteurs, et il ne résista pas à la tentation d'en faire l'essai. L'essai fut concluant! Le ver s'insinua dans plusieurs milliers d'ordinateurs – on parle de 6 000 – et entraîna des dégâts qu'on a évalués à près de cent millions de dollars : machines rendues indisponibles, secteurs de réseaux coupés, heures supplémentaires de travail pour réparer et remettre en marche, etc. R. Morris fut assez vite identifié, car il ne cherchait pas vraiment à se cacher, et il aida lui-même à maîtriser le monstre qu'il avait créé et «lâché dans la nature». Un an après, des copies actives du ver de novembre 1988 étaient encore détectées.

Lors de l'audience où il comparut pour son forfait, on demanda à Morris s'il aurait pu modifier son ver pour qu'en plus de se répandre il efface les mémoires des ordinateurs contaminés et les mette gravement hors d'usage. Il répondit que cela aurait été très facile, car son ver accédait aux niveaux les plus profonds des machines qu'il infectait (ces niveaux sont habituellement réservés aux techniciens spécialisés, appelés ingénieurs systèmes, qui gèrent les centres de calcul). On imagine alors la catastrophe qui en aurait résulté. Notons que le roman de John Brunner évoqué plus haut était le roman favori de R. Morris.

Le ver est une entité autoreproductrice qui se répand partout où elle peut dans les mémoires des ordinateurs d'un réseau. Un ver est donc une sorte de parasite qui exploite le milieu artificiel des réseaux informatiques, comme certaines bactéries qui vivent dans les réseaux de canalisations d'eau des villes ou comme certains insectes

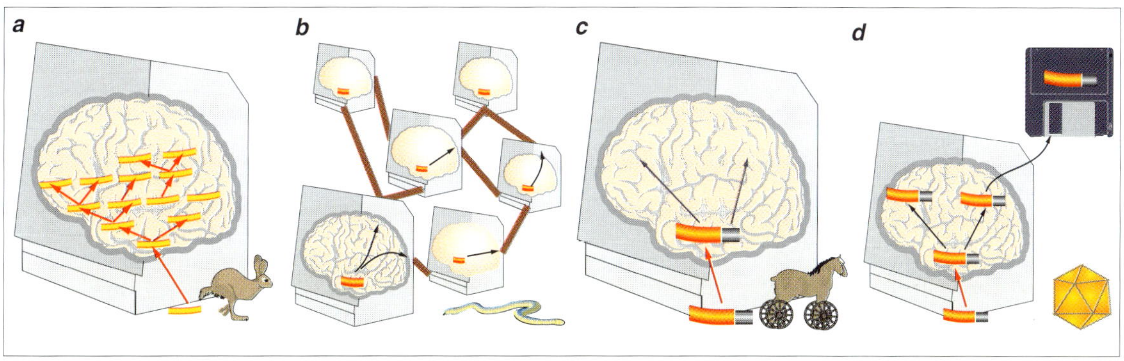

1. Un lapin est un programme qui se duplique lui-même et envahit progressivement toute la mémoire de l'ordinateur *(a)*. Un ver fait de même mais, à l'aide des réseaux d'ordinatcurs, passe d'un ordinateur à l'autre *(b)*. Un cheval de Troie est un programme qui, en plus de sa fonction spécifique, exécute une tâche cachée, par exemple effacer un fichier au hasard *(c)*. Un virus est un morceau de programme s'insérant dans d'autres programmes qui, de proche en proche, propageront l'épidémie.

qui vivent dans les silos de céréales et en prélèvent parfois des volumes importants. Le rôle des ingénieurs informaticiens est de maintenir stériles les réseaux informatiques, et ils réussissent plutôt bien : il est assez rare aujourd'hui que des vers y circulent.

Les virus informatiques s'insèrent dans les programmes

La différence entre un ver et un virus est que le virus informatique n'est pas un programme complet autonome : ce n'est qu'un bout de programme, généralement court (quelques centaines de caractères), qui s'insère dans les programmes (appelés alors programmes contaminés). Quand on exécute les programmes contaminés, la contamination diffuse sans nécessairement nuire gravement au bon fonctionnement du programme contaminé ou de l'ordinateur concerné.

Le virus passe inaperçu, car il ne fonctionne que lorsque vous lancez un programme contaminé. Et, bien sûr, il se transmet lorsque vous copiez un programme contaminé sur une disquette et que vous la donnez à un ami. On a même vu des éditeurs de logiciels vendre, sans le savoir, des programmes contaminés.

Les virus sont nuisibles, car ils ralentissent les ordinateurs qu'ils infectent et dont ils occupent l'espace mémoire. Plus grave, ils sont parfois conçus pour produire des effets nuisibles spéciaux. Aujourd'hui, on a recensé plus de 2 000 virus différents qui concernent principalement les micro-ordinateurs. Les ruses développées par les créateurs de virus se sont complexifiées, et l'on ne peut jamais être certain qu'un ordinateur n'en héberge pas un ou plusieurs.

Citons quelques exemples d'actions nuisibles que peuvent exécuter des virus. Le virus *n-vir* (plus précisément la souche A, qui semble aujourd'hui «éradiquée») utilisait le générateur de son des ordinateurs *Macintosh* et lui faisait prononcer «don't panic» («pas de panique»). Le virus *Score* sur *Macintosh* était destiné à endommager des applications de la Société *EDS*. On soupçonne un employé mécontent d'en être l'inventeur. Un virus spécialement attaché au logiciel de création de tableaux numériques *Lotus* 1-2-3 modifiait légèrement et sournoisement certaines valeurs des tableaux. Plus dolosif, on cite le cas d'une infection qui perturbait le fonctionnement de logiciels d'aide au diagnostic médical. D'autres virus engendrent des mouvements fous des têtes d'écriture des disques durs jusqu'à les mettre hors service.

Les motivations des créateurs de virus, de vers et autres monstres informatiques sont le plus souvent la provocation, le défi et le jeu. On peut comparer ces programmeurs aux dessinateurs de tags des murs de nos villes, qui utilisent leur temps, voire leur intelligence, dans un but inutile, pour la simple jouissance d'exister par l'intermédiaire de créations nuisibles (ou laides) : un de ces programmeurs portait un bonnet avec l'inscription «Hackito ergo sum» («je pirate donc je suis»). On a envie de leur dire : «Si vous êtes si malin, créez un logiciel qui vous rendra célèbre et riche.» En fait, les programmeurs de virus ne sont pas si malins que cela, et il est maintes fois arrivé qu'à la suite d'une erreur de conception ou de programmation un virus qui aurait dû être inoffensif soit dangereux, transformant ainsi une farce anodine en une invasion destructrice.

L'épée et le bouclier

Pour protéger les ordinateurs des virus dévastateurs, une industrie logicielle spécialisée s'est développée. Elle propose des logiciels antivirus chargés d'éviter les infections et pouvant même «soigner» les ordinateurs «malades»; ces logiciels portent des noms évocateurs : *Désinfectant, Antitoxin, Virus Rescue, PC-Cillin*, etc. On a suspecté les fabricants d'antivirus de créer de nouveaux virus, de façon à avoir de bons arguments de vente, mais personne n'a apporté d'éléments sérieux pour attester cette hypothèse. En revanche, les vents de panique, souvent liés à des dates «fatidiques» (les vendredis 13 sont particulièrement craints) profitent à cette industrie.

Dans la lutte qui oppose les fabricants de programmes antivirus et les programmeurs de virus, l'escalade des armes en est arrivée à un point étonnant.

Pour lutter contre les vers et les virus, on a très tôt eu l'idée d'utiliser des vers antivers et des virus antivirus. Ainsi la souche *A* du virus *n-vir* sur *Macintosh* (évoquée plus haut, et qui disait «Don't panic») était dangereuse, car elle effaçait des fichiers au hasard ; on créa donc une variante – la souche *B*, qui se substitue à la souche *A* et qui n'a pas d'effet nuisible (autre que de se répandre). Cette souche *B*, qu'il n'est pas rare aujourd'hui de rencontrer, s'est extraordinairement diffusée, au point d'ailleurs que notre laboratoire fut victime d'une épidémie générale de *n-vir-B* en 1989. L'ancienne version a, semble-t-il, totalement disparu, si bien que les collectionneurs de virus comme mon ami Philippe Devienne ne réussissent pas à en avoir d'exemplaires (un bon conseil : n'utilisez pas les disquettes de son DOS dans son dos). La technique de substitution par contre-infection, quoi que très astucieuse, est risquée – si, par exemple, on commet une erreur dans la programmation du ver antivers ou du virus antivirus –, aussi n'est-ce pas elle qu'on retient en général.

Un virus change le programme qu'il infecte, donc il en modifie la taille. On a donc eu l'idée, pour empêcher la contamination, de développer des programmes chargés de surveiller ce qui se passe dans l'ordinateur et d'interdire qu'aucun programme ne modifie la taille d'un autre. Certains logiciels antivirus utilisent cette idée. Les programmeurs ont mis au point des virus qui enlèvent (plus ou moins au hasard) un petit bout de programme – ce qui parfois est sans conséquence – de telle façon que la taille totale soit conservée. Beaucoup mieux même, certains virus sont conçus sur le principe suivant. Avant de s'insérer dans le programme visé, appelons-le P, le virus en extrait un bout, le compresse à l'aide d'un algorithme de compression de données qui lui est intégré, puis ajoute le morceau compressé à P et s'ajoute lui-même, de telle façon que la taille totale du programme modifié P' soit exactement la même que celle du programme original P. Au moment de l'exécution du programme contaminé P', le virus s'occupe en premier de décompresser la partie compressée, de manière que rien n'apparaisse à l'utilisateur dans le comportement de P'.

La réponse des programmeurs d'anti-virus à cette superbe astuce à été de faire des détecteurs de virus qui associent à tout programme une somme de contrôle – comme lorsqu'on fait une preuve par neuf, mais ici selon un procédé plus complexe et tenu secret – et qui vérifient que cette somme ne varie pas au cours du temps. C'est là une bonne méthode, semble-t-il.

La guerre s'est aussi portée sur ce qu'on appelle la signature des virus. Un virus n'est efficace que s'il est discret ; pour être discret, le virus ne doit infecter un programme qu'une seule fois ; donc, la plupart des virus, lorsqu'ils infectent un programme, laissent une signature dans le programme infecté, qui indique au virus qu'il ne faut pas infecter le programme une seconde fois. La signature est une suite particulière de 0 et de 1 qui apparaît dans tout programme contaminé, et bien sûr chaque virus possède la sienne propre.

2. Les motivations des programmeurs virus sont analogues à celles des dessinateurs de tags.

Cette signature est un point faible des virus, et c'est elle que nombre de logiciels antivirus exploitent. Ces programmes antivirus connaissent les signatures des virus identifiés et, lorsqu'une disquette est insérée dans l'ordinateur, ils vérifient qu'aucun programme de la disquette ne porte une signature connue par eux. On «vaccine» ainsi l'ordinateur contre tous les virus que ce logiciel sait identifier. Bien sûr, ces logiciels doivent être mis à jour pour tenir compte des nouveaux virus. C'est pourquoi, lorsque vous achetez un tel logiciel antivirus, vous êtes en général automatiquement abonné au service des mises à jour.

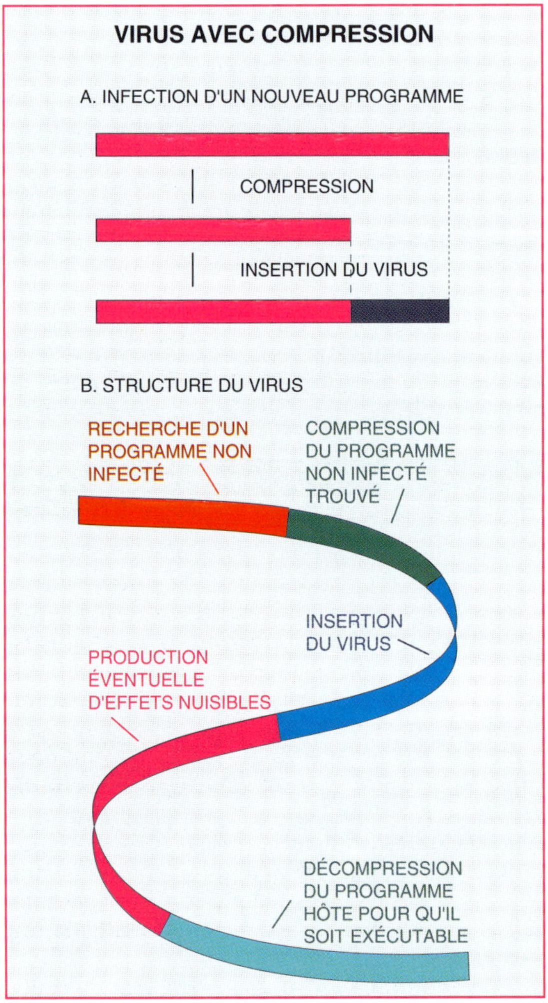

3. Dans la lutte qui oppose programmeurs de virus et programmeurs de logiciels antivirus, les ruses sont devenues complexes. Les virus avec compression en sont un exemple. Ce type de virus, pour éviter d'allonger le programme qu'il infecte (ce qui le rendrait repérable), se ménage de la place en compressant le programme infecté. Il se charge aussi de la décompression lorsque le programme infecté doit fonctionner (car, s'il l'empêchait de fonctionner, il se ferait repérer). Les logiciels antivirus qui, auparavant, vérifiaient que la longueur totale des programmes ne changeait pas, ont dû être perfectionnés : ils associent maintenant des sommes de contrôle qui ne doivent pas changer.

La méthode est très efficace contre tout virus identifié et elle a arrêté les épidémies les plus graves ; elle est parfois complétée par des systèmes de réparation : quand un virus est repéré, le logiciel antivirus, selon les cas, vous conseille de détruire le programme infecté (car il ne sait pas le soigner), ou vous propose de le réparer, soit en inactivant le virus – qui reste présent, mais cesse de se répandre et d'avoir des effets nuisibles –, soit en reconstituant le programme tel qu'il était avant l'infection.

Des virus polymorphes sont récemment apparus : ils mutent à mesure de la contamination, en changeant de temps en temps de signature, ce qui accroît la difficulté de la détection. On a aussi évoqué l'existence de virus sexués qui vont par paire et ne produisent un effet nuisible que s'ils sont présents simultanément dans un ordinateur. Cette stratégie, qui retarde le déclenchement de l'attaque, donne le temps à chaque élément de la paire de se diffuser indépendamment, sans qu'il se passe rien en apparence.

On n'a pas fini d'entendre parler des virus informatiques, car aucune méthode infaillible ne peut les identifier tous : cette affirmation n'est pas gratuite, elle résulte d'un théorème mathématique dû à Fred Cohen *(voir l'encadré de la page 85)*.

La terminologie *virus informatique* est-elle justifiée par une réelle analogie entre ce qui se passe en informatique et dans le monde biologique?

Notre description des vers et des virus justifient le langage utilisé. Les mots infection, épidémie, soin, guérison, éradication, souche, mutation, vaccin, empruntés au vocabulaire médical, sont employés sans qu'il y ait besoin de justifications, tant le parallèle saute aux yeux : les ordinateurs sont bien «rendus malades» par des dérèglements internes, susceptibles de se transmettre si l'on ne prend pas de mesures appropriées.

Virus biologiques

Cette analogie entre les maladies des ordinateurs et celles du monde biologique semble même pouvoir être précisée, à cause du parallèle évident entre les programmes dans la mémoire de l'ordinateur codés avec des 0 et des 1, et l'information génétique, codée sous la forme d'une chaîne de quatre caractères *A, C, G, T* (les nucléotides, ou bases), inscrite dans le génome d'une cellule et qui en constitue en quelque sorte «la mémoire».

Toutefois, si l'on souhaite prolonger ainsi le parallèle, alors l'expression virus informatique n'est pas très bonne, et les séquences dites «transposables» des biologistes (décrites plus loin) fournissent des équivalents bien meilleurs des virus informatiques.

En biologie, un virus est un être minuscule – plus petit qu'une bactérie – qui ne peut «vivre» que comme parasite, en exploitant les mécanismes biochimiques des cellules vivantes. En dehors d'une cellule, il est totalement inerte. Lui-même n'est pas une cellule, et l'on hésite à considérer qu'un virus est un être vivant à part entière. Les virus, comme les programmes ou bouts de programme auto-reproducteurs, sont dans une zone frontière entre le vivant et l'inerte. Le cycle de «vie» d'un virus se compose de trois phases : *(a)* sous la forme du virion, il pénètre dans la cellule ou simplement y injecte le code de ses constituants (soit de l'ADN, soit de l'ARN selon le type de virus); *(b)* l'usine biochimique de la cellule infectée exécute les ordres contenus dans le code injecté produisant les pièces élémentaires du virion (des protéines) qui, *(c)* s'assemblent, donnant naissance à de nouveaux virions. Ceux-ci tueront souvent la cellule infectée et, ainsi libérés, iront infecter d'autres cellules. Parfois le code du virus est inséré dans le génome de la cellule et peut y rester silencieux durant de longues périodes avant de s'exprimer.

Un virus informatique n'est pas vraiment comparable à cet être parasite, mais autonome, qui détourne à son profit l'usine biochimique de la cellule, car rien ne correspond vraiment au virion en informatique. L'analogie entre virus informatiques et virus biologiques ne résiste donc pas à un examen détaillé.

On peut imaginer que dans quelques dizaines d'années (ou quelques siècles?), des ordinateurs autoreproducteurs pourraient être infectés par des micro-robots mobiles : ces derniers introduiraient dans leur mémoire des programmes qui les détourneraient de leur tâche initiale, qui les forceraient à produire d'autres micro-robots mobiles, au lieu d'autres ordinateurs auto-reproducteurs. On aurait alors une analogie assez fine entre de tels micro-robots exploiteurs et les virus biologiques. C'est encore de la science-fiction : nous n'en sommes pas là!

Il existe en biologie quelque chose qui, je crois, est un bon candidat pour une analogie fine avec les virus informatiques : les séquences génétiques transposables.

L'INDÉCIDABILITÉ DE L'INFECTION

DÉFINITION : UN PROGRAMME INFECTÉ EST UN PROGRAMME QUI EN MODIFIE AU MOINS UN AUTRE.

SUPPOSONS QUE NOUS AYONS ÉCRIT UN PROGRAMME **DÉTECTEUR** QUI INDIQUE SI UN PROGRAMME DONNÉ EST UN PROGRAMME INFECTÉ OU NON. SOIT LE PROGRAMME **PIÈGE** DÉFINI PAR :

> SI **DÉTECTEUR** APPLIQUÉ À **PIÈGE** DONNE LE RÉSULTAT *OUI*, ALORS NE RIEN FAIRE.
>
> SI **DÉTECTEUR** APPLIQUÉ À **PIÈGE** DONNE LE RÉSULTAT *NON*, ALORS CHOISIR UN PROGRAMME DANS LA MÉMOIRE ET L'INFECTER, C'EST-À-DIRE Y INSÉRER PIÈGE.

PIÈGE EST-IL UN PROGRAMME INFECTÉ?

SI LA RÉPONSE EST *OUI*, ALORS **PIÈGE** NE FAIT RIEN AUX PROGRAMMES ET **PIÈGE** N'EST PAS UN PROGRAMME INFECTÉ, C'EST UNE CONTRADICTION.
SI LA RÉPONSE EST *NON*, ALORS **PIÈGE** INFECTE UN PROGRAMME ET DONC EST UN PROGRAMME INFECTÉ, CE QUI EST ENCORE UNE CONTRADICTION.
IL EN RÉSULTE QUE **DÉTECTEUR** NE PEUT EXISTER.

CONCLUSION : IL N'EXISTE PAS DE DÉTECTEUR UNIVERSEL DE PROGRAMMES INFECTÉS.

Une séquence transposable est une séquence d'ADN qui peut se recopier grâce à des enzymes spécialisées (codées, en général, dans la séquence elle-même), qui en permettent l'insertion ailleurs dans le génome de la cellule. Une séquence transposable se dissémine en de multiples exemplaires dans le génome d'une cellule par le seul fait de sa capacité à se dupliquer et à voyager d'un endroit à un autre. En plus de ce qui permet leur insertion, certaines séquences transposables comportent, le code de protéines particulières et, par exemple, on connaît des séquences transposables chez les bactéries qui confèrent à celles-ci une résistance à des antibiotiques.

La séquence L1, d'une longueur de 6 000 caractères, chez l'homme et chez les vertébrés, est une séquence transposable présente en environ cent mille exemplaires – parfois incomplets – dans le génome.

La séquence ALU, chez l'homme et chez les primates, est plus courte (300 caractères), mais existe en près d'un million d'exemplaires, représentant 10 pour cent de la totalité du génome humain. Elle est trop courte pour coder elle-même les enzymes qui permettraient sa transposition, mais elle réussit à exploiter les mécanismes biochimiques de la cellule à son profit pour se disséminer. Le génome du chimpanzé comporte trois fois moins de séquences ALU et deux fois moins de séquences L1 : cela suggère que l'invasion de notre génome par ces séquences transposables est assez récente et se poursuit encore maintenant.

On le voit, les séquences transposables semblent se multiplier dans le génome en exploitant l'usine biochimique de la cellule exactement comme un virus informatique se multiplie sur le disque de votre ordinateur, détournant à son profit le système d'exploitation de l'ordinateur.

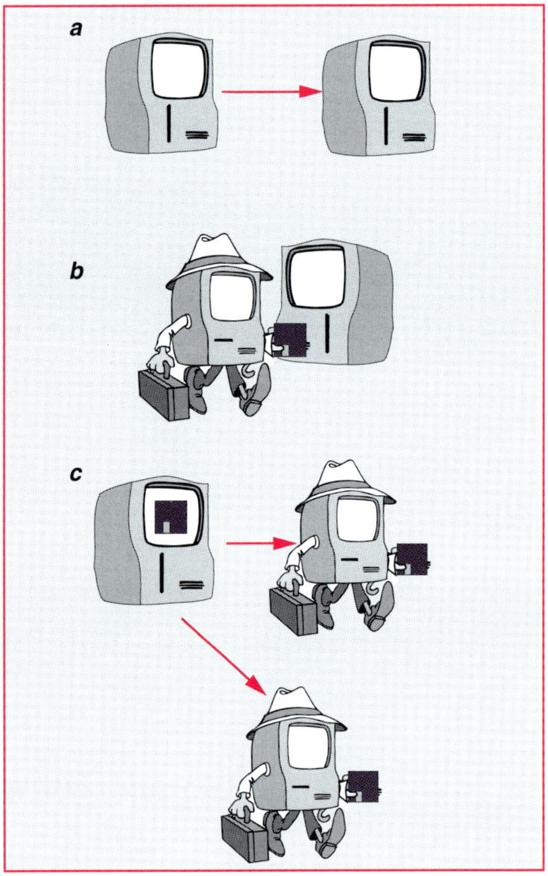

4. Von Neumann a prouvé qu'on pouvait concevoir des ordinateurs autoreproducteurs : il en a construit un dans un univers mathématique simplifié, montrant ainsi qu'il n'y avait aucune impossibilité logique à l'existence d'ordinateurs autoreproducteurs. On peut imaginer que, dans l'avenir, nous saurons construire de tels ordinateurs autoreproducteurs. On pourra alors assister à des infections analogues à celles des virus biologiques : des micro-robots mobiles, en insérant leurs propres programmes, pourront détourner la machinerie des ordinateurs autoreproducteurs à leur profit pour que ceux-ci produisent d'autres micro-robots mobiles.

Si ces séquences transposables ne sont là que parce qu'elles ont la propriété de se recopier et qu'elles n'ont aucune fonction particulière dans les mécanismes biochimiques d'une cellule, alors elles sont les équivalents biologiques de ce qu'on appelle à tort les virus informatiques et qu'on devrait donc appeler séquences transposables de programme.

Rien n'est simple

Mais, comme souvent en biologie, tout se complique : on n'est pas certain du tout que les séquences transposables comme ALU ou Ll ne jouent aucun rôle et soient donc de purs parasites. L'exemple des séquences transposables porteuses de gènes conférant aux bactéries la résistance à des antibiotiques montre déjà que certaines séquences transposables ont une utilité.

La question de savoir si certaines séquences transposables sont vraiment des parasites – donc l'équivalent exact des virus informatiques – est le sujet d'un débat encore ouvert aujourd'hui. Que des parties du génome puissent n'être là que parce qu'elles ont la propriété de se dupliquer est une idée à la fois séduisante et gênante. Des discussions contradictoires sur ce thème animent donc depuis une quinzaine d'années les biologistes.

L'idée est séduisante, car, après tout, le monde biologique est rempli de parasites, et, à partir du moment où un parasite n'est pas trop agressif, on peut tout à fait imaginer qu'il s'installe définitivement dans son hôte involontaire. Les séquences transposables (du moins certaines d'entre elles) peuvent donc être des séquences parasites qui «vivent» dans le génome, parce qu'elles ne lui nuisent pas trop, et que celui-ci, n'ayant pas de moyen de les éliminer, s'en accommode. Une autre raison d'accepter l'idée des séquences parasites est que la taille des génomes n'est pas directement liée à la complexité des êtres vivants auxquels ils appartiennent. Certaines plantes possèdent un génome 100 fois plus long que le génome humain. On évalue que la partie du génome humain qui code pour des protéines est inférieure à cinq pour cent du génome entier, le reste n'ayant pas d'utilité bien établie aujourd'hui.

Toutefois, l'hypothèse de séquences parasites dans le génome est en même temps une idée gênante. Elle contredit le principe darwinien que tout est ajusté au mieux dans le monde du vivant : la sélection naturelle aurait sans doute éliminé les organismes dont le génome se laisse envahir par des séquences parasites qui consomment une certaine énergie, des composés chimiques, et du temps lors, de la duplication des chromosomes.

Une autre raison empêche de considérer les séquences ALU ou Ll, ou autres séquences répétitives du génome, comme des séquences parasites : on envisage aujourd'hui qu'elles remplissent certaines fonctions. Chez les plantes, il semble qu'elles interviennent dans le brassage génétique qui (comme la sexualité) permet une adaptation en réponse à des changements brusques de l'environnement. On a constaté des salves de transpositions chez certaines plantes, en réponse à des stress intenses comme l'exposition à des rayons X ou gamma, ou lors d'infections bactériennes. On envisage aussi que la séquence ALU pourrait jouer un rôle dans les mécanismes des recombinaisons (échanges de brins entre ADN de séquences similaires) qui se produisent avec une efficacité déconcertante et inexpliquée.

La nature laisse rarement inutilisé un matériel dont elle dispose et donc, même si à un moment donné il y a eu des séquences parasites, il est vraisemblable qu'elles ont été intégrées dans les mécanismes généraux de fonctionnement des cellules et qu'aujourd'hui elles y participent utilement. Philippe Herbomel, de l'Institut Pasteur, à Paris, défend l'idée que les séquences transposables ont leur place dans «la cohérence fonctionnelle du génome». Comme pour les parasites animaux, qui finissent parfois par vivre en symbiose avec leur victime, au point même dans certains cas de former un seul être avec lui (on envisage une telle explication pour l'origine des cellules à noyaux, qui seraient le résultat de symbioses successives entre organismes plus simples), il semble raisonnable aujourd'hui de parier que la plupart des séquences transposables participent au fonctionnement général de la cellule – même si, à l'origine, elles furent de purs parasites.

On le voit donc, la conclusion est loin d'être définitive et si un parallèle peut être défendu globalement entre les phénomènes d'infection des programmes et les maladies des êtres vivants, ce parallèle ne s'étend pas facilement dans le détail.

Après tout, ce n'est peut-être pas étonnant, puisque les programmes et les ordinateurs sont des objets produits intentionnellement par l'esprit de l'homme sur une échelle de temps très courte, alors que les êtres vivants ont pour origine l'évolution et la sélection naturelle, qui se sont déroulées pendant des milliards d'années et sont donc le résultat d'un processus non intentionnel très long – l'horloger aveugle, comme l'appelle Richard Dawkins.

11

L'altruisme récompensé ?

Des simulations informatiques montrent qu'il vaut mieux être bon que méchant, indulgent que rancunier, réactif qu'insensible.

Le locataire de l'appartement à côté du vôtre passe des disques de hard rock le soir après dix heures ; en représailles, vous mettez sur votre chaîne stéréo des disques d'opéra, ce qui a pour conséquence que, le lendemain, il recommence et vous oblige à réagir encore en passant vos opéras. Vous regrettez l'ancien locataire que vous n'entendiez jamais et que vous vous efforciez de ne pas gêner. Vous vous interrogez alors : le meilleur moyen de calmer votre voisin ne serait-il pas de renoncer vous-même à écouter de la musique?

Peut-être serez-vous heureux d'apprendre que vous vous trouvez dans la situation que les théoriciens des jeux appellent le «dilemme itéré des prisonniers» et que les simulations par ordinateur qui en ont été faites, il y a quelques années, par Robert Axelrod, professeur de sciences politiques à l'Université d'Ann Arbor dans le Michigan, ont mené à des résultats particulièrement étonnants. Philippe Mathieu, du Laboratoire d'informatique fondamentale de Lille, et moi avons réalisé quelques expérimentations qui complètent et confirment les conclusions de R. Axelrod. Nous allons les commenter avant de présenter, dans le chapitre 12, une variante plus réaliste de ce jeu, que nous avons testé avec l'aide des lecteurs de *Pour la Science*. Nous verrons en cours de route que l'importance de ces simulations informatiques est telle que les théoriciens de l'évolution en utilisent maintenant les conclusions pour expliquer certains aspects des phénomènes coopératifs entre individus d'une même espèce ou entre espèces différentes, et notamment l'altruisme qui s'insérait mal dans la vision darwinienne classique.

Le dilemme des prisonniers

Rappelons l'histoire (imaginaire?) à l'origine de l'appellation «dilemme des prisonniers». Deux suspects porteurs d'armes ont été arrêtés devant une banque et mis dans deux cellules de prison séparées. Les deux prévenus ne peuvent pas communiquer et doivent choisir entre avouer qu'ils s'apprêtaient à commettre un hold-up ou ne rien avouer. Les règles que le juge leur impose sont les suivantes : si l'un avoue et pas l'autre, celui qui avoue sera libéré en remerciement de sa collaboration et l'autre sera condamné à cinq ans de prison ; si aucun n'avoue, ils ne seront condamnés qu'à deux ans de prison, pour port d'arme illégal ; et si les deux avouent, ils iront chacun faire quatre ans de prison.

Chaque prisonnier peut raisonner ainsi : «première hypothèse : mon ami avoue, et mon intérêt est d'avouer aussi, puisqu'alors j'écoperai de quatre ans de prison au lieu de cinq ; deuxième hypothèse : mon ami n'avoue pas, c'est clair aussi, j'ai intérêt à avouer, puisqu'on me libérera. Conclusion : dans les deux cas possibles, j'ai intérêt à avouer. Je vais donc avouer». Pourtant, si chacun des prisonniers avoue, alors ils seront tous deux condamnés à quatre ans de prison, alors qu'ils auraient pu, en se taisant tous les deux, n'avoir que la peine de deux ans pour port d'arme illégal. Ce paradoxe est imparable : bien que leur intérêt commun soit de rester solidaires en n'avouant rien, chacun à intérêt personnellement à trahir son ami. Vous pourrez tourner le problème dans tous les sens, rien n'y fait.

Cette situation est exemplaire du problème de la coopération et analogue à celle que vous subissez chaque soir avec votre voisin. Décrivons-la de manière un peu plus abstraite : deux entités peuvent choisir entre coopérer (notation c) ou trahir (notation t) ; si l'une trahit et l'autre coopère (partie $[t,c]$), celle qui trahit obtient un gain de T unités, et celle qui coopère – et s'est donc fait duper – obtient un gain (en général négatif) de D unités. Lorsque les deux entités coopèrent (partie $[c, c]$), elles gagnent chacune C unités en récompense de leur association, et lorsqu'elles trahissent toutes les deux (partie $[t, t]$), elles gagnent P unités pour s'être laissés piéger mutuellement. Dans le cas du dilemme des prisonniers, les coefficients sont négatifs (car ce sont des années de liberté perdues) et on a $T = 0$ (bénéfice de la trahison), $D = -5$ (pénalité du dupe), $C = -2$ (récompense pour la coopération mutuelle), $P = -4$ (prix à payer pour être tombé dans le piège tendu par le juge).

Dans le cas du conflit avec votre voisin, évaluons à 5 le plaisir d'écouter tranquillement de la musique après dix heures du soir sans que votre voisin en fasse autant, évaluons à 0 le déplaisir de supporter sans réagir une musique qu'on n'aime pas, évaluons à 3 la satisfaction d'une soirée sans musique du tout, et à 1 le «plaisir» d'entendre sa musique préférée mêlée à une autre musique qu'on n'aime pas. Les coefficients sont $T = 5$, $D = 0$, $C = 3$, $P = 1$. À une constante additive près, 5, ce sont les mêmes que dans le dilemme des prisonniers. Dans le cas général, pour qu'il y ait dilemme, il faut que $T > C > P > D$ et $(T + D)/2 < C$. Cette dernière inégalité évite qu'il soit plus intéressant aux entités de s'entendre pour, à tour de rôle, trahir et se faire duper (série de parties $[c, t]$ $[t, c]$ $[c, t]$ $[t, c]$...) plutôt que de coopérer (série de parties $[c, c]$ $[c, c]$ $[c, c]$ $[c, c]$...).

Dans le cas des prisonniers, il est peu probable que le problème se pose aux deux personnages plus d'une fois ; en revanche, c'est tous les soirs que vous vous retrouvez à côté de votre voisin : vous êtes dans la situation du «dilemme itéré des prisonniers». Il en existe bien d'autres exemples. Deux pays frontaliers doivent-ils lever des taxes douanières importantes sur les produits importés venant du voisin? Deux entreprises concurrentes doivent-elles s'entendre pour se partager le marché ou se faire une concurrence sauvage? Deux espèces vivant sur un même territoire doivent-elles cohabiter pacifiquement ou se disputer les ressources disponibles, etc.? La généralité du dilemme provient de ce qu'il est présent même si les deux entités occupent des rôles non symétriques, et même si les récompenses pour l'une ne sont pas comparables aux récompenses de l'autre : seul importe le classement indiqué plus haut.

Stratégies, confrontations et scores

Lorsque la situation du dilemme est itérée, le jeu devient très intéressant, car la question ne se pose plus sous la forme «trahir ou coopérer?», mais sous la forme «quelle stratégie faut-il adopter en fonction du comportement passé de l'entité adverse«? Donnons quelques stratégies :

GENTILLE : «Je coopère toujours, quoi qu'ait fait l'autre dans les parties précédentes.»

MÉCHANTE : Je trahis toujours.

LUNATIQUE : À chaque partie, je choisis au hasard de coopérer ou de trahir à l'aide d'un tirage à pile ou face.

DONNANT-DONNANT : À la première partie, je coopère ; ensuite, je fais ce que l'autre a fait à la partie précédente : s'il a trahi à la partie n, je trahis à la partie $n + 1$ et, s'il a coopéré à la partie n, je coopère à la partie $n + 1$.

RANCUNIERE : Je coopère tant que l'autre coopère, mais si à un moment il trahit, alors je trahirai dans toutes les autres parties.

D'autres exemples de stratégies sont indiquées sur la figure 2.

Donnons encore quelques précisions sur les règles du jeu, et sur ce que peut être une stratégie. Nous supposons que les deux protagonistes ne peuvent pas passer d'accord : la seule information qu'un protagoniste possède sur l'autre est son comportement passé. Les choix des deux protagonistes lors de la

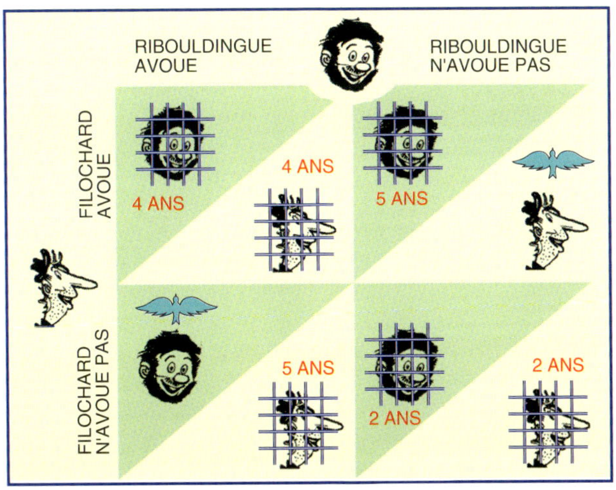

1. DILEMME DES PRISONNIERS. Chacun des deux inculpés peut soit avouer, soit ne pas avouer ; pour chacune des quatre combinaisons, les peines respectives sont représentées.

partie numéro n sont faits simultanément. Une stratégie est donc une règle qui permet de déterminer, en fonction du passé, et éventuellement à l'aide de tirages au sort, s'il faut coopérer ou trahir à l'étape n. Bien sûr, lors de la première étape, une stratégie doit s'appliquer sans aucune information sur l'entité adverse.

Dans la règle du jeu, il n'est pas possible de renoncer à jouer une partie, et le nombre de parties dans une confrontation n'est pas connu à l'avance. Si ce n'était pas le cas, on tomberait dans une situation où un autre paradoxe , appelé paradoxe de la surprise (ou du pendu) s'appliquerait : «Si je sais qu'il y a exactement dix parties à jouer, d'après le raisonnement vu tout à l'heure, à la dixième, j'ai intérêt à trahir, ainsi que mon adversaire. En fait, notre intérêt individuel est patent ; c'est donc comme s'il n'y avait pas de partie numéro 10. Mais alors, c'est la partie numéro 9 qui est la «vraie» dernière partie, et donc nous devons trahir à la partie numéro 9, etc.»

Lorsqu'une confrontation a eu lieu, on peut mesurer le score des deux adversaires en additionnant les résultats de chaque partie. Sur une confrontation de 1 000 parties avec les coefficients $T = 5, D = 0, C = 3, P = 1$, le gain maximum est de 5 000 et le gain minimum de 0, et c'est effectivement ce qu'obtiennent respectivement les stratégies MÉCHANTE et GENTILLE quand elles s'opposent, car leur confrontation donne $[t, c]\,[t, c]\,[t, c]$..., ce qui rapporte $T = 5$ à la première et $D = 0$ à la seconde pour chaque partie. Deux stratégies GENTILLE l'une contre l'autre obtiennent 3 000, deux MÉCHANTE l'une contre l'autre doivent se contenter du score de 1 000 chacune.

Meilleures stratégies ?

Maintenant que les règles sont clarifiées, la question posée est : y a-t-il une meilleure stratégie? Tout dépend de ce qu'on entend par meilleure stratégie.

Tout d'abord, si par meilleure stratégie, on entend une stratégie qui n'obtient jamais, dans une confrontation, un score plus faible que celui de son adversaire, alors la réponse est oui, la stratégie MÉCHANTE est la meilleure. Dans chaque partie, elle obtient au moins autant que son adversaire, et donc, au total, elle obtient au moins autant que son adversaire. Toutefois, être la meilleure en ce sens-là n'est pas très intéressant, car, à moins de trouver beaucoup de stratégies naïves, on risque de faire de petits scores en moyenne, en particulier contre RANCUNIERE et DONNANT-DONNANT. MÉCHANTE ne se fera jamais battre par personne, mais à quel prix! Notons quand même qu'on rencontre des gens qui semblent croire que ne jamais se faire battre est une bonne stratégie : jamais ils ne prennent le risque de perdre quoi que ce soit et, lorsqu'ils peuvent faire une vacherie, ils n'y manquent pas. Il ne faut pas confondre deux objectifs différents : «faire de bons scores» et «battre tout le monde» ; ceux qui jouent la stratégie MÉCHANTE se trompent en croyant jouer une stratégie qui donne de bons scores : ils battent tout le monde, mais obtiennent de mauvais scores!

Maintenant, si par meilleure stratégie on entend une stratégie qui fasse le meilleur score possible face à toute autre stratégie, alors maintenent la réponse est non : il n'y a pas de meilleure stratégie. Supposons qu'il y ait une meilleure stratégie dans ce sens-là, alors nécessairement elle doit trahir au premier coup, car, confrontée à la stratégie MÉCHANTE, c'est ce qu'il faut faire, et si on ne trahit pas dès le premier coup, on ne peut pas rattraper le handicap du premier coup ; mais si cette stratégie trahit au premier coup, alors face à RANCUNIERE, elle ne fait pas le meilleur résultat possible, puisqu'elle fait moins bien que la stratégie GENTILLE et que là encore le handicap est irrattrapable, car RANCUNIERE par définition ne pardonne jamais. En clair, une stratégie sera bonne, face à certaines et mauvaise face à d'autres, et cela est inévitable, car on ne peut pas savoir à l'avance à qui on a affaire.

On mesure encore mieux la difficulté de comparer dans l'absolu les stratégies en remarquant qu'il existe des triplets de stratégies tels que : la 1 bat la 2, la 2 bat la 3, la 3 bat la 1. Voici un exemple d'un tel triplet non transitif :

PÉRIODIQUE-MÉCHANTE : je joue périodiquement : trahir, trahir, coopérer, trahir, trahir, coopérer, etc.

PÉRIODIQUE-GENTILLE : je joue périodiquement : coopérer, coopérer, trahir, coopérer, coopérer, trahir, etc.

MAJORITÉ-MOU : je compte le nombre de trahisons de l'autre et le nombre de coopérations, et je joue ce que l'autre a choisi en majorité ; au premier coup, ou lorsqu'il y a le même nombre de coopérations que de trahisons, je coopère.

En exploitant la même idée, on construit des ensembles de ce genre avec N stratégies au lieu de 3. De même, il existe des hiérarchies infinies de stratégies $S1, S2, S3, ..., Sn, ...$, avec $S2$ plus fort que $S1$, $S3$ plus fort que $S2$, etc. En voici un exemple :

STRATÉGIE Sn : je joue périodiquement : trahir $(2^n - 1)$ fois, puis coopérer une fois, puis trahir $(2^n - 1)$ fois, puis coopérer une fois, etc.

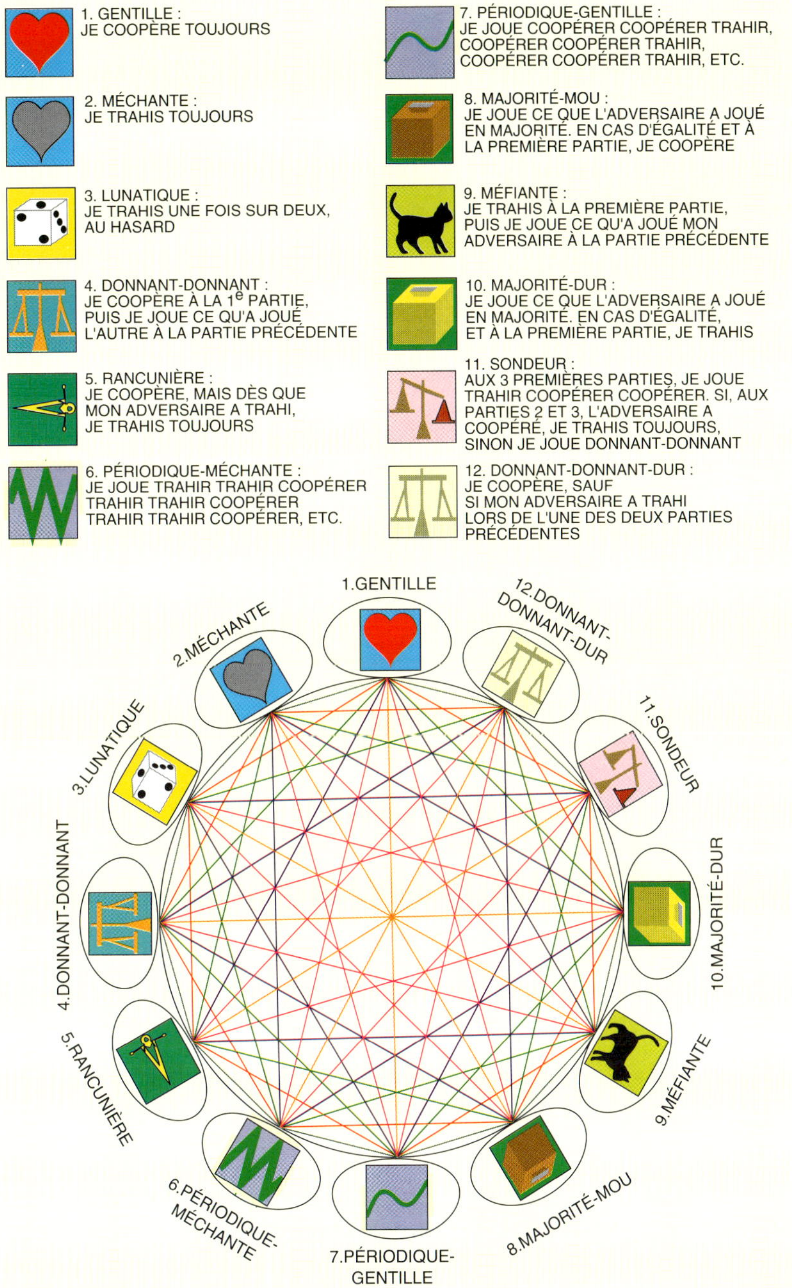

	1	2	3	4	5	6	7	8	9	10	11	12
1	3 000	0	1 506	3 000	3 000	999	2 001	3 000	2 997	2 997	6	3 000
2	5 000	1 000	2 998	1 004	1 004	2 332	3 668	1 004	1 000	1 000	1 008	1 004
3	3 994	500	2 234	2 229	495	1 657	2 839	2 387	2 246	2 305	2 036	1 412
4	3 000	999	2 227	3 000	3 000	1 998	2 667	3 000	2 500	2 500	2 999	3 000
5	3 000	999	3 039	3 000	3 000	2 331	3 663	3 000	1 003	1 003	1 007	3 000
6	4 334	667	2 510	2 003	671	1 666	3 335	671	1 999	667	2 006	671
7	3 666	333	1 984	2 667	343	1 665	2 334	3 666	2 664	3 663	2 664	1 671
8	3 000	999	2 197	3 000	3 000	2 331	2 001	3 000	2 500	2 500	2 999	3 000
9	3 002	1 000	2 249	2 500	1 003	1 999	2 669	2 500	1 000	1 000	3 000	1 003
10	3 002	1 000	2 222	2 500	1 003	2 332	2 003	2 500	1 000	1 000	2 501	1 003
11	4 996	998	2 348	2 999	1 002	1 996	2 669	2 999	2 995	2 496	1 004	1 005
12	3 000	999	2 632	3 000	3 000	2 331	3 331	3 000	1 003	1 003	1 010	3 000

2. DOUZE STRATÉGIES POSSIBLES parmi une infinité. On a représenté sur le tableau du bas les résultats de 1 000 confrontations un contre un. Par exemple, la confrontation de MÉCHANTE contre DONNANT-DONNANT donne la suite de parties [*t*, *c*] [*t*, *t*] [*t*, *t*] [*t*, *t*] [*t*, *t*], ..., c'est-à-dire 5 + 999 × 1 = 1 004 pour MÉCHANTE, et 0 + 999 × 1 pour DONNANT-DONNANT. Dans une partie [*t*, *c*], celui qui a trahi gagne cinq points, et celui qui a coopéré (et s'est donc fait rouler) gagne 0 point ; dans une partie [*c*, *c*], chaque joueur gagne trois points et, dans la partie [*t*, *t*], chaque joueur gagne un point.

Même s'il n'y a donc pas de stratégie meilleure dans l'absolu, il est évident que toutes les stratégies ne se valent pas : certaines sont visiblement trop gentilles, d'autres semblent trop susceptibles, d'autres trop peu réactives, etc. Puisque les confrontations deux par deux ne permettent pas de distinguer ce qu'est une bonne stratégie d'une mauvaise, organisons une confrontation généralisée : prenons un ensemble de stratégies et faisons combattre chacune d'elles contre toutes les autres. En mesurant les scores cumulés de chacune, nous classons les stratégies en fonction de leurs scores cumulés. Bien sûr, il faut faire cette simulation avec un ordinateur. Sur les figures 2 et 3, on a indiqué les résultats de telles confrontations. Ils ont été obtenus par un programme de Ph. Mathieu – écrit en C – et que nous pouvons faire parvenir aux lecteurs intéressés.

Le résultat dépend de l'ensemble des stratégies qui se sont affrontées : une stratégie bonne dans un certain «environnement» peut être mauvaise dans un autre environnement : sur la figure 3, nous avons indiqué le classement obtenu par les stratégies lorsqu'on fait varier l'environnement (c'est-à-dire l'ensemble des stratégies opposées).

Scores dans une confrontation généralisée avec des combats de 1 000 parties

Classement et scores dans une confrontation généralisée des 12 stratégies

DONNANT-DONNANT (30 890), MAJORITÉ-MOU (30 527), RANCUNIÈRE (28 045), SONDEUR (27 507), PÉRIODIQUE-GENTILLE (27 320), DONNANT-DONNANT-DUR (27 309), GENTILLE (25 506), LUNATIQUE (24 336), MÉFIANTE (22 925), MAJORITÉ-DUR (22 066), MÉCHANTE (22 022), PÉRIODIQUE-MÉCHANTE (21 210).

***

Classement et scores dans une confrontation généralisée quand on enlève RANCUNIÈRE

DONNANT-DONNANT (27 897), MAJORITÉ-MOU (27 429), PÉRIODIQUE-GENTILLE (27 002), SONDEUR (26 571), DONNANT-DONNANT-DUR (24 293), LUNATIQUE (24 186), GENTILLE (22 491), MÉFIANTE (21 924), MÉCHANTE (21 004), MAJORITÉ-DUR (20 923), PÉRIODIQUE-MÉCHANTE (20 505).

***

Classement et scores dans une confrontation généralisée quand on enlève PÉRIODIQUE-GENTILLE

MAJORITÉ-MOU (28 883), DONNANT-DONNANT (28 324), SONDEUR (25 113), RANCUNIÈRE (25 352), DONNANT-DONNANT-DUR (23 999), GENTILLE (23 507), MAJORITÉ-DUR (20 513), MÉFIANTE (20 253), LUNATIQUE (19 020), MÉCHANTE (18 385), PÉRIODIQUE-MÉCHANTE (17 881).

3. LES SCORES CUMULÉS de la figure 2 montrent que DONNANT-DONNANT arrive en tête dans une confrontation généralisée des 12 stratégies. Lorsqu'on change l'environnement, par exemple en supprimant une stratégie (il y a 12 façons de le faire) et en organisant une confrontation généralisée entre les 11 stratégies restantes, DONNANT-DONNANT arrive en tête 10 fois sur 12. Les deux fois où DONNANT-DONNANT n'est pas en tête, c'est MAJORITÉ-MOU qui gagne. DONNANT-DONNANT est meilleure en moyenne.

Le succès du DONNANT-DONNANT

La stratégie DONNANT-DONNANT ne gagne pas toujours. Cependant, elle est toujours très bien placée. Est-ce un hasard? Non, et en fait c'est là le résultat fondamental découvert par R. Axelrod. Celui-ci a organisé une série de concours en demandant à différents scientifiques de disciplines variées de lui proposer des stratégies, qu'il a fait combattre les unes contre les autres. R. Axelrod a alors compris les qualités extraordinaires de DONNANT-DONNANT, qui lui avait été proposée par Anatol Rapoport, professeur de psychologie à l'Université de Toronto, et auteur d'un livre sur le dilemme des prisonniers.

Les résultats de R. Axelrod, dans la mesure où ils mettent en jeu de nombreuses stratégies très différentes et dont certaines sont très élaborées, constituent presque une preuve de la supériorité de DONNANT-DONNANT sur toute autre stratégie, lors de confrontations généralisées. Le résultat est remarquable et assez inattendu, car il montre que les plus élaborées des stratégies ne peuvent rien contre la réactivité et la simplicité de DONNANT-DONNANT. Il montre aussi qu'être méchant dans un tel jeu n'est pas une bonne idée, contrairement à ce que suggère le dilemme simple des prisonniers. Dans un concours prenant en compte 63 stratégies, R. Axelrod a constaté que le classement des méchantes (celles à qui il arrive de trahir en premier) était presque toujours mauvais, alors que celui des gentilles (qui ne trahissent jamais en premier) était presque toujours bon : même dans un environnement d'égoïsme général, sans autorité supérieure de contrôle, il est plus payant de prendre le risque de coopérer que de profiter de ceux qui vous font confiance.

Le succès de DONNANT-DONNANT confirme aussi magnifiquement ce que nous mentionnions précédemment sur les stratégies qui ne perdent jamais contre aucune autre. En effet, dans une confrontation avec une autre stratégie, DONNANT-DONNANT ne gagne jamais! Au mieux, elle fait un score égal à celui de l'adversaire, mais, en aucune circonstance elle ne peut le dépasser. DONNANT-DONNANT oblige l'autre à coopérer, parce que toute différence de score dans une confrontation se paie par une baisse des deux scores : face à DONNANT-DONNANT, vous avez le choix entre coopérer – ce qui est bon pour vous deux –, ou essayer de duper l'adversaire – ce qui est mauvais pour vous deux. Une autre propriété de DONNANT-DONNANT, que vous établirez sans peine, est que jamais vous ne pouvez le battre de plus de 5 points, quelles que soient la longueur de la confrontation et les ruses que vous employez.

La morale (car c'en est bien une!) du succès de DONNANT-DONNANT est : *(a)* il vaut mieux être gentil que méchant ; *(b)* il est nécessaire d'être réactif : ne pas réagir aux trahisons de l'autre ne peut que l'encourager à recommencer ; *(c)* il faut pardonner rapidement : perdre définitivement confiance en son adversaire dès qu'il a trahi (comme le fait RANCUNIERE) empêche l'installation de toute coopération ultérieure et est donc nuisible ; *(d)* il ne sert à rien de trop ruser, car la clarté du comportement est ce qui est le plus susceptible de conduire à une coopération mutuelle prolongée et profitable.

Que se passe-t-il lorsqu'on modifie la durée des confrontations ou lorsqu'on modifie les coeffi-

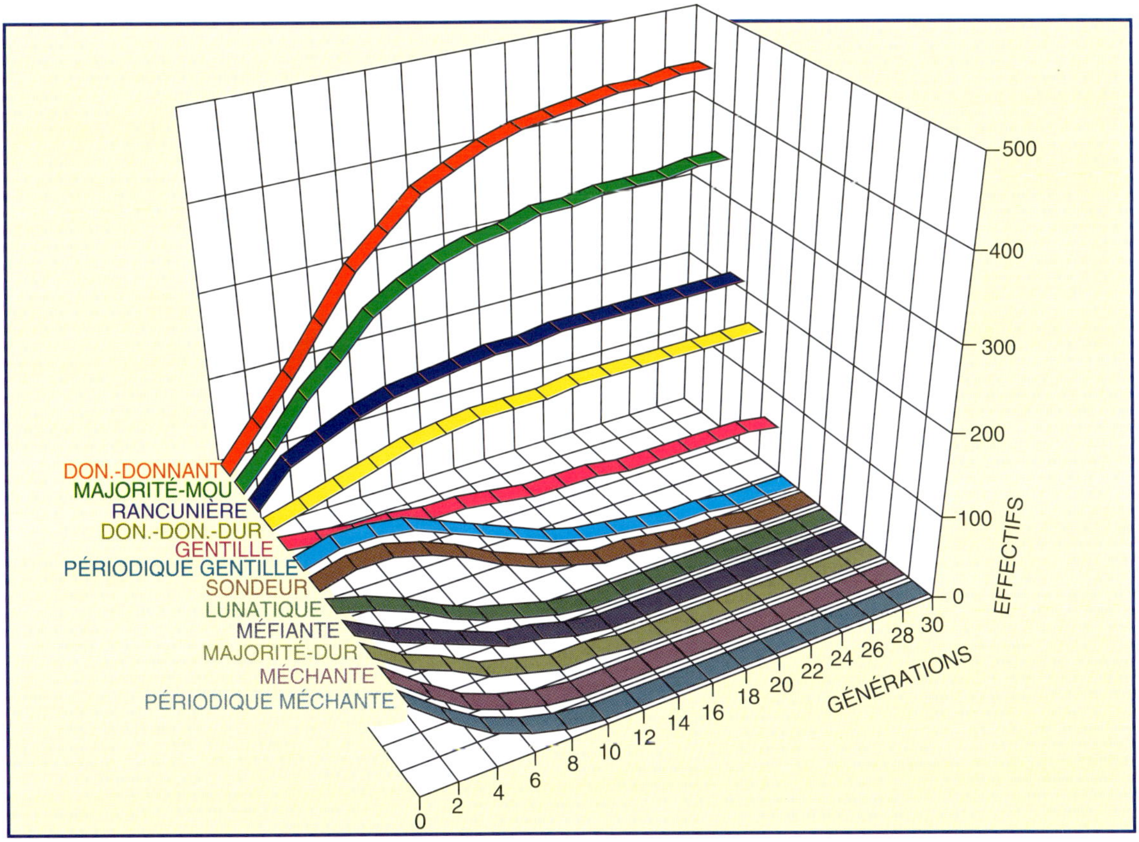

4. POUR TESTER la robustesse de DONNANT-DONNANT, on a simulé un processus d'évolution d'une population de 1 200 stratégies. Au départ, on prend 100 stratégies de chacun des 12 types décrits à la figure 1. Une confrontation généralisée entre les 1 200 stratégies est simulée. Le score de chaque stratégie est calculé, ce qui détermine les nouveaux effectifs pour chacun des 12 types de stratégies. On s'arrange pour que l'effectif total reste 1 200. De génération en génération, les effectifs évoluent jusqu'au moment où il ne reste plus que des stratégies qui coopèrent tout le temps entre elles : la coopération s'est installée. À partir de là, toutes les stratégies obtiennent le même score : il y a donc une stabilisation des effectifs. À la stabilisation, DONNANT-DONNANT est en tête.

cients $T = 5$, $C = 3$, $D = 0$, $P = 1$? Les expériences menées avec Ph. Mathieu ont montrés que les résultats changeaient assez peu : DONNANT-DONNANT n'arrive pas toujours en tête, mais, pourvu que les confrontations servant aux tests soient assez longues et que les coefficients choisis respectent les inégalités mentionnées plus haut, DONNANT-DONNANT est toujours très bien classée et les stratégies de tête ont toutes des qualités analogues à celles de DONNANT-DONNANT : gentillesse, réactivité, indulgence, simplicité.

Simulation de l'évolution

La confrontation généralisée avec calcul du score et classification est très informative, mais nous allons envisager une autre situation où on fait interagir plusieurs exemplaires d'une même stratégie et où ce nombre d'exemplaires évolue en fonction du résultat des confrontations. On évalue ainsi l'intérêt du prosélytisme. Le principe de ce nouveau type de compétition est le suivant : au départ, on se donne un certain nombre de stratégies, avec pour chacune d'elles un effectif (de 100 individus, par exemple). Une confrontation généralisée se déroule alors, donnant à chaque stratégie un certain score. Ces scores sont utilisés pour définir les nouveaux effectifs des stratégies en compétition, conduisant à ce que nous appellerons une nouvelle génération. Une nouvelle confrontation généralisée se déroule alors, dont les résultats sont utilisés pour définir les effectifs de la troisième génération, etc.

Pour qu'une stratégie soit gagnante dans un tel concours, il ne suffit pas qu'elle soit bonne, face à ses concurrentes, il faut qu'elle soit bonne aussi face aux nouveaux mélanges que l'évolution des effectifs fait apparaître génération après génération. En particulier, si une stratégie obtient de faibles scores lorsqu'elle est confrontée à elle-même, elle aura du mal à s'imposer.

La figure 4 décrit ce qui se passe avec nos 12 stratégies.

DONNANT-DONNANT s'en tire encore très bien. Elle n'élimine pas toutes ses concurrentes pour une raison qu'on analyse sans peine : lorsque les stratégies méchantes sont éliminées, il ne reste alors plus que des gentilles qui coopèrent toutes entre elles et sans arrêt. Tout est alors stabilisé. Plus rien n'évolue, les stratégies sont indiscernables et obtiennent à chaque confrontation le même score. Dans une simulation plus réaliste, il faut faire intervenir un certain aléa, par exemple en tirant au sort, à la fin de chaque génération, 50

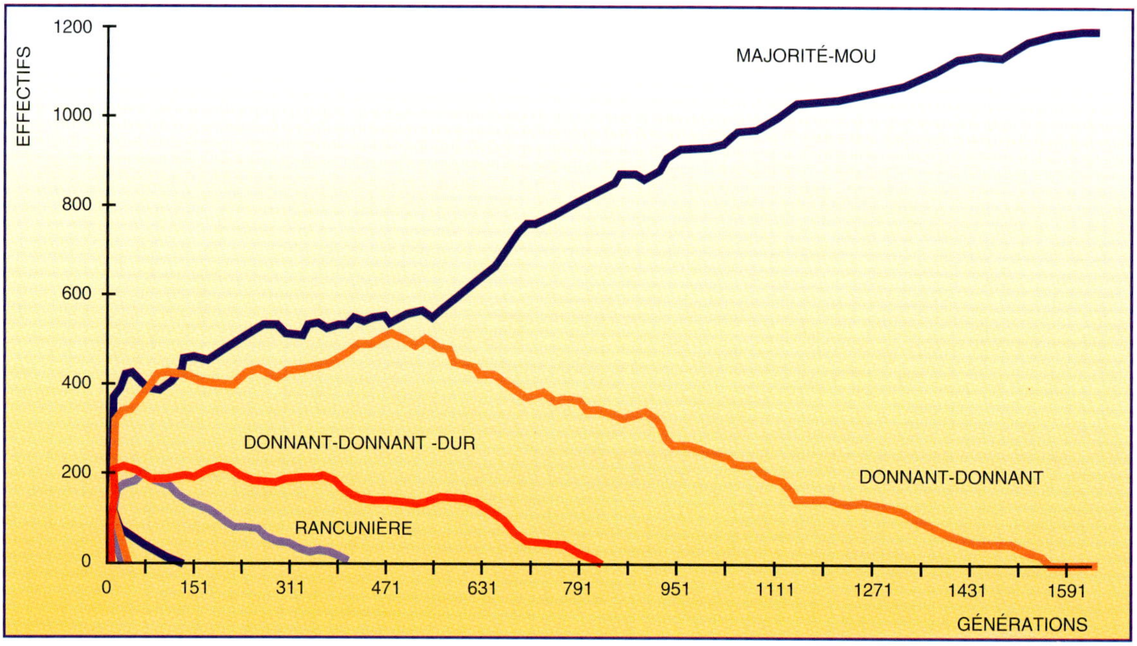

5. ON UTILISE LE MÊME PRINCIPE que pour la figure 4, mais, à chaque génération, on «tue» au hasard 50 stratégies parmi les 1 200, comme pourraient le faire des accidents aléatoires. Comme précédemment, les méchants disparaissent assez rapidement, mais lorsqu'il ne reste que des gentils, l'évolution des effectifs se pousuit aléatoirement : il se produit un phénomène de dérive. Le schéma représente une telle dérive se terminant par la victoire de MAJORITÉ-MOU. D'autres simulations donnent DONNANT-DONNANT comme vainqueur.

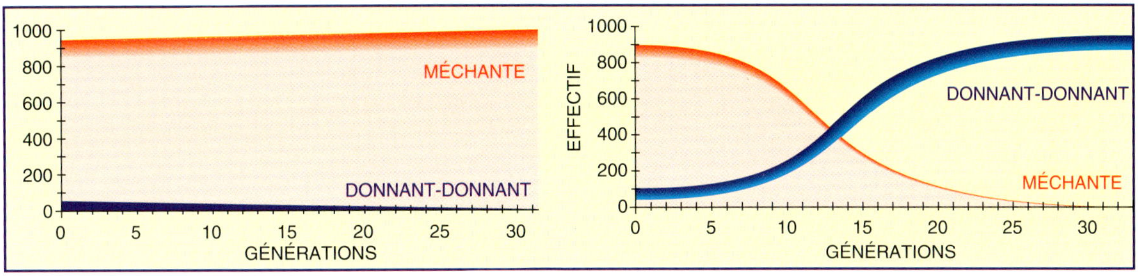

6. ON CONSIDÈRE UNE POPULATION de 1 000 stratégies, composée de 50 DONNANT-DONNANT et de 950 MÉCHANTE, qu'on fait évoluer comme à la figure 4 (sauf que les confrontations sont de dix parties). Les DONNANT-DONNANT ne sont pas assez nombreuses pour envahir les MÉCHANTE. En revanche, si, au départ, on place 100 DONNANT-DONNANT et 900 MÉCHANTE, alors les MÉCHANTE se font envahir.

individus qui meurent (d'accident!). On voit alors apparaître des dérives : certaines stratégies qui n'ont pas de chances disparaissent (victimes plus que d'autres des accidents), d'autres au contraire accroissent leurs effectifs, profitant des trous laissés par les malchanceuses. Un peu de calcul de probabilités montre d'ailleurs que, si l'on introduit un aléa de ce type, alors, au bout d'un temps fini, une seule stratégie reste en course (et ce n'est pas toujours DONNANT-DONNANT). Une évolution de ce type est illustrée sur la figure 5.

La coopération s'impose

Ces simulations, qui reproduisent les résultats de R. Axelrod, doivent plutôt être considérées comme des expériences de calcul d'équilibre écologique que comme des expériences de simulation de l'évolution, car aucune nouvelle stratégie ne peut apparaître : l'aspect créatif de l'évolution par variation-sélection n'est pas modélisé ici. Malgré tout, la confirmation que la coopération apparaît et s'impose, est remarquable, et fournit une nouvelle façon de comprendre pourquoi des individus peuvent se mettre à coopérer tout en poursuivant des buts parfaitement égoïstes et sans qu'aucune autorité supérieure les y force. Les techniques d'algorithmes génétiques ont permis des simulations d'évolution avec mutations et crossing-over, elles confirment la robustesse de DONNANT-DONNANT (voir *Pour la Science*, septembre 1992, pp. 44-51 et 101-103).

Une étude mathématique de la manière dont une stratégie en envahit une autre dans une évolution donne les résultats suivants, qui vérifient et éclairent les simulations précédentes (ces résultats, qui ne sont valables que lorsque le nombre de parties dans chaque confrontation est assez grand, sont démontrés dans le livre de R. Axelrod).

– La stratégie MÉCHANTE ne peut pas être envahie par une stratégie isolée (comme il pourrait en apparaître une par mutation dans une population composée uniquement de MÉCHANTE). On dit que la stratégie MÉCHANTE est collectivement stable.

– En revanche, un bloc de plusieurs stratégies DONNANT-DONNANT apparaissant brusquement peut envahir une population composée uniquement de MÉCHANTE *(voir la figure 6)*.

– Une stratégie réactive (c'est-à-dire qui répond assez vite à toute trahison) est toujours collectivement stable, et en particulier DONNANT-DONNANT est collectivement stable.

– Une stratégie gentille – qui coopère en premier – doit réagir à la première trahison de l'autre pour être collectivement stable.

– Si une stratégie est gentille et collectivement stable, alors elle ne peut pas être envahie, même par un bloc.

Ces résultats mettent en évidence une dissymétrie entre la stratégie MÉCHANTE et les stratégies du type DONNANT-DONNANT (réactive et gentille) : elles sont toutes collectivement stables, mais seules celles du type DONNANT-DONNANT ne se laissent pas envahir par des blocs d'ennemis. Pour les coefficients choisis et des confrontations de dix parties, on montre que, si plus de 1/17 de DONNANT-DONNANT apparaît soudain dans une population composée uniquement de MÉCHANTE, alors cette population se fera complètement envahir. En revanche, si le bloc de DONNANT-DONNANT qui apparaît est plus petit, il sera détruit *(voir la figure 6)*. Pour des confrontations de 1 000 parties, le 1/17 devient 1/1997.

R. Axelrod aidé de W.D. Hamilton, professeur de biologie évolutive à l'Université d'Ann Arbor, a appliqué les analyses tirées de ses simulations informatiques et de ses résultats mathématiques à la théorie de l'évolution. Les cas de coopération entre individus ou entre espèces posent des problèmes délicats aux théoriciens de l'évolution, et il est clair que les mécanismes mis à jour par R. Axelrod aident à comprendre ce qui se passe ou ce qui s'est passé lors de la constitution des associations coopératives stables observées dans le monde biologique.

Complexité et intelligence

En effet, la conclusion : «dans un environnement d'égoïsme sans autorité supérieure, la coopération peut s'installer durablement» reste vraie, même si les entités ne sont pas intelligentes: chez les êtres microscopiques inférieurs, les stratégies peuvent très bien être programmées par réflexe et ne résulter que de mécanismes physiques et chimiques élémentaires. Pour que la coopération s'instaure, il suffit qu'il y ait continuité dans les confrontations : les parties doivent durer assez longtemps, les mêmes entités restant face à face pendant des durées suffisantes. Cette condition de continuité dans les confrontations peut être obtenue par des contraintes physiques ou topographiques ; en particulier, on observe fréquemment des phénomènes coopératifs chez les individus des espèces territoriales qui sont à même d'avoir des confrontations prolongées. En revanche, pour que des entités mobiles puissent mener des parties prolongées du dilemme itéré des prisonniers, il leur faut de bonnes capacités d'identification. Si elles les possèdent, elles peuvent alors mener simultanément plusieurs confrontations conduisant à des coopérations ou à des trahisons selon les partenaires rencontrés, ce qui permet aux phénomènes évolutifs simulés précédemment de se dérouler rapidement, produisant l'élimination des entités non coopérantes et la multiplication des autres.

Cette dernière remarque autorise d'ailleurs à dire que la complexité et l'intelligence favorisent la coopération ; elles constituent donc des avantages sélectifs dans le monde biologique, ce qui est contraire à l'idée parfois soutenue que l'apparition de l'intelligence et la complexification des êtres vivants sont purement fortuites. DONNANT-DONNANT est une stratégie simple qui ne nécessite pas d'intelligence pour être appliquée contre une entité à la fois. En revanche, un être faisant de multiples rencontres doit pouvoir identifier à qui il a affaire pour poursuivre simultanément avec de nombreuses entités différentes les parties de dilemme itéré des prisonniers, et cela suppose chez lui un développement avancé de ces capacités cognitives, autrement dit cela suppose chez lui de la complexité et de l'intelligence.

Dans le même ordre d'idée, une variante amusante du jeu du dilemme itéré des prisonniers a été envisagée par R. Axelrod, dans laquelle les entités qui s'opposent peuvent appliquer différentes stratégies selon une marque qu'elles identifient sur les entités avec lesquelles elles sont confrontées. Imaginons, par exemple, qu'il y ait deux marques possibles *A* et *B* et que les *A* jouent la stratégie MÉCHANTE avec les *B* et la stratégie DONNANT-DONNANT avec les *A*, alors qu'à l'inverse les *B* jouent la stratégie MÉCHANTE avec les *A* et la stratégie DONNANT-DONNANT avec les *B*. Il se passera alors le phénomène suivant : les *A* coopéreront entre eux, les *B* coopéreront entre eux, mais, à chaque fois qu'un *A* rencontrera un *B*, ils se déchireront. Pire, si un *A* décidait de jouer la stratégie DONNANT-DONNANT avec tout le monde, il le paierait très cher, car les *B*, refusant de coopérer, l'exploiteraient.

Un tel univers constitué par les deux groupes de *A* et de *B* serait donc le lieu d'un conflit permanent et impossible à faire cesser. Aucun n'est plus méchant que l'autre, mais chaque interaction des *A* avec les *B* confirme les uns et les autres dans le préjugé que «seuls ceux de mon camp sont bons et que les autres sont méchants». Ce genre de situation ne rappelle-t-il pas ce qui se passe ici ou là dans le monde?

12

L'altruisme perfectionné

La simulation réalisée grâce aux lecteurs de Pour la Science *montre qu'en plus de la gentillesse et de la réactivité, d'autres qualités facilitent la coopération.*

Faut-il renoncer aux bénéfices de possibles coopérations futures parce que votre partenaire vient de vous jouer un mauvais tour? Faut-il attendre qu'il ait exploité deux fois votre gentillesse avant de réagir? Au contraire, après une réprimande ou un dédommagement, n'est-il pas plus intéressant de renouer?

Ces questions semblent trop générales, car les réponses dépendent du contexte. Cependant ces questions peuvent être rendues claires et précises et donner lieu à des expérimentations informatiques. Leurs résultats inattendus constituent des enseignements dont on est tenté de croire qu'ils pourraient être pris en compte par les humains et, plus encore, par les nations.

Dans un article du mois de novembre 1992 de *Pour la Science*, nous avions proposé aux lecteurs un jeu sur ce thème. Ce jeu a mis à notre disposition un ensemble varié de comportements possibles pour étudier la coopération et la réciprocité. Cela nous a permis d'explorer une variante du dilemme itéré des prisonniers dont voici les règles.

Le dilemme itéré des prisonniers

Dans une savane éloignée vivent proches l'une de l'autre deux tribus de chasseurs, les A et les B. Chaque jour, elles vont à la chasse ensemble et peuvent donc coopérer toute la journée, auquel cas elles ramènent en tout six pièces de gibier qu'elles se partagent. Une telle journée est notée $[c, c]$ où la lettre c indique la coopération ; le gain est, pour chaque tribu, $C = 3$. Il se peut que la tribu A choisisse d'exploiter la tribu B, par exemple en lui subtilisant du gibier et en se sauvant, ce qui écourte la journée de chasse. Dans ces cas, qu'on notera $[t, c]$, le gain pour la tribu A qui a trahi (trahison notée t) est de $T = 5$, et pour la tribu B qui s'est fait duper $D = 0$ (une pièce de gibier a été perdue à cause de l'interruption prématurée de la chasse). Si les A coopèrent et si les B trahissent, cas $[c, t]$, bien sûr les gains de chaque tribu sont inversés. Les jours où les deux tribus cherchent à trahir simultanément, parties notées $[t, t]$, il en résulte une bagarre qui nuit à la chasse, en conséquence de quoi chaque tribu est punie et ne gagne que $P = 1$. En résumé : $[c, c]$ donne 3 et 3 ; $[t, c]$ donne 5 et 0 ; $[c, t]$ donne 0 et 5 ; et $[t, t]$ donne 1 et 1.

Déterminer comment, jour après jour, il faut se comporter avec son partenaire, en fonction de ce qu'il a fait dans le passé constitue *le dilemme itéré des prisonniers*. Des expérimentations informatiques, dont les premières furent réalisées il y a une dizaine d'années par Robert Axelrod, de l'Université du Michigan, permettent d'étudier ce dilemme. Ces expérimentations, qui font intervenir de nombreuses idées différentes, montrent qu'une très bonne stratégie est celle appelée TIT-FOR-TAT ou DONNANT-DONNANT ; quand j'applique DONNANT-DONNANT, à la première partie je coopère ; ensuite, je fais ce que l'autre a fait à la partie précédente : s'il a trahi à la partie n, je trahis à la partie $n + 1$, s'il a coopéré à la partie n, je coopère à la partie $n + 1$.

Les résultats rapportés dans le chapitre 11 montrent que les stratégies qui réussissent ont toujours les propriétés suivantes : elles sont gentilles – c'est-à-dire ne prennent jamais l'initiative de la trahison – et elles sont réactives – c'est-à-dire adaptent leur comportement à celui de l'adversaire.

La situation modélisée par le dilemme est typique des problèmes de coopérations entre entités biologiques, sociales ou économiques : la coopération mutuelle conduit au meilleur résultat total ; la guerre conduit au plus mauvais résultat total ; mais, malheureusement, celui qui réussit à duper son partenaire en tire un profit, qui rend permanente la tentation de la trahison et donc le risque de conflits, coûteux pour tous.

La possibilité du renoncement

Pour rendre plus réaliste le modèle, nous avons proposé de prendre en compte le *renoncement définitif*. La tribu A de notre exemple peut par exemple arriver à la conclusion que les B sont trop imprévisibles et cèdent trop souvent à la tentation de trahir, et qu'il vaut donc mieux déménager le village loin des B, et ensuite aller chaque jour sans eux à la chasse. Nous supposerons que, dans un tel cas, les A rapportent chez eux exactement deux pièces de gibier par jour : $R = 2$. Ce choix du coefficient 2 est naturel : les A font moins bien que s'ils avaient l'aide des B ($C = 3$), mais ils s'en tirent mieux que si les B les dupaient ($D = 0$) ou que s'ils se battaient avec les B ($P = 1$). Bien sûr, les B, qui eux aussi se retrouvent seuls pour chasser, rapportent deux pièces de gibier par jour. Dans ce modèle, l'option de renoncement est définitive, et donc, si par exemple au coup 14, l'un des deux joueurs a renoncé, alors à partir du coup 14 et pour tout le reste de la partie (par exemple, jouée en 1 000 coups), chaque coup rapporte deux points à chaque joueur.

Nous avons programmé les stratégies que les lecteurs nous ont envoyées et nous les avons fait combattre chacune contre chaque autre (y compris contre elle-même) pendant une partie qui durait 1 000 coups. Pour chaque stratégie, nous avons compté le nombre de points qu'elle obtenait. Le gagnant est celui dont la stratégie totalise le plus de points.

Avant d'en venir au concours proprement dit, considérons un mini-concours imaginaire avec les trois stratégies suivantes :

DUR. Je trahis tant que mon adversaire coopère. Dès qu'il trahit, je renonce.

SONDEUR-4-COUPS. Aux quatre premiers coups, je joue *coopérer, coopérer, trahir, trahir*. Ensuite, si dans les quatre premiers coups mon adversaire a trahi trois ou quatre fois, je renonce, sinon je coopère tout le reste du temps.

DONNANT-DONNANT-AVEC-SEUIL. Je joue la stratégie DONNANT-DONNANT, mais, de plus, tous les cinq coups, je compte mon score et, si j'ai obtenu moins de deux points en moyenne par coup, je renonce.

La confrontation de DUR contre SONDEUR-4-COUPS se déroule comme suit : au premier coup, DUR trahit et SONDEUR-4-COUPS coopère; au second coup, DUR trahit et SONDEUR-4-COUPS, qui suit son plan, coopère encore ; au troisième coup, DUR trahit et SONDEUR-4-COUPS trahit ; au quatrième coup, DUR renonce, puisqu'il vient d'être trahi. Nous noterons [*t*, *c*] [*t*, *c*] [*t*, *t*] [*r*] une telle partie. Le bilan en points, si l'on considère que la partie est de 1 000 coups, est de $5 + 5 + 1 + 997 \times 2 = 2\ 005$ pour DUR ; pour SONDEUR-4-COUPS, il est de $0 + 0 + 1 + 997 \times 2 = 1\ 995$. Dès qu'un joueur a renoncé, chaque coup restant rapporte deux points à chaque joueur, ce qui correspond aux pièces de gibier que chaque tribu ramène chaque jour, quand elles se sont séparées.

La confrontation DUR contre DONNANT-DONNANT-AVEC-SEUIL donne : [*t*, *c*] [*t*, *t*] [*r*] et donc DUR ramène $5 + 1 + 998 \times 2 = 2\ 002$ et DONNANT-DONNANT-AVEC-SEUIL ramène $0 + 1 + 998 \times 2 = 1\ 997$.

La confrontation SONDEUR-4-COUPS contre DONNANT-DONNANT-AVEC-SEUIL donne [*c*, *c*] [*c*, *c*] [*t*, *c*] [*t*, *t*] [*c*, *t*] [*c*, *c*] [*c*, *c*] [*c*, *c*]..., ce qui amène $3 + 3 + 5 + 1 + 0 + 3 \times 995 = 2\ 997$ pour SONDEUR-4-COUPS et $3 + 3 + 0 + 1 + 5 + 3 \times 995 = 2\ 997$ pour DONNANT-DONNANT-AVEC-SEUIL.

DUR, quand il joue contre lui-même, obtient $1 + 999 \times 2 = 1\ 999$; DONNANT-DONNANT-AVEC-SEUIL contre lui-même obtient $1\ 000 \times 3 = 3\ 000$; SONDEUR-4-COUPS avec lui-même obtient $3 + 3 + 1 + 1 + 996 \times 3 = 2\ 996$.

Le bilan total de ce mini-concours à trois est donc de 7 994 pour DONNANT-DONNANT-AVEC-SEUIL qui gagne de justesse devant SONDEUR-4-COUPS obtenant 7 988, tous les deux loin devant le 6 006 de DUR.

Avec ce petit exemple, on retrouve un principe de base de la théorie de la coopération : DUR, qui bat individuellement chacun de ses adversaires, perd au total, car ce qui compte pour faire un bon score c'est de réussir à établir une coopération mutuelle, ce que l'attitude intransigeante de DUR interdit, et non pas de réussir à voler quelques points à un adversaire coopératif, qui risque de ne pas se laisser faire longtemps.

On comprend bien aussi qu'on peut être certain d'avoir 2 000 points par partie contre chaque adversaire : il suffit de renoncer dès le premier coup. Une telle stratégie solitaire est certaine de ne jamais se faire exploiter, mais elle se condamne à ne jamais tirer aucun bénéfice de coopérations réussies comme celle qui s'est instaurée entre SONDEUR-4-COUPS et DONNANT-DONNANT-AVEC-SEUIL ; cette stratégie correspond à une vie sans surprise et médiocre.

Il est parfois utile de renoncer

Certains lecteurs ont soutenu que la variante proposée ne présentait pas d'intérêt, car, d'après eux, celui qui gagnerait n'utiliserait pas l'opportunité de renoncer, et donc le jeu-concours se ramenait au problème classique du dilemme itéré des prisonniers dans lequel le renoncement n'est pas autorisé.

Il nous semble pourtant tout à fait évident que renoncer est utile dans certains cas, comme lorsqu'on se trouve face à quelqu'un qui trahit sans arrêt (stratégie proposée par deux lecteurs) : il vaut mieux gagner deux points par partie – ce que donne le renoncement –, que gagner un point par partie – ce qui est le mieux qu'on puisse faire face à celui qui trahit toujours si l'on ne renonce pas. Les résultats obtenus ont confirmé que le renoncement était utile.

D'abord, si l'on reprend les 12 stratégies de l'article de novembre en y ajoutant DONNANT-DONNANT-AVEC-SEUIL, c'est ce dernier qui gagne. Il est donc meilleur que DONNANT-DONNANT simplement, parce qu'il diffère de lui en renonçant parfois. Ensuite la meilleure des stratégies du concours n'utilisant pas le renoncement est classée 16e.

Certains lecteurs ont aussi discuté le fait que le renoncement soit définitif. Cette règle est bien sûr simplificatrice, mais c'est elle aussi qui rend le problème intéressant. En effet, si l'on acceptait que le renoncement soit temporaire, alors nous aurions un jeu où, à chaque étape, nous pourrions choisir trois options. Pourquoi pas quatre options, ou même encore plus? De tels jeux ont déjà été étudiés et rien de très clair n'a été obtenu. La dissymétrie que nous avions retenue entre l'option renoncer et les autres était délibérée, et c'est parce qu'il nous semblait qu'elle préservait bien la structure du dilemme classique, en la généralisant légèrement, que nous étions persuadés qu'elle conduirait à des résultats intéressants, ce qui s'est révélé vrai.

Nous avons reçu 104 propositions de stratégies provenant de France en majorité, mais aussi du Canada, du Burundi, et d'autres pays étrangers. Certaines, neuf, malheureusement, n'ont pas pu être programmées, car elles étaient incomplètes ou parce que, malgré nos efforts, nous n'avons pas réussi à les comprendre.

Une proposition a dû être écartée pour un motif un peu spécial. Un de nos collègues, Eric Wegrzynowski, nous a proposé une stratégie par-

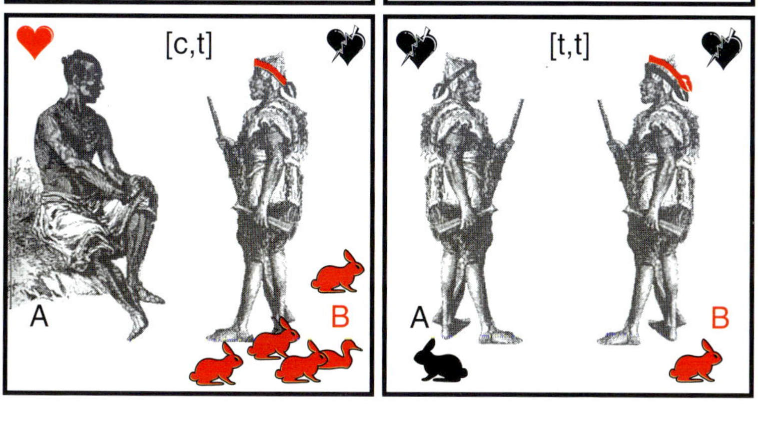

1. Si les deux tribus coopèrent (journée notée [*c*, *c*]), le soir, elles ramènent trois pièces de gibier chacune. Si les *A* trahissent les *B* en se sauvant avec tout le gibier avant la fin de la chasse (journée notée [*t*, *c*]), les *A* ramènent cinq pièces et les *B* aucune. Si les *A* et les *B* se méfient ou se bagarrent (journée notée [*t*, *t*]), la chasse est mauvaise et chaque tribu ne ramène qu'une pièce de gibier. Si, un jour, l'une des tribus, lassée d'être confrontée au dilemme coopération-trahison, se sépare définitivement de l'autre (notation [*r*]), alors chaque jour de chasse ultérieur rapporte deux pièces de gibier à chaque tribu.

faitement claire, compréhensible et programmable, mais les calculs à faire pour déterminer les choix de cette stratégie sont tellement longs que même le plus puissant des ordinateurs actuels n'y arriverait pas en moins de plusieurs années. Nous pensons que cette stratégie, proposée uniquement pour nous faire une farce, n'a en réalité aucune chance de gagner, car elle n'est pas réactive. Il n'en reste pas moins que, d'ici quelques dizaines d'années, lorsque nous pourrons la tester, son auteur – s'il gagne – sera en droit de nous réclamer le prix du jeu-concours!

Le concours était-il un jeu psychologique?

Le côté psychologique du jeu-concours a été souligné par de nombreux lecteurs. C'est vrai de prime abord, car bien sûr le gagnant n'obtient son score que contre des stratégies envoyées par d'autres lecteurs. Signalons d'ailleurs que, pour déterminer le gagnant, nous n'avons pris que les stratégies envoyées et nous nous sommes interdit d'en ajouter. Pour savoir avec qui il va être confronté, un joueur en est réduit à des conjectures psychologiques. En fait, les meilleures stratégies se sont révélées robustes : elles restent bonnes quand on change les environnements auxquels on les soumet. En définitive, contrairement aux apparences, le jeu était bien plus *logique* que *psychologique*.

Raisonner psychologiquement a conduit bien des lecteurs à de très mauvaises stratégies. Voici un exemple. Certains se sont dit : «Tous les concurrents vont avoir lu l'article et donc, puisqu'il y est dit qu'il faut être gentil (ne jamais prendre l'initiative de trahir), vont proposer des stratégies gentilles. Je vais donc proposer une stratégie plutôt méchante pour exploiter les gentilles.» Pas de chance! Car d'abord nombreux sont ceux qui ont eu l'idée de ce raisonnement, ce qui fait que plus du tiers des stratégies prennent l'initiative de trahir ; ensuite, comme indiqué à propos du précédent jeu : être méchant ne paie pas. À une exception près, les méchantes sont dans la deuxième moitié du classement que nous avons obtenu. Nous ne nous attendions pas à ce qu'il y ait tant de méchantes, mais sans doute que la tentation de profiter des gentilles reste grande, même lorsqu'on vous a expliqué que cela ne marche pas!

Un autre raisonnement psychologique a été proposé par un lecteur. Celui-ci s'est dit que tout le monde allait jouer DONNANT-DONNANT et arriverait donc *ex aequo*. Pour gagner, il fallait donc proposer autre chose. Sa proposition DONNANT-DONNANT, sauf une trahison au coup 991, est arrivée 52e du classement.

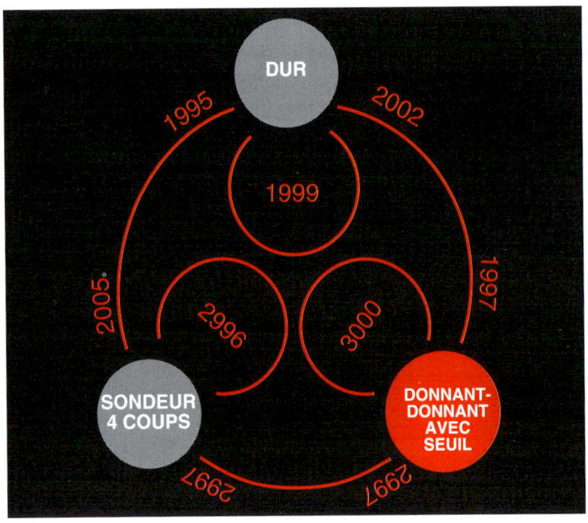

2. Le mini-concours avec trois stratégies. Les chiffres indiquent les scores obtenus dans chaque série de 1 000 parties. Au total, DONNANT-DONNANT-AVEC-SEUIL gagne.

Théories fausses et tricheries

Quelques lecteurs nous ont fait parvenir des théories, parfois sur de longues pages pleines de calculs et de grands tableaux, pour prouver que leur stratégie devait être la meilleure. Nous avons soumis les résultats de ces théories au crible de l'expérience en faisant concourir les stratégies résultantes... comme les autres. Nous avons pu constater en général que plus la théorie était longue, moins bon était le résultat. L'erreur la plus commune de ces théories, semble-t-il, consiste à vouloir raisonner à l'aide des probabilités. Elles ne peuvent pas s'appliquer ici, car rien n'assure que ce qui va être joué par les stratégies adverses satisfait une loi de probabilité : il n'y a aucune raison, par exemple, de supposer qu'une fois sur deux l'adversaire trahira, et qu'une fois sur deux il coopérera. Le problème est algorithmique, ce qui est bien différent et rend très difficile l'élaboration mathématique des bonnes stratégies. Le bon sens semble en la matière plus efficace que les calculs savants et les raisonnements abstraits.

La stratégie d'un lecteur dont nous ne connaissons pas la théorie utilise le nombre d'or : elle est arrivée 14e. La stratégie «toujours coopérer» nous a été proposée par quelqu'un qui l'appuyait sur une citation de la Bible, son classement est 65e. Un autre lecteur nous a aussi proposé une stratégie qu'il suggérait d'appeler JÉSUS : je coopère toujours ; lorsqu'on me trahit une fois, je continue à coopérer – je tends l'autre joue ; mais si on me trahit une deuxième fois, je renonce. Son classement est 48e.

Une dizaine de stratégies semblent chercher à faire renoncer leur adversaire en trahissant plusieurs fois dans les premiers coups. Elles sont toutes classées dans les dernières et nous nous sommes demandés si certains des lecteurs n'avaient pas essayé d'élaborer la plus mauvaise stratégie possible! Il semble prévisible que trahir plusieurs fois au début ne peut que donner des résultats catastrophiques, puisque cela compromet l'instauration d'un régime stabilisé de coopérations réciproques. De telles stratégies ne pourraient être bonnes que dans un environnement de gentilles-non-réactives qu'elles réussiraient à exploiter.

Nous nous sommes d'ailleurs demandé si ce nombre étonnant de stratégies presque identiques et peu susceptibles de gagner ne résultait pas d'une subtile tentative de tricherie : ces stratégies favorisent peut-être une autre stratégie, et ont peut-être été envoyées par des compères. Bien que certaines stratégies tirent profit de la présence de ces incompréhensibles stratégies, nous pensons qu'il n'y a pas eu tricherie et, en tout cas, que cela ne change pas le gagnant. En effet, la stratégie gagnante est robuste : dans une confrontation où les stratégies suspectes sont retirées, elle gagne encore.

Il ne fait aucun doute par ailleurs que ce genre de tricherie est possible. En effet, nous avons fait l'expérience suivante : nous avons ajouté aux stratégies des lecteurs une stratégie MAITRE, et neuf exemplaires d'une stratégie

CLASSEMENT AVEC LES SCORES

1. 276 396 : C. Dziengelewski	33. 260 195 : C. Rietsch	65. 243 690 : P. Fourat
2. 275 329 : P. Gagnon	34. 260 193 : B.C. Ryel	66. 243 157 : J.F. Martin
3. 274 562 : M. Fourneaux	35. 260 091 : P. Ceteaud	67. 242 768 : A. Torrielli
4. 274 061 : J.-P. Cottin	36. 259 914 : T. Ocquet	68. 239 337 : J.-L. Verrel
5. 269 928 : J. Deligne	37. 259 683 : J.-L. Feït	69. 237 124 : J.M. Renders
6. 268 435 : C. d'Halluin	38. 259 537 : F. Jamet	70. 232 554 : C. Catacombe
7. 265 703 : X. Ackaouy	39. 259 125 : J.-M. Bellot	71. 231 457 : V. Cachou
8. 265 516 : C. Servant	40. 259 116 : B. Hemon	72. 230 273 : H. Itel
9. 265 483 : Pi. Turpin	41. 259 114 : D. Wanaverbecq	73. 222 542 : E. Horth
10. 265 156 : P. Franceschi	42. 259 113 : E. Kreyer	74. 222 412 : F. Perché
11. 264 965 : E. Azoulaï	43. 258 823 : E. Pulchini	75. 212 801 : S. Chalos
12. 264 849 : P.O. Terrisse	44. 258 776 : A. Sinnesael	76. 208 378 : O. Chazot
13. 264 846 : E. Quilichini	45. 257 748 : P. Bignolles	77. 204 521 : B. Turpin
14. 264 833 : F. Levron	46. 257 686 : G. Burel	78. 202 359 : O. Goblot
15. 264 775 : V. Faye	47. 257 141 : L. Knogkaert	79. 202 341 : G. Lavau
16. 264 009 : D. Simonot	48. 257 139 : J. Dezeuze	80. 201 050 : D. Pettiaux
17. 263 897 : M. Rudnianski	49. 256 989 : J.-F. Brun	81. 200 487 : O. Franck
18. 263 596 : Y. David	50. 256 972 : I. Fernandez	82. 200 216 : P. Lefevre
19. 263 061 : J. Doux	51. 256 952 : S. Douady	83. 200 203 : F. Cancel
20. 262 682 : N. Le Van Guyen	52. 256 710 : J.-P. Jouineau	84. 197 080 : B. Laffineur
21. 261 933 : H. Suquet	53. 256 661 : A. Lion	85. 197 079 : N. Clerbaux
22. 261 811 : P. Gouillou	54. 256 214 : C.A. Rohrbach	86. 195 724 : O. Flandre
23. 261 572 : B. Roger	55. 255 843 : R. Lavigne	87. 193 853 : P. Mont
24. 261 570 : J. Terrier	56. 255 068 : G. Laduron	88. 193 037 : C. Goalard
25. 261 563 : C.J. Dechesne	57. 254 963 : J.-C. Michel	89. 190 487 : A. Dutreix
26. 261 560 : M. Moez	58. 252 339 : A. Filipe	90. 190 453 : Ph. Turpin
27. 261 554 : M. Kilani	59. 252 097 : H. Immediato	91. 190 441 : N. Reboullet
28. 261 544 : S. Scrive	60. 251 965 : P. Charat	92. 190 421 : F. Dumont
29. 261 506 : S. Degos	61. 249 912 : V. Gosselin	93. 190 004 : C. Raffort
30. 261 443 : E. Rançon	62. 248 588 : B. Prieur	94. 189 144 : S. Lamy
31. 261 337 : M. Mouly	63. 248 468 : A. Prod'Homme	95. 185 523 : M. Seguy
32. 260 203 : A. Moreau	64. 248 145 : M. Leitner	

ESCLAVE destinée à favoriser MAITRE et dont l'idée est de trahir très souvent au départ pour décourager toutes les stratégies, sauf MAITRE qui seule tire profit de ESCLAVE.

MAITRE : je joue DONNANT-DONNANT sauf si l'adversaire a joué consécutivement une fois *coopérer*, 50 fois *trahir*, puis une fois *coopérer*, auquel cas je trahis toujours.

ESCLAVE : je joue une fois *coopérer*, puis 50 fois *trahir*, puis toujours *coopérer*.

Face à ESCLAVE, la plupart des stratégies se découragent et renoncent avant le coup 50, obtenant donc environ 2 000 points dans une partie de 1 000 coups. De son côté, MAITRE, qui, en quelque sorte, reconnaît ESCLAVE, obtient contre elle $3 + 0 + 49 \times 1 + 949 \times 5 = 4\,797$, ce qui constitue donc un avantage substantiel. Bien que la stratégie MAITRE ne soit pas très astucieuse (et en particulier ne renonce jamais), le panel obtenu en ajoutant MAITRE et ses neuf ESCLAVES aux 95 stratégies des lecteurs est suffisamment faussé, en faveur de MAITRE, pour qu'il gagne. Les ESCLAVE qui se sont sacrifiés, eux, sont classés 92e sur 105. Sans ses esclaves, MAITRE est classée 50e.

Cela illustre qu'on peut fabriquer des milieux artificiels ajustés à certaines stratégies, et c'est pour cela que nous avions interdit aux joueurs de proposer plus d'une stratégie.

Certains lecteurs ont baptisé leurs stratégies de noms amusants : Soupe-au-lait-boudeur, Caractérielle, Le thérapeute, Faut-pas-pousser, Donnant-donnant-pas-masochiste, Jésus, Donnant-donnant-pas-poire, Donnant-donnant-mauvais-perdant, Trois-partout-j'arrête, Traître-mou, Holocauste III, Euclide, Contre-pied, Optimiste-prudente... Certains noms de concurrents ont aussi des consonances allusives. Peut-être s'agit-il de pseudonymes?

Les trois meilleures

Venons-en aux gagnants. Nous allons décrire les trois stratégies de tête, car elles obtiennent des résultats assez proches et utilisent toutes des idées intéressantes.

LA-MEILLEURE : je coopère au premier coup ; tous les 20 coups, j'évalue mon score et si, en moyenne, il est inférieur à 1,5, je renonce ; à chaque fois que l'autre me trahit, si je ne suis pas déjà dans une phase de punition, je rentre dans une phase de punition. Si N est le nombre de fois où l'adversaire a trahi depuis le début du jeu en dehors des phases de punition, alors cette phase de punition comporte $(1 + 2 + ... + N) = N(N + 1)/2$ trahisons, suivies de deux coopérations.

Cette stratégie synthétise plusieurs principes élémentaires : – elle ne prend jamais l'initiative de la trahison, c'est une gentille ; – elle renonce si elle obtient de trop mauvais résultats ; – elle est réactive (c'est une sorte de DONNANT-DONNANT) : elle entre dans une période de punition lorsqu'elle est trahie en dehors de ses périodes de punition ; – elle est de plus en plus sévère : sa première période de punition consiste en une trahison, sa deuxième, en 1 + 2 trahisons, etc. ; – elle tente de calmer son adversaire après une période de punition en coopérant deux fois de suite ; – elle est compréhensive : elle ne tient pas compte des réactions de son adversaire pendant les périodes de punition (nous allons voir qu'en réalité c'est un défaut).

LA-DEUXIEME : je joue successivement cinq coups de chacune des stratégies DONNANT-DONNANT, GENTILLE (toujours coopérer), RANCUNIERE (toujours trahir dès que l'autre a trahi), PÉRIODIQUE-GENTILLE (jouer périodiquement *coopérer, coopérer, trahir*). Je calcule le score moyen obtenu par les quatre derniers coups de chaque série. (§) Si la meilleure moyenne est inférieure à 1,5, j'abandonne ; sinon je joue 12 coups de la meilleure. Sur la base des 12 derniers coups, je réévalue alors le score moyen de la stratégie jouée. Je retourne en (§).

Cette stratégie prend l'initiative de trahir – quand elle joue PÉRIODIQUE-GENTILLE – et donc c'est une méchante, ce qui semble un désavantage. Son système de test et de choix est très astucieux et compense ce risque pris en trahissant.

LA-TROISIEME : à la première partie, je coopère et je suis calme. Lorsque je suis calme, je joue DONNANT-DONNANT, mais si mon adversaire trahit, je m'énerve. Si je suis énervé et qu'il coopère, je coopère et redeviens calme, mais s'il me trahit, je le trahis et deviens furieux. Lorsque je suis furieux, je trahis toujours, sauf s'il trahit 12 fois de suite, auquel cas je regarde s'il a trahi plus souvent qu'il n'a coopéré. Si c'est le cas, je renonce, sinon je coopère, et je redeviens seulement énervé.

L'idée de cette stratégie est un peu plus difficile à comprendre. Cependant : – elle est gentille ; – elle est réactive, et même très sensible, car elle s'énerve et devient furieuse facilement ; – lorsqu'elle est furieuse, elle tente d'exploiter l'autre au maximum en trahissant toujours ; si l'autre ne se laisse pas faire – ce qu'elle considère établi quand il a trahi 12 fois de suite –, alors elle lui donne une dernière chance de coopération s'il n'a pas été trop méchant dans le passé et, sinon, elle renonce.

On constate que ce ne sont pas des stratégies très simples qui gagnent. En revanche, les principes à la base de leur conception sont compréhensibles et ne recourent qu'à des considérations de bon sens. Le fait que ce soient trois stratégies assez différentes qui arrivent en tête prouve à notre avis que, comme cela se passe dans le monde vivant, plusieurs schémas d'organisation différents sont viables. D'ailleurs la comparaison avec le monde vivant peut être prolongée : – certains principes doivent absolument être respectés : pour un être vivant, il faut réussir à tirer de l'énergie de son environnement, et disposer d'un mode de reproduction efficace ; pour une stratégie, il faut être réactive et savoir renoncer ; – certaines idées sont mauvaises : chez les êtres vivants, il n'y a pas de mammifères à cinq pattes, ni d'animaux ayant des roues à essieux ; chez les stratégies, être méchant ou renoncer trop vite se révèle mauvais ; – certaines combinaisons de principes de bon sens s'accordent bien ensemble, d'autres non, et il n'est pas simple de deviner lesquelles sans expérimentation.

Une étude du classement montre que l'utilisation de la seule idée du SEUIL (au-delà duquel on renonce) ou du DONNANT-DONNANT ne suffisait pas pour être dans les 40 premiers. En revanche, la combinaison des deux idées (voir le DONNANT-DONNANT-AVEC-SEUIL) imaginée par de nombreux lecteurs donne, selon les paramètres retenus dans cette combinaison, un classement entre 7ᵉ et 47ᵉ.

Insistons sur l'intérêt du renoncement et de la gentillesse. Parmi les 40 premières, seules deux n'utilisent pas le renoncement (la 16ᵉ et la 37ᵉ) et seule une prend l'initiative de trahir (la 2ᵉ). DONNANT-DONNANT est classée 50ᵉ. Si, aux stratégies des lecteurs, on ajoute les 12 de l'article de novembre (dont aucune ne renonce), peu de changements en résultent et la meilleure des 12 stratégies – qui est RANCUNIERE – est classée 45ᵉ.

La stratégie la plus compliquée en longueur de programme arrive 64ᵉ. Malgré cela, la règle qu'il faut être simple pour gagner ne semble pas vérifiée : les trois premières stratégies utilisent presque les 100 mots maximum que nous avions autorisés pour ceux qui ne programmaient pas eux-mêmes leur stratégie. Aucune stratégie aussi simple que DONNANT-DONNANT n'est bien placée.

Ces expériences montrent que – contrairement à ce que les premières expérimentations sur le dilemme itéré sans renoncement établissaient – la stratégie DONNANT-DONNANT est susceptible d'être perfectionnée. Vraisemblablement, il n'y a pas de limites aux perfectionnements possibles de DONNANT-DONNANT et à la variété de ces perfectionnements, comme il n'y en a pas quand il s'agit des êtres vivants.

Établir cette thèse dans l'absolu est sans doute très difficile, mais nous avons fait un premier pas en concevant plusieurs stratégies qui auraient gagné si elles avaient joué. En voici trois exemples :

LA MEILLEURE STRATÉGIE

(A) JE COOPÈRE AU PREMIER COUP.
(B) TOUS LES 20 COUPS, J'ÉVALUE MON SCORE, ET SI, EN MOYENNE, IL EST INFÉRIEUR À 1,5, JE RENONCE.
(C) À CHAQUE FOIS QUE L'AUTRE ME TRAHIT, SI JE NE SUIS PAS DÉJÀ DANS UNE PHASE DE PUNITION, JE RENTRE DANS UNE PHASE DE PUNITION. SI MON ADVERSAIRE M'A TRAHI N FOIS (EN DEHORS DES PHASES DE PUNITION), LA PHASE DE PUNITION DURE $N(N + 1)/2$ TRAHISONS, ET EST SUIVIE DE DEUX COOPÉRATIONS.

3. Les idées utilisées pour concevoir cette stratégie, qui est la gagnante, sont toutes assez naturelles : renoncer si les résultats sont insuffisants, réagir de plus en plus fort, etc. C'est l'accumulation de plusieurs bonnes idées qui fait de cette version perfectionnée du DONNANT-DONNANT la meilleure de toutes celles proposées par les lecteurs.

LA DEUXIÈME STRATÉGIE

(A) JE JOUE SUCCESSIVEMENT 5 COUPS DE CHACUNE DES STRATÉGIES DONNANT-DONNANT, GENTILLE (TOUJOURS COOPÉRER), RANCUNIÈRE (TOUJOURS TRAHIR DÈS QUE L'AUTRE A TRAHI), PÉRIODIQUE GENTILLE (JOUER PÉRIODIQUEMENT COOPÉRER, COOPÉRER, TRAHIR).
(B) JE CALCULE LE SCORE MOYEN OBTENU PAR LES 4 DERNIERS COUPS DE CHAQUE SÉRIE.
(&) SI LA MEILLEURE MOYENNE EST INFÉRIEURE À 1,5, J'ABANDONNE. SINON JE JOUE 12 COUPS DE LA MEILLEURE SUR LA BASE DES 12 DERNIERS COUPS, JE RÉÉVALUE ALORS LE SCORE MOYEN DE LA STRATÉGIE JOUÉE. JE RETOURNE EN (&).

4. Le principe utilisé ici est très intéressant et original. L'idée est de faire un essai avec quatre stratégies simples, d'étudier les résultats obtenus et de jouer la meilleure, sauf si rien de bien n'a été obtenu, auquel cas on renonce à jouer. Cette stratégie a obtenu la seconde place.

ENCORE-MEILLEURE-A : je joue comme LA-MEILLEURE, sauf que je comptabilise toutes les trahisons de l'autre, y compris lorsque je suis en phase de punition.

ENCORE-MEILLEURE-B : je joue comme LA-DEUXIEME, sauf que je ne commence mon système de test et de choix que lorsque mon adversaire a trahi une fois.

ENCORE-MEILLEURE-C : je joue comme LA-TROISIEME, sauf que je ne m'énerve que lorsque mon adversaire a trahi deux fois de suite (au lieu d'une fois).

Dans le premier cas, on corrige un défaut de LA-MEILLEURE qui visiblement a tort de ne pas comptabiliser les trahisons de son adversaire pendant les phases de punition : il ne faut pas être indifférent aux coups de pied que vous recevez pendant que vous donnez une fessée! Dans le second cas, on enlève à la stratégie LA-DEUXIEME son défaut majeur, qui était d'être méchante, et, dans le troisième cas, on corrige la trop grande susceptibilité de la stratégie LA-TROISIEME.

De la complexité à l'intelligence, il n'y a qu'un pas et c'est sans doute ce que suggérait un lecteur en disant qu'un joueur humain réussirait sans doute mieux que n'importe quelle stratégie programmée (au problème près que jouer 95 parties de 1 000 coups serait sans doute assez pénible).

Robustesse des résultats

Bien sûr, pour qu'une stratégie puisse être considérée comme bonne en un sens un peu général, il faut qu'elle ne soit pas trop sensible aux variations de l'environnement. La façon la plus simple de le tester est de simuler une sélection naturelle : on compose une première génération avec 100 exemplaires de chaque stratégie ; ensuite, en fonction des résultats des stratégies dans cet environnement, on détermine de nouveaux effectifs, ce qui constitue ce qu'on appelle la génération 2, etc.

Il est vraiment spectaculaire de voir comment, dans de telles simulations (comme à propos du dilemme sans renoncement), l'élimination des méchantes est systématique, à tel point d'ailleurs que la stratégie classée deuxième se trouve éliminée en quelques générations. Les stratégies qui profitaient trop des méchantes reculent, car les méchantes disparaissent vite et ne sont donc plus là pour les favoriser. Mais la stratégie LA-MEILLEURE reste classée première même dans cette variante du concours, prouvant que les principes de sa conception sont vraiment bons.

Nous avons fait d'autres tests en faisant varier les coefficients du jeu ou la durée des parties. Ces essais font apparaître de légers changements dans le classement, mais ne remettent pas en cause les conclusions générales obtenues et confirment bien, en particulier, que c'est l'accumulation de plusieurs propriétés de bon sens qui donne les meilleures stratégies.

Nous sommes donc convaincus que la mise au point de stratégies de plus en plus robustes et obtenant de bons résultats dans de nombreuses situations différentes est possible.

Pour aller plus loin, il faudrait disposer d'une variété toujours plus grande de stratégies de base et, en particulier, la centaine de stratégies que nous avons ne nous permet pas, raisonnablement, d'obtenir plus que ce que nous venons de dire. Une perspective infinie de perfectionnements successifs se présente, dont seule une infime partie nous a été dévoilée. Nous en sommes à un niveau de complexité équivalent aux premiers instants de la vie sur Terre.

Pour aller plus loin, deux méthodes semblent envisageables. La première est celle des algorithmes génétiques ; elle a déjà été essayée en se limitant aux stratégies qui ne prennent en compte que les trois derniers coups (voir *Les algorithmes génétiques*, par John Holland, *Pour la Science*, septembre 1992). La seconde est celle de l'étude purement mathématique que, peut-être, quelqu'un arrivera à mener à bien.

13

Algorithmes et preuves probabilistes

Existe-t-il des énoncés mathématiques vrais à 99 pour cent?

L'informatique théorique, depuis une dizaine d'années, a mis en évidence plusieurs extensions de la notion de preuve. Ont ainsi été introduites les notions de preuve probabiliste, de preuve interactive, de preuve sans transfert de connaissances, de preuve de largeur polynomiale, de preuve transparente. Ce sujet passionnant est en évolution accélérée.

Dans la vie courante, «être certain à 99,9999 pour cent» d'un résultat est équivalent à «être certain» tout court ; des exceptions existent, car «être certain à 99,9999 pour cent que, dans la seconde qui vient, la centrale nucléaire près de chez moi fonctionnera correctement» n'est pas suffisant : il y a beaucoup de secondes dans la vie d'une centrale et l'enjeu est important. Dans un tel cas, il faut ajouter quelques «9» pour être satisfait, et même là, une quasi-certitude statistique est suffisante: si le risque d'accident pour la durée totale de vie de la centrale était inférieur à 1/1 000 000, l'écologiste le plus intransigeant serait satisfait. Le mathématicien russe A. Kolmogorov disait que «notre vie deviendrait un cauchemar si nous ne négligions pas les petites probabilités défavorables dans nos algorithmes quotidiens».

En mathématiques, les choses apparaissent différentes : beaucoup de mathématiciens soutiennent que cela n'a pas de sens de dire qu'un nombre entier est premier avec une probabilité de 99,9999 pour cent ; un nombre entier donné est premier ou ne l'est pas, est premier à 100 pour cent ou à 0 pour cent. Remarquons que la possibilité pour une propriété mathématique d'être indécidable (improuvable, ainsi que sa négation) dans un système mathématique – mise en évidence par K. Gödel en 1931 – n'intervient pas ici : on sait en effet que les propriétés élémentaires comme être un nombre premier ne sont jamais indécidables dans les systèmes utilisés par les mathématiciens.

Le grand nombre d'erreurs qu'on trouve dans les publications mathématiques, et qui y restent cachées parfois de longues années, inciterait à penser que l'intégrisme des mathématiciens est déplacé, et qu'en fait, pour bien des résultats qu'ils croient démontrés, la probabilité qu'il reste une erreur dans les démonstrations connues n'est certainement pas nulle.

Des nombres presque certainement premiers

Indépendamment des risques d'erreurs venant des mathématiciens, on parle, depuis quelques années, de preuves probabilistes en arithmétique. De quoi s'agit-il?

Illustrons cette notion de preuve probabiliste : nous désirons déterminer si un autobus est celui du collège de garçons (sans fille) ou si cet autobus est celui qui transporte les élèves du lycée mixte (où un passager sur deux est une fille). D'un autobus descendent cinq passagers dont nous notons le sexe. Quelle est la probabilité que l'autobus soit celui de l'école des garçons? Si l'un des passagers est féminin, nous savons que l'autobus est celui de l'école mixte. Supposons que les cinq passagers qui sont descendus soient masculins. La probabilité qu'un passager de l'autobus du lycée mixte soit une fille est 1/2 et la probabilité que les cinq premiers passagers soient des garçons est inférieure à $1/2^5$, environ trois pour cent. Il y a donc environ 3 chances sur 100 que l'autobus soit celui du lycée mixte, et 97 chances sur 100 qu'il soit celui du collège de garçons.

La version mathématique du problème, appliquée, non au sexe des occupants d'un autobus, mais à la primalité d'un nombre est la suivante.

Imaginons que nous ayons établi qu'une certaine fonction $f(n, m)$ de deux variables n et m possède la propriété suivante. Si n est un nombre premier, alors $f(n, m)$ = OUI pour tout entier m compris entre 1 et $n - 1$. Si n n'est pas premier – c'est-à-dire est le produit de deux entiers plus grand que 1 – alors $f(n, m)$ = NON pour la moitié au moins des entiers m entre 1 et $n - 1$. Les nombres m pour lesquels $f(n, m)$ = NON sont des témoins de la non-primalité de n : si n est premier, il n'y a aucun témoin ; si n n'est pas premier, un entier sur deux au moins (parmi ceux compris entre 1 et $n - 1$) est un témoin de la non-primalité de n.

Imaginons maintenant que, pour 20 valeurs différentes de m, choisies au hasard entre 1 et $n - 1$, nous calculions $f(n, m)$, et que 20 fois nous ayons trouvé $f(n, m)$ = OUI. Si n n'est pas premier, à chaque essai d'un certain nombre m, nous avons une chance sur deux de tomber sur un témoin de non-primalité. Donc si n n'est pas premier, au bout de 20 essais, nous n'avons qu'une chance sur 2^{20} = 1 048 576 de n'être jamais tombés sur un témoin de non-primalité. $1/2^{20}$ valant à peu près 1/1 000 000, il semble naturel de dire dans un tel cas que n est premier avec une probabilité de 99,9999 pour cent. En 1977, R. Solovay et V. Strassen proposèrent une telle fonction $f(n, m)$.

Notons aussi que les nombres «presque sûrement premiers» qu'on trouve ainsi jouent un rôle essentiel dans certains protocoles de cryptographie (comme le code RSA de Rivest, Shamir et Adleman), où on les utilise comme s'ils étaient «vraiment premiers». On parle parfois de nombres moralement premiers ou – en référence à leur utilisation dans des applications à la sécurité informatique – de nombres premiers industriels.

Il est amusant de remarquer que l'article si important de R. Solovay et V. Strassen, qui introduisait en 1977 la notion d'énoncé mathématique probablement vrai, illustre l'autre cause d'incertitude qui règne sur le prétendu absolu des mathématiques. En effet, leur court article de deux pages de 1977 comporte une erreur de démonstration. Cette erreur, signalée par le mathématicien Allan Borodin, obligea Solovay et Strassen à publier, 11 mois plus tard, un additif de quelques lignes.

Le problème de fond reste posé : en quoi le fait d'effectuer 20 tests et d'obtenir 20 fois OUI constitue-t-il une preuve? Ce qui donne un sens à ce type de résultat – et fixe donc le sens de l'expression preuve probabiliste –, c'est la notion d'algorithme probabiliste à risque d'erreur borné (appelé parfois algorithme d'Atlantic City).

1. On désire déterminer si l'autobus est celui du collège de garçons ou celui du lycée mixte. Dans l'autobus du lycée mixte, on sait qu'un élève sur deux est une fille. Si un passager féminin descend de l'autobus, alors on est sûr que l'autobus est celui du lycée mixte. La descente des cinq passagers masculins indique que c'est l'autobus de l'école des garçons avec une probabilité qui est supérieure à $1 - 1/2^5$.

Algorithmes probabilistes, preuves probabilistes

Les algorithmes que l'on considère habituellement sont déterministes : une fois lancés, les calculs qu'ils font sont parfaitement déterminés, et, si vous lancez plusieurs fois de suite un tel algorithme avec les mêmes données, vous obtiendrez à chaque fois le même résultat. Un algorithme probabiliste, à l'opposé, est un algorithme qui, de temps en temps, lors de son déroulement, demande à l'ordinateur – ou au mathématicien qui l'exécute à la main – un nombre aléatoire, et qui donc, d'une exécution à l'autre, peut donner des résultats différents. Par simplification, et parce que l'on peut prouver que c'est suffisant, on suppose que les nombres aléatoires fournis sont le résultat d'un tirage à pile ou face équitable : 0, associé à face, est obtenu avec une probabilité 1/2, de même que 1 associé à pile. Le problème de la réalisation matérielle des fonctions aléatoires dans un langage de programmation a été abordé aux chapitres 4 et 7, nous n'y reviendrons pas. Nous supposerons que nous utilisons une bonne source aléatoire.

Un algorithme est probabiliste de risque d'erreur inférieur à 1/1 000 pour le problème $Q(n)$, par exemple «le nombre n est-il premier?», si, pour toute donnée n, il fournit la réponse correcte avec une probabilité d'erreur inférieure à 1/1 000. La probabilité est mesurée en imaginant que, pour n donné, on exécute tous les déroulements possibles différents et qu'on comptabilise le nombre de déroulements ayant donné la bonne réponse. On dit aussi qu'on a un système de preuves probabilistes avec risque d'erreur inférieur à 1/1 000 pour le problème $Q(n)$, et une preuve probabiliste est alors constituée des détails du calcul de l'algorithme.

Dès que l'on dispose d'un algorithme probabiliste de risque d'erreur strictement inférieur à 1/2 pour un problème $Q(n)$, on peut le transformer en un algorithme probabiliste de risque d'erreur inférieur à 1/1 000 (ou de risque inférieur à n'importe quel nombre positif). Pour cela, il suffit de répéter plusieurs fois les calculs du premier algorithme avec des tirages aléatoires différents.

Le système des témoins de non-primalité examiné précédemment permet d'avoir un tel algorithme probabiliste, par exemple avec risque d'erreur inférieur à 1/1 000. On choisit dix nombres m au hasard entre 1 et $n - 1$ et l'on calcule $f(n, m)$. Deux cas sont possibles : *(a)* un ou plusieurs des nombres m est un témoin de non-primalité ($f(n, m)$ = NON), et l'on est alors certain que n n'est pas premier avec un risque d'erreur nul ; *(b)* aucun des nombres choisis n'est un témoin de non-primalité ($f(n, m)$ = OUI pour chaque m), et l'algorithme déclare alors que n est premier et prend un certain risque de se tromper.

Puisque nous avons maintenant défini la notion de preuve probabiliste, il semble

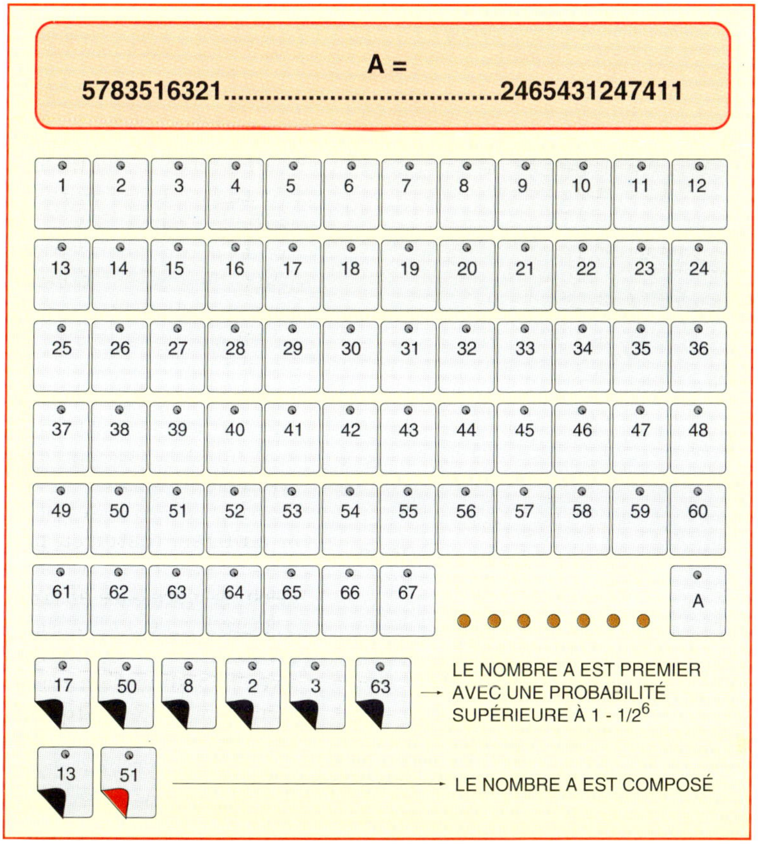

2. Soit un nombre *A* ayant, *a priori*, une chance sur deux d'être premier. Pour déterminer s'il est premier, on lui associe un ensemble de nombres m représenté par des cartes. Si *A* est composé, la fonction *f(A, m)* donne un revers de carte rouge pour la moitié au moins des cartes, sinon tous les revers sont noirs. Le tirage d'une carte rouge assure que *A* est composé ; le tirage de six cartes noires assure que *A* est premier avec une probabilité supérieure à $1 - 1/2^6$.

qu'on doive accepter l'idée que la notion de preuve mathématique dans son sens classique – largement étudiée par les logiciens depuis un siècle – ne recouvre pas toutes les notions possibles et raisonnables de preuve mathématique.

Inutilité, dans l'absolu, des preuves probabilistes

La première question qui se pose toutefois est : peut-on se passer des algorithmes probabilistes? Autrement dit : tout problème oui-non (par exemple *Q(n)* : «*n* est-il premier?»), qui peut être résolu par un algorithme probabiliste avec un risque d'erreur inférieur à un nombre donné, peut-il être résolu avec un algorithme déterministe (n'utilisant donc pas de tirage à pile ou face) et donnant le résultat sans risque d'erreur?

La réponse, OUI, a été démontrée en 1956 par K. de Leeuw, E. Moore, C. Shannon et N. Shapiro : si l'on ne tient compte que de la possibilité dans l'absolu de résoudre un problème de type OUI-NON par algorithme, il est possible de se passer complètement des algorithmes probabilistes, et donc, tout ce qui est démontrable par une preuve probabiliste, peut aussi l'être par une preuve non probabiliste classique. Il suffit, pour le démontrer, de recenser tous les résultats possibles de l'algorithme probabiliste. Dans notre exemple initial, si je note le sexe de tous les passagers de l'autobus, je sais si l'autobus est celui du collège de garçons ou celui du lycée mixte.

Le malheur est que l'algorithme déterministe qu'on obtient à partir de l'algorithme probabiliste est beaucoup moins rapide que l'ancien, et donc la preuve non probabiliste aussi. Cela montre que, si les notions d'algorithme probabiliste et de preuve probabiliste ont un intérêt, cela ne peut être que dans le cadre d'une théorie qui tient compte de la complexité des calculs et de la longueur des démonstrations.

Complexité des calculs

Illustrons cette idée sur les nombres premiers. Déterminer si un nombre est premier est en principe facile : il suffit de faire toutes les divisions par les nombres compris entre 2 et $n-1$. On peut améliorer l'algorithme en ne considérant que les nombres entre 2 et la racine carrée de n (en effet, les diviseurs d'un nombre vont toujours par deux ($pq = n$), et donc si l'un est plus grand que racine carrée de n, l'autre est plus petit, et donc finalement, si n n'est pas premier, il possède un diviseur inférieur ou égal à la racine carrée de n).

Si n est un nombre de m chiffres, tester sa primalité par divisions successives nécessite environ n, c'est-à-dire, approximativement, 10^m divisions. Avec l'amélioration résultant de notre remarque, il ne faut plus que $10^{m/2}$, soit environ $(3,16)^m$ divisions, ce qui correspond encore à une croissance exponentielle du temps de calcul en fonction du nombre m de chiffres de n.

En pratique, dès qu'un nombre est grand, on ne

TÉMOINS DE NON-PRIMALITÉ DE G.L. MILLER

SOIT *N* UN NOMBRE ENTIER IMPAIR. ON CHERCHE À DÉTERMINER SI *N* EST PREMIER. (LA NOTATION (*P* MOD *N*) = *I* SIGNIFIE QUE *P* - I EST DIVISIBLE PAR *N*. EXEMPLE : {13 MOD 5} = 3).

1. ON ÉCRIT $N-1$ SOUS LA FORME $U.2^k$ AVEC *U* IMPAIR. POUR CELA, ON DIVISE $N-1$ PAR 2 JUSQU'À TOMBER SUR UN NOMBRE IMPAIR.
EXEMPLE : $N = 45$, $N - 1 = 44 = 2.2.11$, DONC $U = 11$ ET $K = 2$.

2. SOIT *M* UN ENTIER COMPRIS ENTRE 1 ET $N-1$. ON POSE :
F(N,M) = OUI SI [{M^U MOD *N*} = ± 1,
OU S'IL EXISTE UN NOMBRE *I* COMPRIS ENTRE 1 ET $K-1$
TEL QUE : {M^{U2^I} MOD *N*} = - 1],
F(N,M) = NON SINON,
M EST ALORS UN TÉMOIN DE NON-PRIMALITÉ DE *N*.

ALGORITHME PROBABILISTE POUR SAVOIR, AVEC UN RISQUE D'ERREUR INFÉRIEUR À 1/1 000 000, SI UN NOMBRE *N* EST PREMIER

1. CHOISIR ALÉATOIREMENT 20 NOMBRES *m* ENTRE 1 ET $n-1$ ET CALCULER *f(n,m)* POUR CHACUN D'EUX :

2. SI *f(n,m)* = NON UNE FOIS OU PLUS (C'EST-À-DIRE SI L'UN DES *m* EST UN TÉMOIN DE NON-PRIMALITÉ POUR *n*), ALORS RÉPONDRE :

N EST CERTAINEMENT COMPOSÉ

3. SI *f(n,m)* = OUI POUR LES 20 NOMBRES CHOISIS, ALORS RÉPONDRE :

N EST PREMIER

3. En 1976, G.L. Miller a démontré les propriétés suivantes : *(a)* si *n* est premier, alors il n'y a aucun témoin de non-primalité ; *(b)* si *n* n'est pas premier, alors plus de la moitié des entiers entre 1 et $n-1$ sont des témoins de non-primalité. Il en résulte que l'algorithme défini ne se trompe jamais lorsqu'il déclare qu'un entier n'est pas premier, et qu'il se trompe au plus une fois sur 1 000 000 environ (2^{20}) pour *n* premier.

ALGORITHME DE D. LEHMANN POUR LA PRIMALITÉ

1. *N* EST LE NOMBRE DONT ON VEUT DÉTERMINER LA PRIMALITÉ. CHOISIR AU HASARD 20 NOMBRES ENTRE 1 ET *N* - 1. ON NOTE CES NOMBRES *A*(1), *A*(2), ..., *A*(20).

2. SI UN NOMBRE *A*(1) POSSÈDE UN FACTEUR PREMIER COMMUN AVEC *N*, CE QUI EST DÉTERMINÉ RAPIDEMENT EN CALCULANT LEUR PLUS GRAND COMMUN DIVISEUR, ALORS RÉPONDRE :

N EST CERTAINEMENT COMPOSÉ

3. SINON CALCULER $\{A(I)^{(N-1)/2} \text{ MOD } N\} = B(I)$
. SI L'UN DES *B(I)* EST DIFFÉRENT DE 1 ET -1, ALORS RÉPONDRE :

N EST CERTAINEMENT COMPOSÉ

. SI TOUS LES *B(I)* VALENT 1 OU -1, ET QUE L'UN D'EUX VAUT -1, ALORS RÉPONDRE :

N EST PREMIER AVEC UNE PROBABILITÉ D'ERREUR < 1/1 000 000

. SI TOUS LES *B(I)* VALENT 1, ALORS RÉPONDRE :

N EST COMPOSÉ AVEC UNE PROBABILITÉ D'ERREUR < 1/1 000 000

4. L'algorithme est facile à programmer, et c'est un algorithme probabiliste de risque d'erreur inférieur à 1/1 000 000 permettant de savoir si un nombre entier *n* est premier ou non. Il a été proposé par D. Lehmann en 1982, qui en a bien sûr prouvé le bon fonctionnement. Il est plus simple que celui de la figure 3, mais, contrairement à celui de Miller, même lorsqu'il indique que *n* n'est pas premier, son indication comporte un risque d'erreur.

peut plus faire toutes ces divisions. Pour montrer qu'un nombre de 50 chiffres est premier par la méthode de division jusqu'à la racine carrée de *n*, une machine pouvant effectuer un million de divisions par seconde devrait travailler plus de 300 milliards d'années, c'est-à-dire largement plus que la durée supposée de l'Univers depuis le Big Bang! Avec la méthode des témoins de non-primalité de Solovay et Strassen, en revanche, même si l'on est très exigeant et qu'on veut limiter la probabilité de se tromper à 1/1 000 000, les calculs à faire ne demandent que quelques secondes sur les ordinateurs puissants pour un nombre de 50 chiffres. La prise en compte des limitations pratiques fait apparaître l'utilité des algorithmes et des preuves probabilistes.

L'histoire du problème de la primalité est remarquable, et les progrès qui ont été faits ces dernières années, tant du point de vue théorique que pratique, sont étonnants. Pour en apprécier le sens et comprendre à quel point on a avancé, nous allons introduire ce que les informaticiens appellent des classes de complexité.

Classes *P* et *BPP*

Lorsqu'un problème OUI-NON est donné, (pensons au problème «*n* est-il premier?»), on considère que le problème est traitable efficacement s'il existe un algorithme déterministe qui, pour chaque cas possible – pour chaque entier *n* –, donne le bon résultat en faisant des opérations élémentaires dont le nombre est une fonction polynomiale de la longueur de la donnée (ici le nombre *m* de chiffres de *n*). La classe des problèmes pour lesquels un tel algorithme existe est appelée la classe *P* (*P* comme polynôme). La façon dont on compte le nombre d'opérations élémentaires et la notion même d'opérations élémentaires n'ont pas besoin d'être précisées, car, pour toute définition raisonnable de ces notions, on trouve la même classe *P*, appelée : «classe des problèmes OUI-NON traitables en temps polynomial par des algorithmes déterministes».

Le problème «*n* est-il un multiple de 13?» est dans la classe *P*. L'algorithme qui le démontre est l'algorithme de division : nous divisons *n* par 13 et nous regardons si le reste est nul. La division d'un nombre *n* par 13, qui prend un temps proportionnel à la longueur de *n*, est donc polynomiale. Si nous trouvions un algorithme répondant sans erreur à la question «*n* est-il premier?» en faisant au plus m^3 opérations élémentaires de calcul pour les nombres de *m* chiffres, nous pourrions dire que le problème de la primalité est un problème polynomial, donc dans *P*. En réalité, nous ne savons pas aujourd'hui si le problème de la primalité est dans *P*, quoi que nous soyons bien près de pouvoir l'affirmer, comme nous le verrons. L'algorithme naïf par division systématique ou même l'algorithme amélioré par division jusqu'à la racine carrée de *n* ne sont pas des algorithmes polynomiaux. Cela n'interdit pas qu'il en existe un.

Nous savons que, pour le problème «*n* est-il un nombre premier?» et pour tout nombre positif donné e aussi petit soit-il, à partir des résultats de Solovay et Strassen (ou d'autres découverts depuis), nous pouvons construire des algorithmes probabilistes qui répondent en temps polynomial à la question «*n* est-il premier?», avec une probabilité d'erreur inférieure à ce nombre e. On dit que le problème de la primalité est dans la classe

BPP (ce sont les initiales de *Bounded-away-error-Probabilistic-Poly-nomial-Time*, ce qu'on peut traduire par : *En temps polynomial, avec une probabilité d'erreur bornée*). La figure 4 présente un algorithme assez simple pour la primalité, qui, aussi bien lorsqu'il répond OUI que lorsqu'il répond NON, prend le risque de se tromper. Cet algorithme montre que le problème de la primalité est dans la classe *BPP*.

La classe *BPP* est donc la classe des problèmes OUI-NON traitables en temps raisonnable lorsqu'on accepte un certain risque probabiliste d'erreur. On considère aujourd'hui que c'est cette classe-là, plutôt que la classe *P*, qui constitue la classe des problèmes traitables efficacement. En effet, si, pour un mathématicien intégriste, un entier ne peut pas être premier à 99,9999 pour cent, et donc si, pour lui, être traitable efficacement signifie être dans *P*, un agent secret qui sait que son code peut être décrypté par un algorithme probabiliste, dans 99,9999 pour cent des cas, en temps polynomial ne le considérera pas comme sûr. Pour lui, garantir qu'un problème n'est pas dans *P* n'est pas suffisant, ce qui l'intéresse, ce sont les problèmes qui ne sont pas dans *BPP* (au moins).

La classe *R*

En fait, l'algorithme déduit des idées de Solovay et Strassen et bien d'autres découverts depuis ne sont susceptibles de se tromper que dans un sens (ce qui n'est pas exigé dans la définition de *BPP*). Ils peuvent à la rigueur déclarer premier un nombre qui ne l'est pas (lorsqu'ils ne trouvent pas de témoin de non-primalité alors qu'il y en a), mais ils ne déclareront jamais composé un nombre premier (puisque, dès qu'un témoin de non-primalité apparaît, on sait de façon certaine que n n'est pas premier). On dit que le problème «n est-il composé?» est dans la classe *R* ou, ce qui revient au même, que le problème «n est-il premier?» est dans la classe *co-R*.

Récemment L. Adleman et M. Huang, du département de *Computer Science* de l'Université de Californie du Sud, ont progressé dans la résolution du problème de la primalité. Ils ont prouvé qu'il existait un algorithme probabiliste polynomial du même genre que celui de Solovay et Strassen, mais qui, lui, ne pouvait pas se tromper en déclarant non premier un nombre premier. Autrement dit, «n est-il premier?» est non seulement dans *co-R*, mais aussi dans *R*. L'algorithme d'Adleman et Huang fournit des témoins de primalité en temps polynomial, comme l'algorithme de Solovay et Strassen fournissait des témoins de non-primalité en temps polynomial.

En faisant tourner simultanément les deux algorithmes de Solovay et Strassen et d'Adleman et

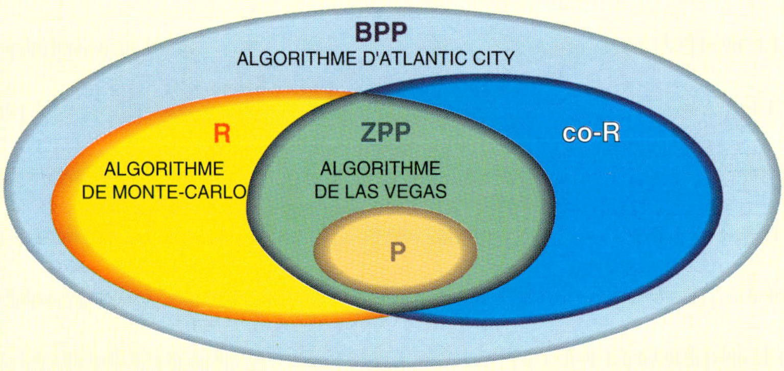

P : CLASSE DES PROBLÈMES QUI PEUVENT ÊTRE RÉSOLUS PAR UN ALGORITHME DÉTERMINISTE TRAVAILLANT EN TEMPS POLYNOMIAL.

BPP : CLASSE DES PROBLÈMES QUI PEUVENT ÊTRE RÉSOLUS PAR UN ALGORITHME PROBABILISTE TRAVAILLANT EN TEMPS POLYNOMIAL ET AVEC UN RISQUE D'ERREUR AUSSI PETIT QUE L'ON VEUT.

R : CLASSE DES PROBLÈMES QUI PEUVENT ÊTRE RÉSOLUS PAR UN ALGORITHME PROBABILISTE QUI NE SE TROMPE PAS QUAND IL RÉPOND NON, ET QUI SE TROMPE AU PLUS UNE FOIS SUR DEUX QUAND IL RÉPOND OUI.

co-R : CLASSE DES PROBLÈMES QUI PEUVENT ÊTRE RÉSOLUS PAR UN ALGORITHME PROBABILISTE QUI NE SE TROMPE PAS QUAND IL RÉPOND OUI, ET QUI SE TROMPE AU PLUS UNE FOIS SUR DEUX QUAND IL RÉPOND NON.

ZPP = R $\cap$ co-R : CLASSE DES PROBLÈMES QUI PEUVENT ÊTRE RÉSOLUS PAR UN ALGORITHME PROBABILISTE QUI TRAVAILLE EN TEMPS MOYEN POLYNOMIAL ET QUI NE SE TROMPE JAMAIS.

5. On a successivement réussi à montrer que le problème de la primalité était dans *BPP*, *co-R*, *R*, *ZPP*, mais on ne sait pas franchir le dernier pas et montrer qu'il est dans *P*. On pense qu'il est effectivement dans *P*, car G. Miller a établi que cela résultait de l'hypothèse généralisée de Riemann qu'on conjecture depuis longtemps et que beaucoup de mathématiciens croient vraie.

Huang jusqu'à ce que l'on sache de façon certaine que n est premier ou de façon certaine qu'il est composé, on obtient un algorithme très intéressant sur le plan théorique. Cet algorithme fournit pour tout n de m chiffres, en un temps moyen polynomial (malheureusement en m^{100}), soit un témoin de primalité, soit un témoin de non-primalité, et donc donne un résultat sans risque d'erreur sur la nature de n en un temps polynomial *moyen*. Cet algorithme ne prouve pas que «n est-il premier?» est dans la classe P à cause du mot *moyen* et du fait que c'est un algorithme qui utilise des tirages aléatoires pour fonctionner. On n'est pas loin d'avoir montré que le problème de la primalité est dans P, mais on n'y est pas tout à fait.

En établissant que le problème de la primalité était dans l'intersection de R et de *co-R*, on s'est donc approché très près de P, même si le dernier pas à franchir semble difficile. Cependant Gary Miller, il y a déjà plus de 15 ans, a démontré que, moyennant une conjecture d'arithmétique ancienne et célèbre (pour être précis, la conjecture de Riemann généralisée aux L-fonctions de Dirichlet), le problème de la primalité est dans P. En fait, il a même proposé un algorithme déterministe (qui est une variante de celui décrit à la figure 3) pour la primalité, qui est sans doute polynomial, mais dont on ne sait prouver qu'il est polynomial qu'en utilisant la conjecture de Riemann généralisée.

On est donc dans une situation étrange concernant la primalité. On a presque réussi de deux façons différentes à montrer que c'était un problème de P : *(a)* en prouvant que c'est un problème traitable sans risque d'erreur en temps polynomial moyen par algorithmes probabilistes ; *(b)* en proposant un algorithme déterministe, qui est sans doute polynomial, mais sans qu'on sache le démontrer.

Les records

Ces résultats, ainsi que d'autres dus à C. Pomerance, R. Rumely, H. Cohen, H. et A. Lenstra, permettent de prouver la primalité de nombres entiers de plus en plus longs. Récemment, une méthode fondée sur les courbes elliptiques due à A. Atkin et F. Morain, de l'INRIA-Rocquencourt, a conduit ce dernier à écrire un programme qui fut le premier à prouver (sans risque d'erreur) la primalité de n'importe quel nombre premier de 1 000 chiffres ou moins (on parle de méthode tous-usages). Pour ce type d'exploit, une technique fréquemment utilisée est de distribuer le travail entre plusieurs ordinateurs de puissance moyenne en ne les faisant travailler que lorsqu'ils n'ont rien d'autre à faire (la nuit, par exemple). On obtient ainsi en quelques jours des temps de calcul équivalents à plusieurs mois ou années. En 1989, cette technique permit à A. Lenstra et M. Manasse, avec 400 machines, de factoriser un entier difficile – ne possédant pas de petits diviseurs – de plus de 100 chiffres. François Morain, qui utilise aussi cette technique de distribution du travail, a réussi tout récemment à prouver la primalité de nombres de 1 500 chiffres décimaux et c'est lui qui aujourd'hui détient le plus performant des algorithmes de preuve de primalité tous-usages.

Le plus grand entier premier connu aujourd'hui est $2^{756839} - 1$, qui possède 227 832 chiffres. Il a été prouvé premier par Slowinski et Gage en mars 1992, après 19 heures de calculs d'un ordinateur *Cray II*, par une méthode spéciale qui ne peut s'appliquer qu'à certains types d'entiers : ce n'est pas une méthode tous-usages.

Savoir qu'un nombre n'est pas premier ne suffit pas pour le factoriser. D'autres méthodes sont nécessaires, et aujourd'hui la taille limite pour factoriser les entiers difficiles est de 120 chiffres à peu près. Un entier difficile de 116 chiffres a récemment été factorisé. Heureusement que la factorisation est plus difficile que la détermination de la primalité, car de nombreuses méthodes de cryptographie, comme le RSA évoqué plus haut, sont fondées sur la difficulté de la factorisation. Les progrès inattendus, faits à propos des tests de primalité, montrent cependant qu'il n'est pas impossible que tous les codes fondés sur la difficulté de la factorisation des entiers de taille inférieure à 200 chiffres soient prochainement cassés.

Utilité des algorithmes probabilistes

Les nombreux travaux faits en arithmétique n'interdisent pas de penser que le détour par les algorithmes probabilistes pour les tests de primalité est inutile – ce sera le cas si l'on démontre l'hypothèse de Riemann généralisée – et n'interdisent pas non plus de croire à l'inutilité des algorithmes probabilistes pour les problèmes OUI-NON – ce sera le cas si on réussit à montrer que $P = BPP$.

Pour les problèmes OUI-NON, on ne sait donc pas aujourd'hui si autoriser des algorithmes probabilistes fait vraiment gagner quoi que ce soit, ne serait-ce que sur le plan de l'efficacité. En revanche, ce n'est plus le cas lorsqu'on s'intéresse à des algorithmes divers, sortant du cadre OUI-

NON. On a en effet réussi à prouver complètement que les algorithmes probabilistes font mieux que les algorithmes déterministes dans trois cas au moins : à propos d'induction et d'identification à la limite *(voir le chapitre 9)* ; à propos d'algorithmes de communication et de coopération entre ordinateurs ; et à propos d'ordinateurs ayant des caractéristiques limitatives (comme, par exemple, ce qu'on appelle les machines de Turing à un seul ruban).

En conclusion, on peut donc dire que, même si certaines des questions théoriques les plus simples en apparence restent non résolues concernant les algorithmes probabilistes, ces derniers sont concrètement utiles en arithmétique et ont été prouvés théoriquement irremplaçables dans plusieurs domaines. Quant à la notion de preuve probabiliste, remarquons pour terminer que, si le monde est infini, les mathématiciens ont raison de dire qu'on peut toujours s'en passer. En revanche, si le monde est fini – ce que la cosmologie n'exclut pas – alors nous risquons un jour de trouver des énoncés mathématiques dont les seules preuves qui nous soient accessibles soient des preuves avec un risque d'erreur probabiliste : les preuves exactes de ces énoncés ne peuvent être matériellement présentes dans l'Univers trop petit, alors que les preuves probabilistes seraient, elles, suffisamment courtes pour y trouver place.

IP = PSPACE

Un pas important vers la compréhension des classes de complexité.

En 1978, le mathématicien Adi Shamir, de l'Institut Weizmann, s'est rendu célèbre, avec Ronald Rivest et Leonard Adleman, en proposant un système de codage à clef révélée, c'est-à-dire un système de codage au moyen d'un algorithme public tel que la méthode de décodage ne peut se déduire de la connaissance de l'algorithme de codage : ce système, nommé *RSA* d'après les initiales de ses inventeurs, sert à garantir la confidentialité de données en informatique.

Dans un article récent, A. Shamir vient de donner un nouveau souffle à la théorie de la complexité des algorithmes. Son nouveau résultat se résume par l'égalité IP = SPACE : les problèmes de la classe IP, dont on peut convaincre un interlocuteur qu'on en connaît la solution sans l'obliger à faire de longs calculs de vérification, sont les mêmes que ceux de la classe PSPACE, qui ne nécessitent pas trop de mémoire pour être résolus (A. Shamir, *IP = PSPACE*, in *Proceedings of FOCS'90*, 1990).

Parmi les nombreux problèmes de type PSPACE (polynomial en espace) figure le problème des formules booléennes quantifiées, telle que : «Est-il vrai que pour toute phrase P, il existe une phrase Q telle que P implique non Q et Q implique non P?» Le problème est booléen, car la définition des formules – les divers «cas» du problème – ne fait intervenir que les connecteurs de logique booléenne *et, ou, non, implique* ; il est quantifié parce que les formules comportent des quantificateurs *pour tout* et *il existe* ; la taille de chaque cas du problème (par exemple, la formule indiquée ci-dessus) se mesure par le nombre de symboles nécessaires pour l'écrire.

Une solution du cas mentionné ici est la phrase Q égale à *non* P : en effet, P implique *non non* P et *non* P implique *non* P. On connaît des algorithmes de résolution qui s'appliquent à tous les cas (toutes les formules booléennes quantifiées) et sont polynomiaux en espace : en fonction de la taille d'un cas, ces algorithmes imposent le stockage de moins de $P(n)$ bits de mémoire, $P(n)$ étant un polynôme de la variable n (par exemple $n^3 + 3n + 5$).Toutefois on n'a pas trouvé d'algorithmes qui seraient également polynomiaux en temps (le temps correspondant au nombre d'étapes à effectuer), et on soupçonne qu'il n'en existe pas.

Quelle est la classe IP qui vient d'être assimilée à la classe PSPACE? Un problème est de type IP (de l'anglais *Interactive Proof*) s'il existe une méthode ou protocole, permettant à quelqu'un qui sait résoudre les différents cas du problème et n'est pas limité dans ses calculs (le prouveur) de convaincre un vérifieur que les solutions qu'il lui donne sont bonnes, et cela de façon que le vérifieur n'ait pas trop de calculs à faire : le nombre d'étapes de calcul que doit faire le vérifieur pour vérifier la solution d'un cas du problème doit être inférieur à un polynôme dont la variable est la taille du cas considéré. Le vérifieur a le droit d'utiliser des tirages au sort à l'insu du prouveur et il ne cherche pas à établir avec une certitude absolue que le prouveur est fiable, mais il veut minimiser son risque d'erreur, comme le montre l'exemple suivant.

Dans le problème du «non-isomorphisme de graphes», les cas du problème sont des couples de graphes non isomorphes, c'est-à-dire que l'on ne peut faire correspondre nœud à nœud et arête à arête : un graphe linéaire composé de cinq nœuds, par exemple, ne peut être déformé en un graphe à quatre nœuds en étoile autour d'un cinquième nœud central. Les mathématiciens n'ont pas encore trouvé de méthode polynomiale en temps qui prouve que deux graphes ne sont pas isomorphes, et ils sont convaincus qu'il n'en existe pas (le problème ne serait pas de type P) ; même quand les deux graphes ont moins de 20 nœuds, le nombre de vérifications est rédhibitoire. En revanche, il est facile de démontrer, en un temps polynomial, que deux graphes sont isomorphes.

Voyons, en explicitant un protocole, pourquoi le problème du non-isomorphisme de graphes est de type IP. Le prouveur veut convaincre le vérifieur que deux graphes $G1$ et $G2$ ne sont pas isomorphes. Il a découvert, à force de calculs, que les deux graphes n'étaient pas isomorphes, et pourrait transmettre ses calculs au vérifieur, mais ce dernier ne veut ni faire de longs calculs ni lire de longues preuves (ce qui revient au même). Il veut être convaincu rapidement que les deux graphes sont différents, mais il veut des garanties, par crainte d'être trompé.

Le vérifieur permute donc le nom des nœuds de l'un des graphes $G1$ ou $G2$, sans dire au prouveur lequel il modifie *(voir la figure)*, et il obtient un graphe G qu'il transmet au prouveur en lui demandant si G provient de $G1$ ou de $G2$. Si le prouveur n'est pas un imposteur et si les deux graphes ne sont pas isomorphes, il peut reconnaître de quel graphe provient le graphe G, et il transmet sa réponse au vérifieur. Naturellement un tricheur pourrait répondre au hasard et tomber sur la bonne réponse, mais si l'opération est répétée, la probabilité de trouver la bonne réponse à tous les coups en choisissant au hasard devient de plus en plus faible : elle n'est déjà plus que d'une chance sur 1 024 pour dix essais, de une sur un million après 20 essais.

Inattendu, le lien qui vient d'être établi entre «transmissible avec fiabilité sans calcul» et «résolvable sans trop de mémoire», établit aussi que certains résultats de la théorie de la complexité des algorithmes sont d'approche plus facile qu'on ne le croyait. La réputation de difficulté de la discipline résultait des nombreux exemples de problèmes simples (du moins par leur énoncé) qui ne sont pas résolus. On ignore notamment si P = NP, c'est-à-dire si l'ensemble des problèmes dont on peut *trouver* une solution en un temps polynomial (P) est confondu avec l'ensemble des problèmes dont on peut *vérifier* la solution en un temps polynomial (NP).

La méthode de A. Shamir est simple et du même type que toutes les démonstrations fausses (il y en a eu des dizaines) de P = NP : A. Shamir a choisi un problème représentatif de la classe PSPACE (le problème des formules booléennes quantifiées) et il a montré qu'il appartenait à la classe IP, en proposant un protocole analogue à celui que nous avons examiné pour le non-isomorphisme de graphes. La «représentativité» du cas choisi est telle qu'elle implique que tous les

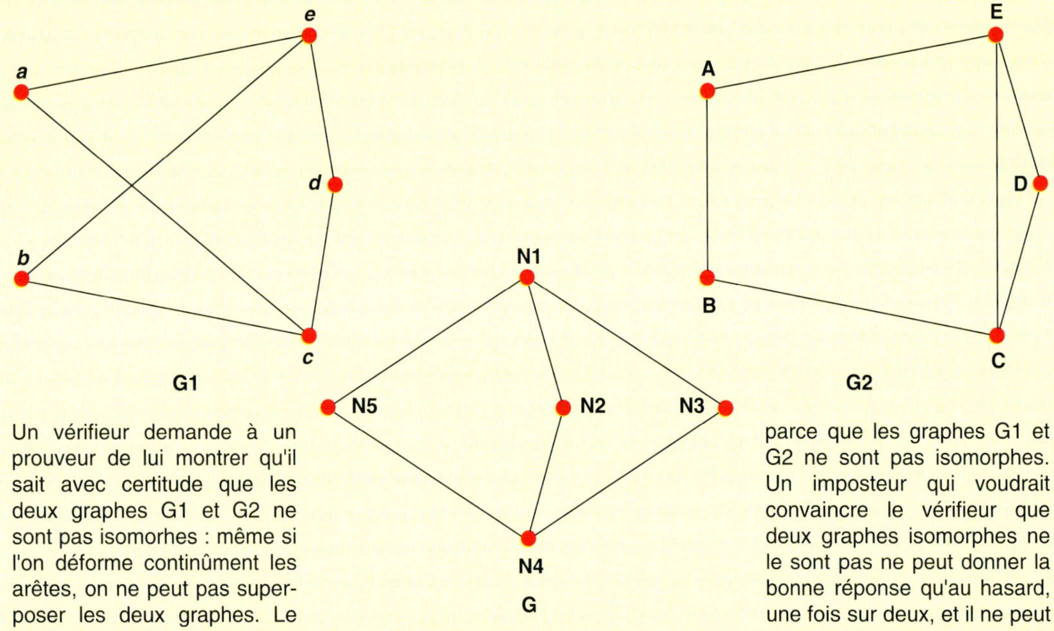

Un vérifieur demande à un prouveur de lui montrer qu'il sait avec certitude que les deux graphes G1 et G2 ne sont pas isomorhes : même si l'on déforme continûment les arêtes, on ne peut pas superposer les deux graphes. Le vérifieur choisit au hasard un des deux graphes et change les noms des nœuds : par exemple, il choisit le graphe G1 et remplace *a* par N5, *b* par N3, *c* par N4, *d* par N2, *e* par N1. Il transmet au prouveur la définition du graphe G qu'il a obtenue : l'ancien graphe G1, défini par les arêtes *ae, ac, eb, ed, dc, bc*, est remplacé par le graphe G, défini par les arêtes N1N3, N1N2, N5N1, N5N4, N2N4, N3N4. Le prouveur, dont on suppose qu'il peut faire tous les calculs qu'il veut, reconnaît si G provient de G1 ou de G2 et transmet sa réponse au vérifieur. Le prouveur ne peut faire cette identification que parce que les graphes G1 et G2 ne sont pas isomorphes. Un imposteur qui voudrait convaincre le vérifieur que deux graphes isomorphes ne le sont pas ne peut donner la bonne réponse qu'au hasard, une fois sur deux, et il ne peut donc induire en erreur le vérifieur qu'avec une probabilité de $1/2^n$, après n essais successifs du type précédent. Le vérifieur acquiert ainsi une quasi-certitude que les graphes ne sont pas isomorphes sans jamais avoir fait de longs calculs.

La preuve interactive du non-isomorphisme de deux graphes.

problèmes de PSPACE sont dans IP. Comme on savait déjà que IP est inclus dans PSPACE, les deux ensembles sont identiques.

Le fait qu'une technique simple ait résolu la question IP = PSPACE remet en cause certaines analyses des questions IP = PSPACE ou P = NP : on supposait que, confronté à de telles équations, il pouvait être utile d'étudier des «variantes», obtenues par adjonction aux algorithmes d'une base de données infinie (l'«oracle»), où sont codées, au moyen de chiffres binaires 0 et 1, par exemple des informations sur d'autres algorithmes. On a étudié des variantes de l'équation P = NP dont l'oracle est tel que l'équation est vérifiée ; pour d'autres variantes de la même équation, c'est-à-dire pour des problèmes dotés d'autres oracles, l'inéquation P ≠ NP est démontrable. Mieux encore, on a établi que la quasi-totalité des variantes vérifient P ≠ NP.

On en a hâtivement tiré deux conclusions. D'une part, on a cru que les techniques à utiliser pour résoudre P = NP ne pouvaient pas être simples, car si elles l'étaient, elles s'appliqueraient aux variantes, et donneraient le même résultat pour toutes les variantes, ce qui n'est pas le cas. On a même parfois pensé que la résolution du problème P = NP par les techniques mathématiques habituelles était impossible. D'autre part, on a déduit du résultat sur les variantes que, très vraisemblablement, la classe P était distincte de la classe NP.

Malheureusement des résultats exactement semblables à ceux obtenus pour P = NP ont été obtenus sur les variantes du problème IP = PSPACE avant que A. Shamir ne le résolve : variantes donnant l'égalité, variantes donnant l'inégalité, résultat d'inégalité pour la quasi-totalité des variantes. Or c'est l'égalité qui a finalement été démontrée! Tout ce qu'on avait supposé à partir de l'étude des variantes était faux.

Le résultat de A. Shamir remet les pendules à l'heure. Il vient dire aux informaticiens théoriciens : «Ne renoncez pas trop vite et oubliez les mauvais arguments que vous utilisiez pour vous convaincre que le problème P = NP est trop difficile. Au travail!»

14

Les automates

Nombre de leurs propriétés sont indécidables, et pourtant ils constituent des instruments puissants pour produire des codes et modéliser des phénomènes naturels.

La théorie des automates cellulaires est un domaine merveilleux dont le Jeu de la vie, fondé sur l'automate de Conway, est un cas particulier qui est loin d'être épuisé ; grâce aux travaux du chercheur finlandais Jarkko Kari, l'étude des automates a notablement progressé.

Le domaine des automates est d'une simplicité trompeuse : avec des règles de calcul enfantines, les processus qui leur sont associés peuvent égaler n'importe quel ordinateur, c'est-à-dire effectuer les mêmes opérations que lui. Plus loin, nous expliciterons cette idée, mais, pour l'instant, réfléchissons une seconde sur ce qu'est calculer.

Calculer, c'est regarder, se souvenir et agir. Quand on fait une multiplication sur un papier, on regarde les nombres qu'on doit multiplier, on s'en souvient (au moins partiellement pour chaque étape du calcul), on se remémore les tables de multiplication et on écrit. Au cours de la multiplication, on doit aussi se souvenir de l'endroit précis où l'on en est arrivé et, s'il y en a, des retenues. Le mécanisme le plus élémentaire de calcul conçu par les mathématiciens est l'automate fini. L'automate fini procède, lui aussi, selon le principe : regarder, se souvenir et agir.

L'automate regarde les automates autour de lui – on suppose que des automates identiques sont placés sur les cases d'un damier –, se souvient de l'état dans lequel il est (il ne possède qu'un nombre fini d'états, et c'est de là qu'il tire son qualificatif de «fini») et change d'état en respectant des conventions invariables qui le caractérisent ; ces conventions sont assimilables à un programme. Ce changement porte sur toutes les cases du damier et détermine une nouvelle génération d'états des cases. En appliquant à nouveau le processus décrit, on obtient une nouvelle génération. Le terme automate désigne ainsi à la fois le mécanisme de calcul associé à une «case» et cette case, sur laquelle il opère, en fonction de l'état des cases environnantes. L'ensemble des automates est un réseau.

Un automate très simple est l'automate *Déplacement Est* : chaque case peut avoir deux états, 0 et 1 (vide ou plein) ; l'automate regarde l'état de la case voisine Ouest, s'en souvient et agit en le prenant pour nouvel état de la case. Un réseau d'automates *Déplacement Est* sur un plan a pour effet, d'une génération à l'autre, de déplacer d'une case vers l'Est le motif initial.

Le plus célèbre des automates est l'automate de Conway, découvert par John Conway en 1970. Il est connu dans le monde entier à cause du Jeu de la vie, qui avait atteint une telle popularité, à l'époque, qu'on avait évalué à plusieurs millions de dollars le temps de calcul «emprunté» par les fanatiques du jeu aux ordinateurs de leur entreprise pour explorer l'univers étonnant de ce jeu.

L'évolution des automates de Conway sur un plan ressemble à celle d'une population de bactéries. L'automate de Conway possède deux états, 0 ou 1, aussi appelés «état mort» et «état vivant». D'une génération à l'autre, un automate de Conway regarde dans les huit cases voisines les plus proches de lui : s'il est mort et si trois voisins exactement sont vivants, alors il passe dans l'état vivant (naissance) ; s'il est vivant et si deux ou trois voisins exactement sont vivants, il le reste à la génération suivante (survie). Dans tous les autres cas, l'automate se retrouve dans l'état mort, décès par isolement ou par étouffement *(voir la figure 2)*.

Notre but n'est pas de décrire le monde du Jeu de la vie de Conway, mais nous l'utiliserons pour illustrer les résultats récents de J. Kari.

Automate inverse

Posons-nous d'abord le problème suivant : si un automate fait un certain travail, existe-t-il un autre automate, l'automate inverse, qui permette de revenir en arrière?

Lorsqu'un damier est recouvert d'automates identiques, chacun dans un certain état, on visualise la configuration en représentant chaque état par une couleur ou un jeton. On obtient alors un dessin, et le passage d'une génération à la suivante, par application des règles définissant

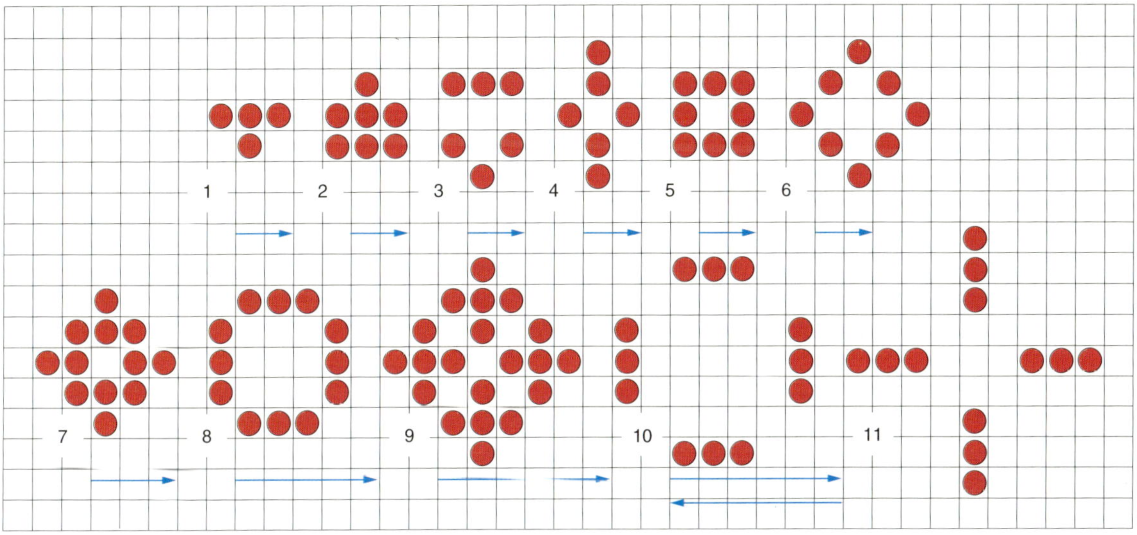

2. L'automate de Conway, qui définit le Jeu de la vie, possède deux états 0 et 1, appelés aussi état mort et état vivant, et représentés comme sur le dessin précédent. S'il est mort et que trois de ses huit voisins sont vivants, il devient vivant à la génération suivante ; s'il est vivant et que deux ou trois de ses huit voisins sont vivants, il reste vivant. Dans tous les autres cas, il prend l'état mort. Il n'existe pas d'automate inverse de l'automate de Conway, car deux configurations distinctes peuvent donner la même configuration. L'évolution du quatramino T se fait en 11 étapes, après quoi il y a oscillation. La génération 9 donne la génération 10, mais la génération 11 donne aussi la génération 10, donc l'automate de Conway n'a pas d'automate inverse.

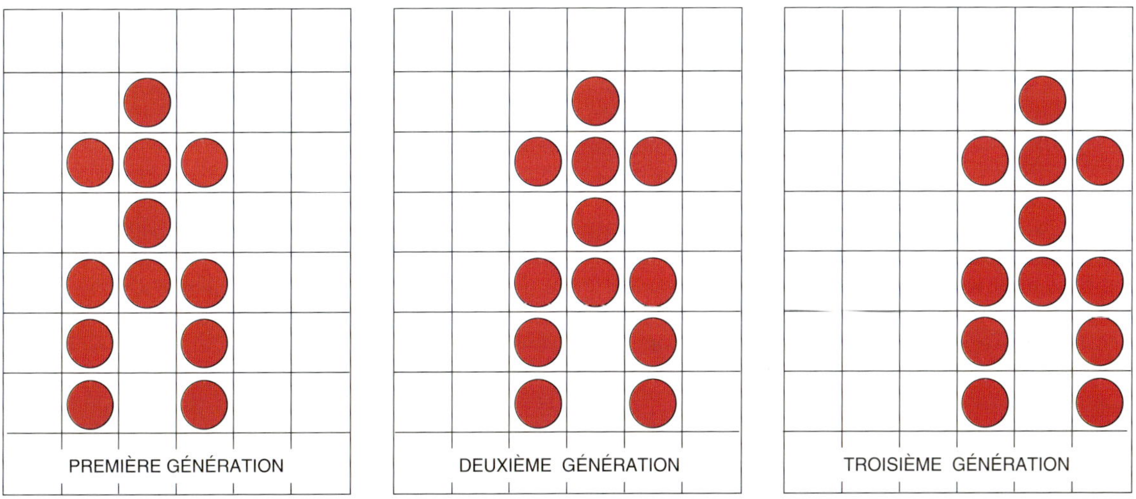

1. L'automate *Déplacement Est* possède deux états 0 et 1, représentés, l'un par une case blanche, l'autre par un disque rouge. D'une génération à l'autre, chaque automate du réseau regarde l'état de son voisin Ouest et le prend pour lui-même. Le résultat est, bien sûr, que le dessin se déplace d'une case vers l'Est. Cet automate possède un automate inverse, qui est l'automate *Déplacement Ouest*.

l'automate, modifie le dessin. Si un automate possède un automate inverse, on pourra revenir en arrière. L'automate *Déplacement Est* déplace le dessin d'une case vers l'Est. Il possède un automate inverse qui, bien sûr, est l'automate *Déplacement Ouest*. Nous allons voir, que au contraire, l'automate de Conway ne possède pas d'automate inverse. En effet, si un automate possède un automate inverse, deux dessins différents se transforment toujours en deux dessins différents (mais, ce qui est moins évident, c'est que cette condition, d'après un résultat de 1971 démontré par D. Richardson, est aussi une condition suffisante pour qu'existe cet automate inverse) ; or, dans le Jeu de la vie, deux configurations différentes, les générations 9 et 11 de la figure 2, se transforment en une même configuration, la génération 10.

L'automate *Déplacement Est* est inversible, l'automate de Conway ne l'est pas. Est-il facile de savoir si un automate possède un automate inverse? La réponse à ce problème a été donnée récemment par J. Kari : déterminer si un automate possède un automate inverse est un problème indécidable. Aussi, quelle que soit votre ingéniosité, jamais vous ne réussirez à écrire un programme d'ordinateur qui, prenant pour données un automate quelconque, fait un calcul et, sans se tromper, indique, au bout d'un temps fini, si l'automate est inversible ou non. Vous pourrez peut-être écrire un programme qui saura répondre correctement pour certains automates, mais jamais vous n'en écrirez un qui répondra correctement pour tous.

Réseaux cryptographiques

Parmi les conséquences intéressantes du résultat de J. Kari, il y en a une qui concerne le voisinage utile des automates inverses. Le voisinage utile d'un automate est l'ensemble des cases que l'automate consulte pour changer d'état. L'automate *Déplacement Est* ne consulte qu'une case : la case Ouest. L'automate de Conway consulte les huit cases voisines. On ne limite pas les cases pouvant servir à un automate à celles placées juste autour et, par exemple, on peut définir l'automate *Double déplacement Est* qui consultera l'état de la case située deux cases à l'Ouest et le prendra pour nouvel état.

Le résultat précis de J. Kari est en fait plus fort que la version énoncée plus haut. Il énonce : savoir si un automate n'utilisant que les huit voisins est inversible est un problème indécidable. Sous cette forme, ce résultat entraîne que, pour tout entier n (par exemple 1 000), il existe un automate inversible n'utilisant que ses huit voisins immédiats et dont l'automate inverse utilise des voisins à plus de 1 000 cases de distance. En effet, si les voisins à moins de 1 000 cases de distance suffisaient toujours pour inverser un automate n'utilisant que les huit voisins immédiats, on pourrait écrire un programme qui déterminerait si un automate est inversible, en essayant tous les automates dont les voisins utiles sont à moins de 1 000 cases de distance. Ce programme contredirait le théorème de J. Kari.

Cette difficulté pour inverser un automate suggère que l'on peut utiliser les réseaux d'automates pour concevoir des systèmes de cryptographie à clef révélée, c'est-à-dire dont la méthode de codage est publique, sans que la méthode de décodage le soit. L'idée proposée par le chercheur finlandais consiste à utiliser un automate inversible que l'on rend public, en gardant pour soi l'automate inverse. La personne qui veut vous faire parvenir un message codé procède de la façon suivante : elle commence par traduire son message en une configuration. Pour cela elle peut dessiner les lettres composant le texte du message en noircissant des cases du damier support du réseau d'automates. Ensuite, cette personne fait fonctionner le réseau d'automates pendant, par exemple, 100 générations. La clef de codage est publique : tout le monde peut envoyer des messages. La personne vous transmet alors la nouvelle configuration obtenue, sans avoir à la cacher puisque vous êtes seul à pouvoir la déchiffrer. Pour décoder le message, vous n'avez qu'à utiliser l'automate inverse, que vous êtes seul à connaître, pendant 100 générations. La difficulté, prouvée par J. Kari, du calcul de l'automate inverse d'un automate donné vous assure que personne ne pourra facilement déchiffrer les messages qu'on vous fera parvenir : n'importe qui peut coder, vous seul pouvez décoder.

Je ne crois pas que la technique suggérée par J. Kari ait déjà été utilisée, mais l'idée me semble bonne, d'autant que des circuits spécialisés ont été conçus pour simuler très efficacement les calculs d'un réseau d'automates, permettant donc de crypter et de décrypter très rapidement des images, et pourquoi pas des films ou des émissions de télévision? Comme toujours dans les systèmes de cryptographie à clef révélée, le risque subsiste que, par hasard, quelqu'un réussisse à inverser votre automate. Le résultat de J. Kari signifie que le problème général du décodage est difficile, il n'interdit pas que certains automates inversibles puissent être inversés par chance (ou malchance, selon le côté où l'on se trouve!).

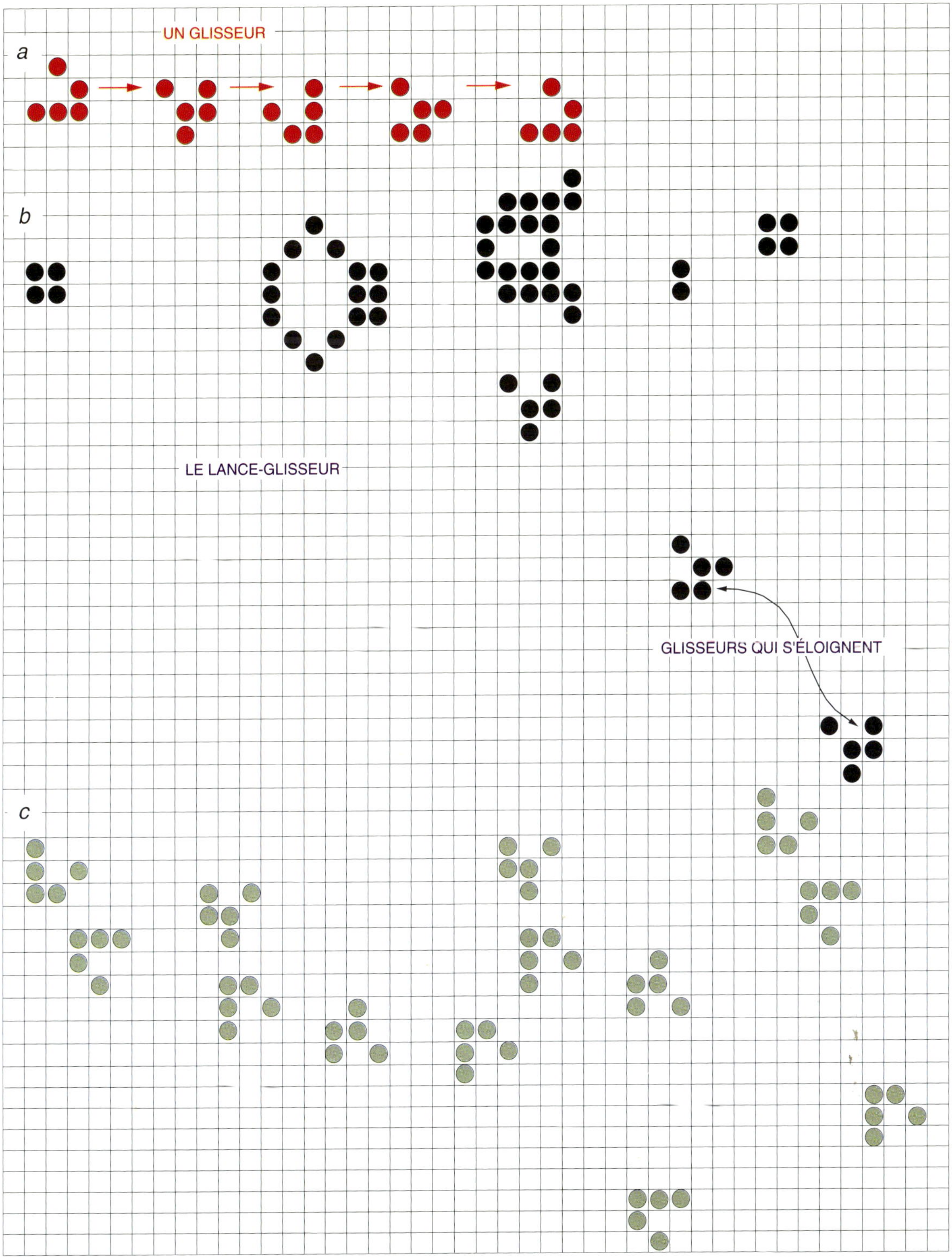

3. Le glisseur *(a)* est une configuration du Jeu de la vie qui, en quatre générations, se déplace d'une case le long d'une diagonale. Le lance-glisseurs *(b)* est une configuration qui, toutes les 30 générations, produit un glisseur qui s'échappe. Le lance-glisseurs prouve qu'il existe des configurations finies du Jeu de la vie dont la croissance ne s'arrête jamais. On sait disposer 13 glisseurs *(c)* qui donnent, après quelques générations, un lance-glisseurs.

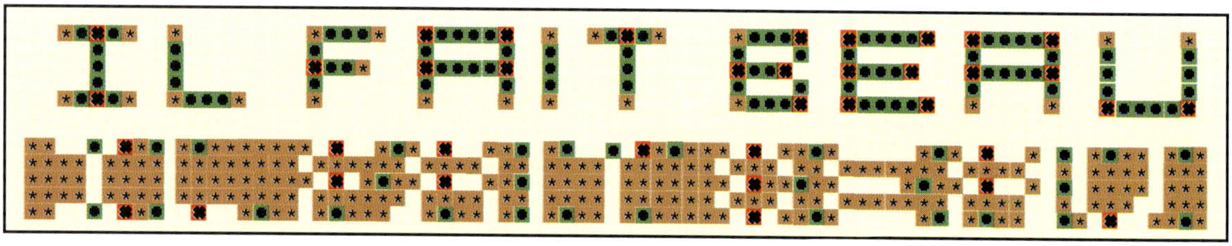

4. Première étape du codage d'une image réalisée par un automate inversible (programme AUTOGEN de Philippe Mathieu, du Laboratoire d'informatique fondamentale de Lille). L'automate inversible utilisé ici est simple (trop sans doute pour assurer l'inviolabilité de la clef). Il est défini par 16 règles du genre : si case Est* et case Ouest*, alors prendre l'état x, ce que nous notons par (E*O* → x). Les autres règles sont (E*O+ →) ; (E*Ox → x) ; (E*O →) ; (E+O* → x) ; (E+O+* →) ; (E+Ox+ → x) ; (E+O* →) ; (ExO* → +) ; (ExO+ → *) ; ExOx → +) ; (ExO → *) ; (EO* → +) ; (EO+ → *) ; (E Ox → +) ; (E O → *) ; + est sur fond vert, * sur fond brun et x sur fond violet. Après une dizaine d'étapes, le message est incompréhensible. Ce codage pourrait servir à coder des images, notamment dans des systèmes à clef révélée. Cette idée a été récemment exploitée par A. Gutowitz.

Nous ne démontrerons pas le résultat de J. Kari (NDLR : merci, la preuve occupe 23 pages!), mais sa méthode est particulièrement astucieuse et elle utilise deux résultats intermédiaires intéressants par eux-mêmes. Le premier est un résultat de 1966, dû à R. Berger, de l'Université de Harvard, et qui énonce l'indécidabilité du problème du pavage : savoir si un ensemble donné de modèles de pavés (triangles, rectangles, étoiles, etc.) peut recouvrir le plan (bien sûr, sans chevauchement ni espace vide) est un problème indécidable.

J. Kari montre que, si l'on savait reconnaître par programme quels sont les automates inversibles, on pourrait alors reconnaître par programme quels sont les ensembles de pavés pouvant recouvrir le plan, ce qui, selon le résultat de R. Berger, est impossible. Pour appliquer cette technique de réduction d'un problème à un autre, technique classique dans le domaine de l'indécidabilité, J. Kari utilise un second résultat, lui encore lié à des pavages du plan. Il montre qu'un ensemble particulier de pavés, qu'il a lui-même inventé et sur lequel sont dessinés des bouts de chemins, possède l'extraordinaire propriété suivante : on peut en recouvrir le plan et, à chaque fois qu'on réalise un tel recouvrement, les bouts de chemins dessinés sur les pavés forment une route qui passe par tous les pavés. Ce chemin tortueux constitue d'ailleurs le prototype d'une courbe, dont la limite, quand les pavés deviennent infiniment petits, appelée courbe de Peano, est une courbe fractale.

Configuration-ordinateur

L'indécidabilité de certains problèmes élémentaires concernant les automates est surprenante ; les mécanismes sont si simples qu'on croit, dans un premier temps, qu'on pourra facilement tout savoir à leur sujet : rien n'est plus faux, et l'on sait, depuis les années 1960, que le monde des automates est riche en phénomènes complexes. Le premier résultat de ce type date de plus de 25 ans et est dû au grand mathématicien von Neumann qui s'intéressait au problème des machines autoreproductrices, c'est-à-dire susceptibles de produire des copies exactes d'elles-mêmes. Von Neumann cherchait une règle agissant sur des automates où une configuration donnée pourrait se reproduire après un certain nombre de générations. Les motivations de von Neumann étaient philosophiques : il voulait prouver que l'idée d'une machine pouvant créer des copies exactes d'elle-même n'était pas logiquement contradictoire et ne nécessitait rien d'autre que des mécanismes de calculs élémentaires comme ceux qu'utilisent les automates. Il résolut son problème en définissant un automate à 29 états et une configuration de plus de 200 000 automates qui se dupliquait en plusieurs milliers de générations. Bien sûr, il ne constata pas expérimentalement que sa configuration se dupliquait, mais le démontra mathématiquement : sa preuve occupe plus de 100 pages et ne fut publiée qu'en 1966, après sa mort, par Arthur Burks.

La preuve de von Neumann a été refaite et simplifiée par J. Conway pour le Jeu de la vie, c'est-à-dire pour un automate à deux états ayant un voisinage utile de huit cases. La première étape de cette nouvelle preuve d'existence de configurations autoreproductrices consiste à construire une configuration qui est un modèle d'ordinateur universel, c'est-à-dire capable de simuler tout calcul réalisable par un ordinateur. La configuration ordinateur universel du Jeu de la vie, par exemple, est capable de calculer la suite des nombres premiers : associé à une configuration de glisseurs jouant le rôle d'un

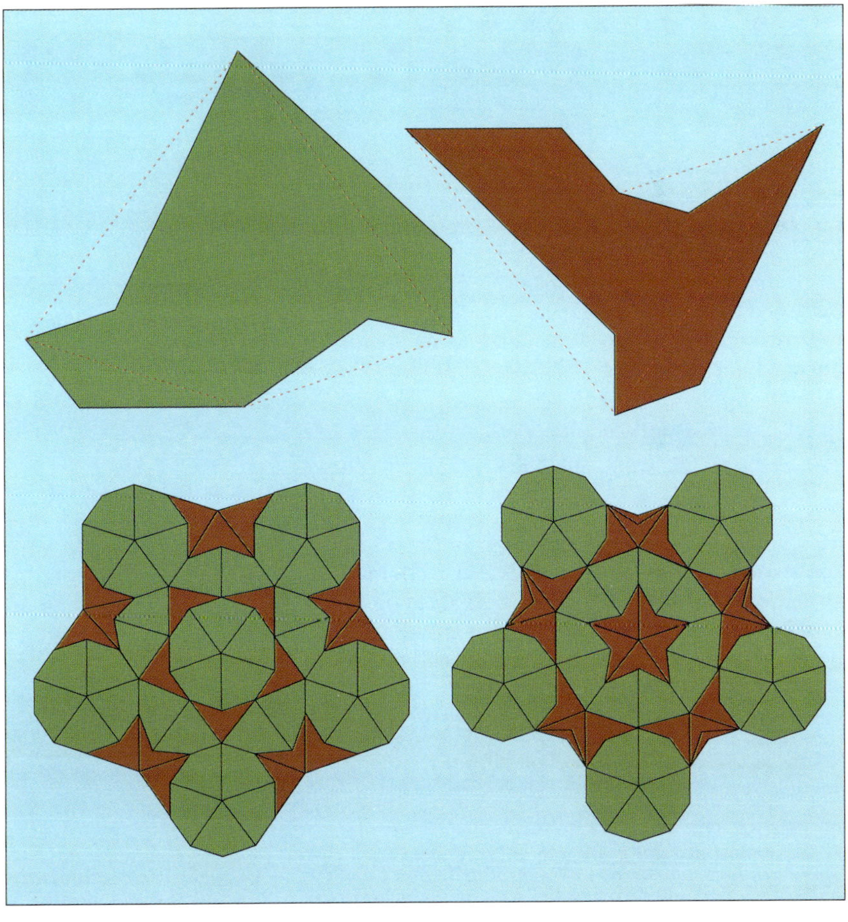

5. La démonstration de l'indécidabilité de la réversibilité des automates utilise un résultat remarquable dû à R. Berger : savoir si un ensemble de pavés donné peut recouvrir le plan est indécidable. On dit qu'un ensemble de pavés est non périodique s'il est possible d'en recouvrir le plan, mais si aucune méthode pour en recouvrir le plan ne donne un dessin périodique (celui formé par un pavage d'hexagones réguliers, par exemple). C'est la découverte, qui surprit tout le monde, d'ensem-bles de pavés non périodiques, comme celui don-né en exemple sur la figure (qui est dû à R. Robinson), qui a permis la démonstration de l'indécidabilité du problème du pavage. Le premier ensemble de pavés non périodique, trouvé en 1966, comportait 20 426 pavés au lieu des six de l'exemple donné en haut. R. Penrose trouva des ensembles non périodiques de deux pavés en 1974, dont un exemple est indiqué sur la figure du bas, avec la forme de deux pavés.

programme, l'ordinateur universel va écrire la suite des nombres premiers (un glisseur, deux glisseurs, trois glisseurs, cinq glisseurs) dans des zones vides du plan. De la même façon, la configuration ordinateur universel pourrait calculer les décimales de π ou jouer aux échecs. Là encore, la configuration ordinateur universel est trop grande et trop lente pour être testée expérimentalement ; on a seulement établi mathématiquement qu'elle existe.

Les automates pouvant donner lieu à des configurations ordinateur universel sont dits computationnellement universels. Après avoir cru pendant un certain temps que seuls les automates non inversibles pouvaient être computationnellement universels, N. Margolus, en 1984,

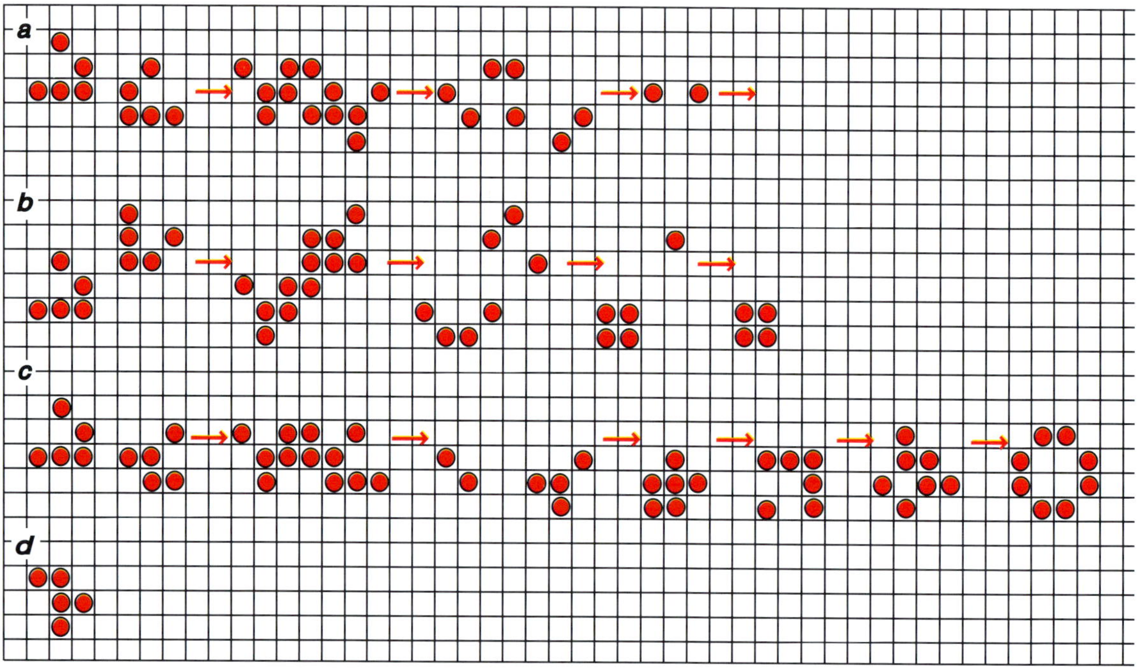

6. La collision de deux glisseurs donne des résultats très variés. Ils peuvent se détruire mutuellement *(a)* ; ils peuvent donner des configurations stables *(b)* et *(c)*. Il est très difficile de prévoir si une configuration donnée du Jeu de la vie finit par disparaître, car parfois les générations durent très longtemps avant de se stabiliser. Le pentamino *(d)*, par exemple, ne se stabilise qu'après 1 103 générations. Grâce à la configuration ordinateur trouvée par J. Conway, on sait que le destin ultime (mort ou persistance indéfinie) d'une configuration du Jeu de la vie est indécidable, c'est-à-dire ne peut être calculé systématiquement par un programme.

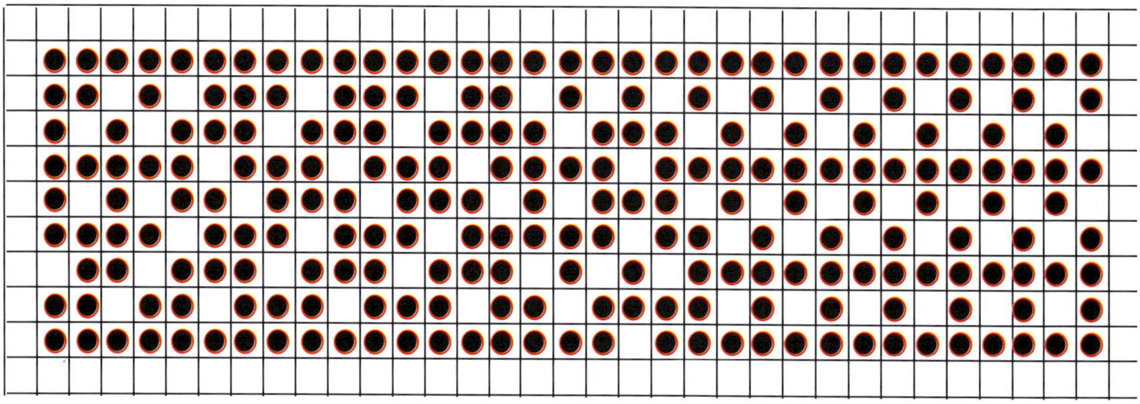

7. Cette configuration n'a pas de prédécesseur : c'est une configuration *Jardin d'Éden* pour le Jeu de la vie. Le vérifier nécessite un nombre de calculs faramineux. J. Kari a montré que savoir si oui ou non un automate possède une configuration *Jardin d'Éden* est encore un problème indécidable.

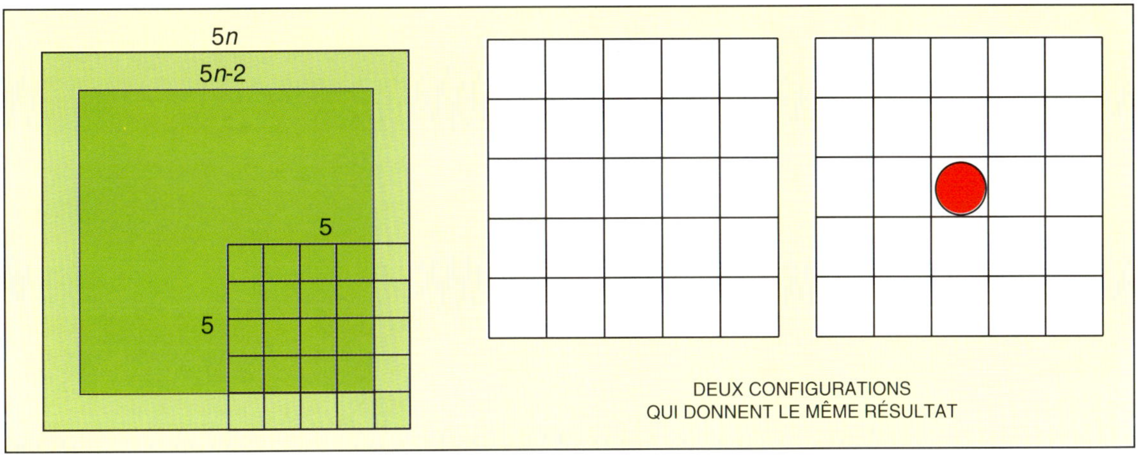

8. Sans expliciter aucun exemple de *Jardin d'Éden*, on peut parfois prouver qu'il en existe. Pour le Jeu de la vie, le raisonnement est le suivant. Nous allons montrer que, pour *n* assez grand, il existe au moins une configuration sans parent de taille $5n - 2$ sur $5n - 2$. Il suffit pour cela d'étudier la partie d'un éventuel parent dans le carré $5n \times 5n$. Si une des composantes 5×5 d'un éventuel parent est vide, on peut la remplacer par la même composante avec une cellule vivante en son centre, car cela ne changera pas la génération suivante. Nous devons donc envisager uniquement $(2^{25} - 1)^{n^2} = 2^{24,999999957004337... n^2}$ des 2^{25n^2} configurations possibles dans le carré $5n \times 5n$. Mais il y a $2^{(5n-2)^2} = 2^{25n^2-20n+4}$ configurations possibles dans le carré $5n - 2 \times 5n - 2$, et donc, si $24,999999957004337... n^2$ est inférieur à $25n^2 - 20n + 4$, alors il n'y aura pas un nombre assez grand de parents possibles pour les configurations du carré $(5n - 2) \times (5n - 2)$. Un petit calcul montre que cela se produit pour $n = 465\,163\,200$, et donc il existe une configuration *Jardin d'Éden* utilisant moins de $2\,325\,816\,000^2$ cellules! L'intérêt de ce raisonnement, dont l'idée est due à E. Moore, est qu'il se généralise facilement et permet d'établir que si un automate a deux configurations finies distinctes donnant le même résultat, alors il existe une configuration *Jardin d'Éden* pour cet automate.

a réussi à construire un automate inversible computationnellement universel fondé sur une sorte de jeu de billard.

La configuration ordinateur universel du Jeu de la vie, en plus de mener à une configuration autoreproductrice, a permis de démontrer le premier résultat élémentaire d'indécidabilité dans le monde des automates du plan. On part du célèbre résultat, dû au mathématicien anglais Alan Turing en 1936, selon lequel aucun programme, aussi élaboré soit-il, ne réussira jamais à distinguer les programmes qui s'arrêtent de ceux qui ne s'arrêtent pas (ce qui serait pourtant bien utile pour éviter d'écrire des programmes qui bouclent) : l'arrêt d'un programme est indécidable. Grâce à la configuration ordinateur universel, qui peut simuler tout programme, on déduit, pour le Jeu de la vie, que, savoir si oui ou non une configuration du Jeu de la vie finit par se stabiliser, est indécidable. Par réduction au problème précédent (obtenu grâce à un système d'autodestruction de l'ordinateur universel), on montre que savoir si une configuration du Jeu de la vie finit par s'éteindre complètement est aussi indécidable. En d'autres termes, quel que soit votre génie de programmeur, vous ne réussirez jamais à écrire un programme d'ordinateur qui puisse vous dire en temps fini si une configuration du Jeu de la vie finit par s'éteindre ou pas. Ici il ne faut pas faire l'erreur de croire que le programme qui simule le Jeu de la vie répond à la question (et contredit l'énoncé précédent), car le programme qui simule ce jeu ne donne jamais de réponse quand vous lui fournissez une configuration qui ne s'éteint pas *(voir la figure 6)*.

Attracteur et indécidabilité

Un autre problème intéressant sur les réseaux d'automates est celui de l'existence de *Jardin d'Éden*. Une configuration *Jardin d'Éden* est une configuration qui ne peut être le résultat d'aucune configuration antérieure ; si un automate est inversible, il ne possède pas de jardin d'Éden, car, bien sûr, toute configuration a un prédécesseur obtenu en appliquant l'automate inverse. On a prouvé que le Jeu de la vie possède des jardins d'Éden, mais il a été plus difficile d'en trouver un. Après de longs calculs informatiques, Roger Banks a trouvé une configuration *Jardin d'Éden* pour le Jeu de la vie.

Peut-on savoir si un automate possède des configurations *Jardin d'Éden*? Là encore, une réponse négative a été donnée par J. Kari en 1990 : la question est indécidable. Vous pourrez

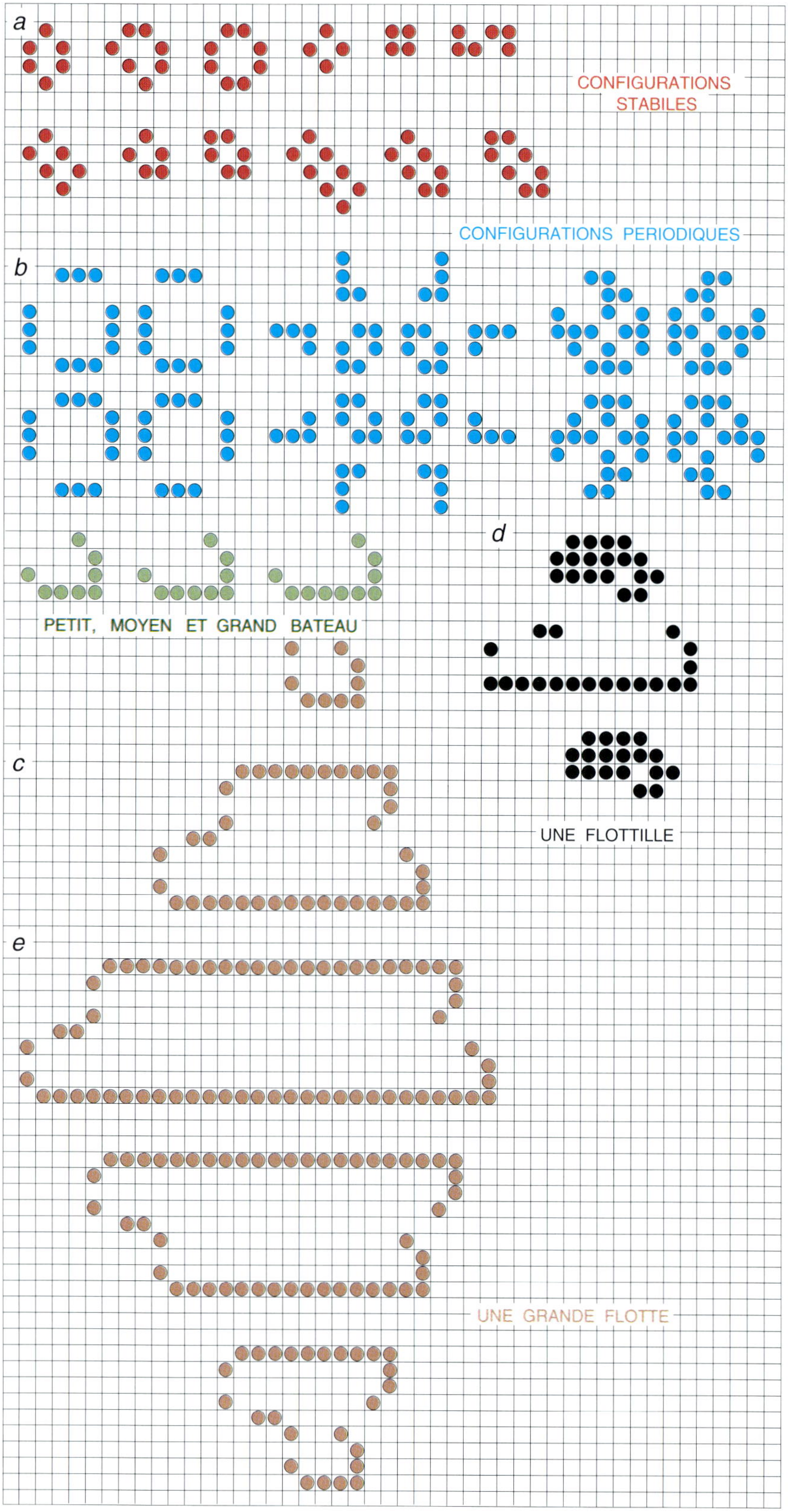

9. Un attracteur, par définition, est une configuration qui peut apparaître aussi loin qu'on veut dans une suite de générations. Les configurations stables *(a)* sont bien sûr des attracteurs. Les figures périodiques sont aussi des attracteurs *(b)*. Le glisseur, les bateaux et les flottes *(c, d* et *e)* se déplacent et, donc, sont aussi des attracteurs. En revanche, une configuration *Jardin d'Éden* n'est pas un attracteur. J. Kari a montré que toute propriété de l'ensemble des attracteurs, qui est vraie pour certains automates et fausse pour d'autres, est indécidable. En particulier, savoir si l'ensemble des attracteurs d'un automate est fini est un problème indécidable.

résoudre certains cas – comme celui du Jeu de la vie –, mais jamais vous ne pourrez trouver une méthode générale (un programme) qui réponde pour tout automate. Concernant les jardins d'Éden, un résultat non évident avait été démontré en 1962 par E. Moore et J. Myhill et a été utile à J. Kari : un automate possède des jardins d'Éden si, et seulement si, deux configurations finies donnent le même résultat.

Présentons le dernier résultat de J. Kari, le plus extraordinaire de tous, car il montre que nous ne saurons jamais rien des comportements à l'infini des réseaux d'automates. Pour bien comprendre son résultat, il nous faut d'abord définir ce qu'on appelle l'ensemble limite d'un automate. Par définition, c'est l'ensemble des configurations qui apparaissent indéfiniment, c'est-à-dire aussi loin qu'on veut, dans une succession de générations ; ces configurations sont appelées les attracteurs de l'automate. Une configuration *Jardin d'Éden*, par exemple, ne peut apparaître que comme première configuration d'une suite de configurations, et donc n'est pas un attracteur.

Une configuration périodique, c'est-à-dire qui revient identique à elle-même toutes les cinq générations, par exemple, est, elle, un attracteur. Une configuration qui se déplace, comme le glisseur ou les bateaux du Jeu de la vie, sont des attracteurs.Le résultat de J. Kari est que toute propriété de l'ensemble limite, qui est vraie pour certains automates et fausse pour d'autres, est indécidable. Cette généralité inattendue implique, par exemple, que, savoir s'il y a des attracteurs est indécidable, de même que savoir si l'ensemble des attracteurs ne comporte que des configurations périodiques, ou stables, est indécidable.

J. Kari appelle son théorème *Théorème de Rice pour les automates*, parce que son énoncé ressemble au théorème de Rice en théorie de la calculabilité, qui dit que toute propriété non triviale (vraie pour certains calculs, mais pas pour tous) des calculs d'un programme est indécidable, et il l'a démontré à nouveau par la technique de réduction, en le ramenant au théorème de R. Berger sur les pavages de plan.

Peut-on se passer du continu ?

Ces résultats d'indécidabilité dans le monde des automates ne sont pas uniquement négatifs : contrairement à ce qu'on a longtemps pensé, les mondes discrets, localement finis et homogènes que sont les mondes d'automates sont riches et complexes, et il n'est pas vrai que ce soit le continu seul qui introduise de la complexité dans l'univers physique. S. Wolfram a d'ailleurs mis en évidence d'autres phénomènes prouvant la richesse du monde des automates et en est arrivé à la conclusion que, pour certains automates, afin de savoir ce que devient une configuration, il faut simuler complètement le devenir de la configuration, et que rien de mieux ne peut être fait. Il est sans doute utile aux physiciens de savoir que, ce qui se passe dans ces mondes élémentaires est extrêmement varié, et que l'on peut y modéliser directement bien des phénomènes comme ceux de la dynamique des fluides. Dans leur livre *Cellular Automata Machines. A New Environment for Modeling* (the MIT Press, Cambridge, 1987), N. Margolus et T. Toffoli ont étudié cette grande variété des univers d'automates et ils soutiennent qu'au lieu de passer par l'intermédiaire des équations différentielles ou des équations aux dérivées partielles (qui – et cela devrait donner à réfléchir –, lorsqu'on les résout par approximations numériques, donnent naissance à des réseaux d'automates), on devrait chercher directement les réseaux d'automates rendant compte des phénomènes physiques.

De nombreuses études vont dans ce sens, et peut-être que, d'ici quelques années, la formalisation des principales lois physiques se fera en définissant des réseaux d'automates plutôt que par les méthodes habituelles utilisant des équations entre variables continues. Le monde microscopique est discret – on y rencontre des atomes, des protons, des quarks –, cela ne devrait donc pas être une surprise que le continu ne soit pas toujours le meilleur outil de modélisation mathématique. Finalement peut-être peut-on dire qu'en physique l'infini (du continu) est utilisé comme approximation du fini, et non pas le fini comme approximation de l'infini.

15

Les hyperensembles

Comme cela est arrivé à la notion de nombre, celle d'ensemble a été étendue.

L'histoire des mathématiques incite à se moquer du bon sens. Ainsi les nombres négatifs parurent impossibles : comment retirer cinq pommes d'un tas de trois pommes seulement? Puis, à l'apogée de la Grèce antique, l'idée des nombres comme $\sqrt{2}$, qui ne sont pas des rapports entre deux nombres entiers, sembla si invraisemblable qu'une secte en conserva le secret. L'effort qu'il fallut s'imposer pour accepter ces nombres a laissé des traces dans le langage : on les nomme irrationnels, comme s'il fallait être fou pour y croire. De même, les nombres complexes, introduits plus récemment, ont été d'abord nommés nombres impossibles et, aujourd'hui encore, on nomme imaginaires ceux qui sont racines d'un nombre négatif.

Pourtant l'introduction osée de nouveaux nombres n'a jamais produit de catastrophe et, au contraire, a enrichi les mathématiques. S'opposant à l'intuition et au bon sens, l'histoire milite en faveur de telles introductions. C'est précisément ce que proposent les logiciens John Barwise, de l'Université de l'Indiana, et Peter Aczel, de l'Université de Manchester, à la suite des travaux du second sur ce que l'on nomme aujourd'hui les hyperensembles (on verra qu'on les nomme également ensembles antifondés). L'extension de la notion d'ensemble ainsi proposée ressemble à toutes celles qui ont été évoquées : les hyperensembles apparaissent déraisonnables.

Pourtant les nouveaux ensembles sont utiles dans plusieurs secteurs des mathématiques, notamment en logique, et en informatique où ils constituent des outils puissants de modélisation. En comprendre l'origine nécessite un petit retour en arrière.

Les paradoxes ensemblistes

Alors que la théorie des ensembles du mathématicien allemand Georg Cantor commençait à s'imposer, le philosophe britannique Bertrand Russell trouva en 1903 une contradiction évidente, que l'on nomme aujourd'hui l'antinomie de Russell et qui résulte de l'utilisation sans restriction de la notion d'ensembles. Considérons l'ensemble E des ensembles qui ne sont pas des éléments d'eux-mêmes. L'ensemble E est-il un élément de lui-même? S'il l'était, il devrait vérifier la propriété caractéristique de ses éléments et donc ne serait pas un élément de lui-même, ce qui serait contradictoire. S'il ne l'était pas, il vérifierait la propriété caractéristique de ses éléments et donc serait un élément de lui-même, ce qui serait encore contradictoire.

L'antinomie de Russell ébranla si gravement le mathématicien Richard Dedekind qu'il cessa quelque temps de publier ses travaux sur la théorie des nombres : il les jugeait compromis par le paradoxe de Russell. Le philosophe allemand Gottlob Frege prit connaissance de l'antinomie de Russell alors qu'il mettait la dernière main à son ouvrage fondamental sur les fondements de l'arithmétique par la théorie des ensembles ; une postface y exprime son désarroi : «Un scientifique peut difficilement être confronté à une situation plus désagréable que celle de voir les bases de son travail disparaître au moment précis où ce travail est achevé. J'ai été mis dans cette position par une lettre de Bertrand Russell, alors que le livre était quasiment sous presse.» Le mathématicien français Henri Poincaré, qui avait contribué à la propagation de la théorie des ensembles, considéra qu'elle devait être abandonnée.

Un autre paradoxe nous aidera à saisir la nature des difficultés de la théorie des ensembles : ce paradoxe de l'ensemble de tous les ensembles, apparemment connu de Cantor dès 1899, est fondé sur un théorème général démontré par Cantor, qui stipule que l'ensemble des parties (ou sous-ensembles) d'un ensemble E est toujours plus gros que l'ensemble E lui-même. Pour l'ensemble E composé des éléments 1, 2, 3, par exemple (on note cet ensemble $\{1, 2, 3\}$), l'ensemble des parties de E est $\{\varnothing, \{1\}, \{2\}, \{3\}, \{1, 2\}, \{1, 3\}, \{2, 3\}, \{1, 2, 3\}\}$. L'ensemble de tous les ensembles (on admet temporairement qu'il est légitime de considérer un tel ensemble) devrait contenir l'ensemble de ses parties : il serait à la fois plus petit que l'ensemble de ses parties, puisque tel est le résultat de Cantor, et plus gros, puisqu'il contient tous les ensembles, par définition *(voir la figure 2)*.

La théorie classique des ensembles

La résolution des paradoxes ensemblistes donna lieu à de nombreux travaux, dont ceux de Russell lui-même sur la théorie des types. La solution qui est adoptée aujourd'hui par les mathématiciens (qui ne tolèrent pas les contradictions) provient d'une formulation de la théorie des ensembles proposée par Ernst Zermelo en 1908, puis complétée dans les années 1920 par

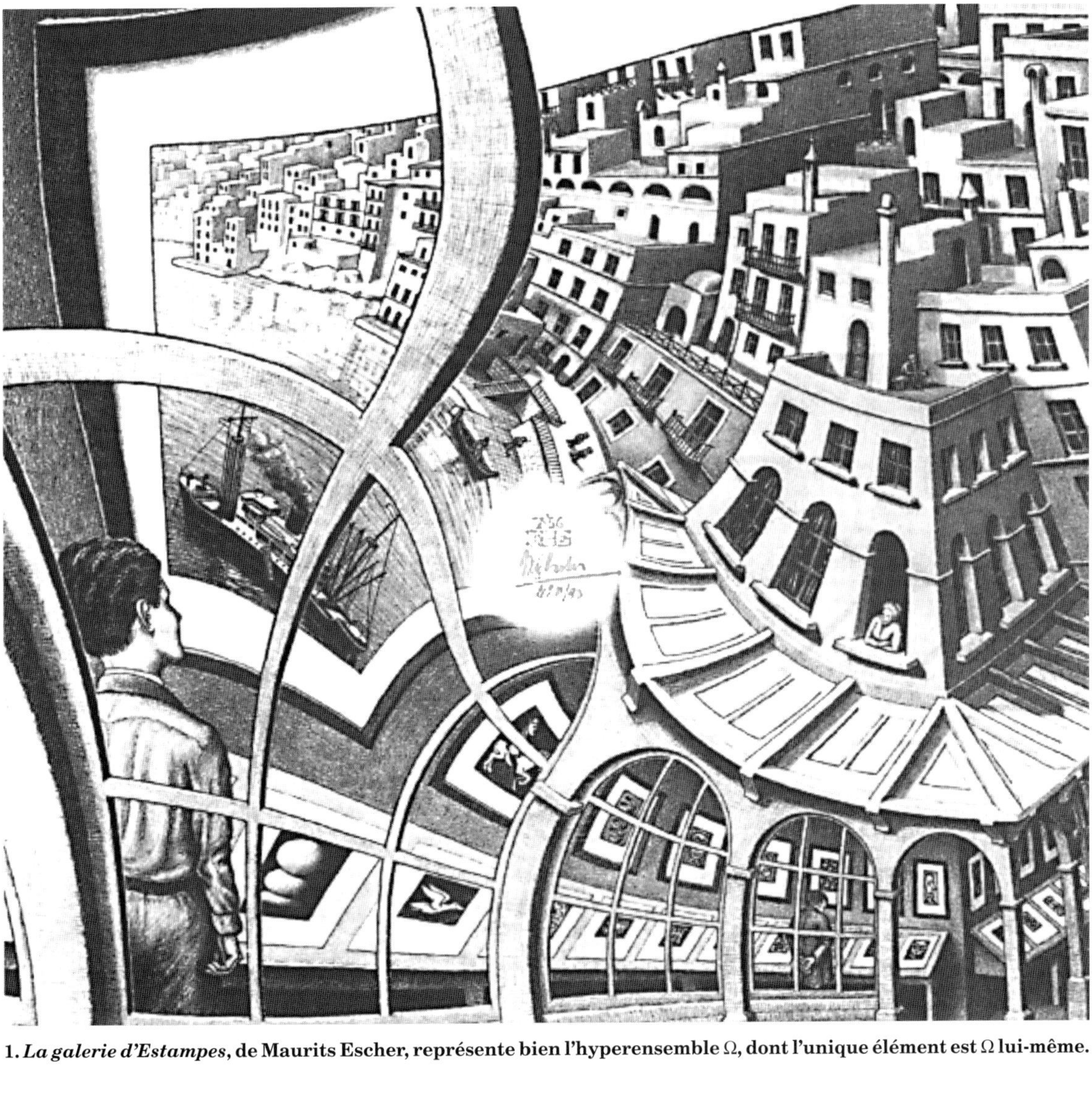

1. ***La galerie d'Estampes*, de Maurits Escher, représente bien l'hyperensemble Ω, dont l'unique élément est Ω lui-même.**

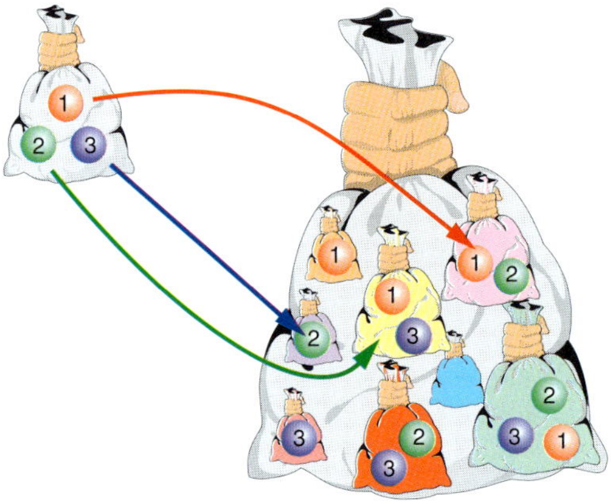

2. Le théorème de Cantor stipule que tout ensemble *(à gauche)* est plus petit que l'ensemble de ses parties *(à droite)*.

Abraham Fraenkel et John von Neumann : on considère que les regroupements d'objets ne sont pas tous des ensembles ; notamment il ne suffit pas de disposer d'une propriété telle que «*x* n'appartient pas à *x*» pour avoir le droit de parler de l'ensemble des objets vérifiant cette propriété.

La théorie de Zermelo-Fraenkel soutient que certains regroupements définis par une propriété sont trop gros et que seuls les regroupements soigneusement justifiés (la théorie indique comment) peuvent être nommés ensembles. Cette stratégie est la doctrine de limitation de la taille.

Dans un premier axiome, la théorie des ensembles de Zermelo-Fraenkel indique que deux ensembles sont identiques s'ils ont les mêmes éléments. Puis elle précise comment on peut légitimement construire de nouveaux ensembles à partir d'ensembles déjà connus.

L'axiome de la réunion indique notamment que si *E* est un ensemble, la réunion des éléments de *E* constitue encore un ensemble. Par exemple, connaissant l'existence de l'ensemble {{1, 2, 3}, {*a*, *b*}}, on déduit l'existence de l'ensemble {1, 2, 3, *a*, *b*}. L'axiome de l'ensemble des parties considère que le regroupement des sous-ensembles d'un ensemble *E* constitue également un ensemble : de l'existence de {1, 2, 3}, on déduit celle de {∅, {1}, {2}, {3}, {1,2}, {1,3}, {2,3}, {1, 2, 3}}.

L'axiome de compréhension indique que si *Q(x)* est une propriété et *E* un ensemble, alors le regroupement des objets *y* qui appartiennent à *E* et vérifient la propriété *Q* est aussi un ensemble. Notons que cet axiome permet de définir un ensemble à partir d'une propriété, mais seulement si les éléments appartiennent déjà à un autre ensemble ; cette restriction empêche la définition d'ensembles trop gros et résout les deux paradoxes mentionnés précédemment.

L'axiome de remplacement stipule que si, pour tout objet *x* d'un ensemble *E*, il existe un seul objet *y* tel que la propriété *R(x, y)* soit vraie, alors le regroupement des objets *y* associés aux *x* de *E* est également un ensemble. Cet axiome permet de démontrer la propriété de paire : si *A* et *B* sont des ensembles, alors {*A*, *B*} est aussi un ensemble.

L'axiome de l'infini indique qu'il existe un ensemble infini, c'est-à-dire qui comporte un sous-ensemble différent de lui-même et aussi gros que lui-même, et l'axiome du choix indique que si *E* est un ensemble d'ensembles non vides, alors on peut construire un ensemble *F* en choisissant un élément de chaque ensemble appartenant à *E*. Par exemple, si *E* est {{1, 2, 3}, {*a*, *b*}, {*x*, *y*}}, on déduit l'existence d'un ensemble tel que {2, *a*, *y*}.

Ces axiomes permettent de démontrer l'existence de l'ensemble vide et de considérer tout objet mathématique comme un ensemble. Notamment les nombres entiers sont définis par : 0 = ∅ (∅ désigne l'ensemble vide, celui qui n'a aucun élément), 1 = {0}, 2 = {0, 1}, 3 = {0, 1, 2}...

La théorie de Zermelo-Fraenkel, fondée sur la doctrine de la limitation de la taille, évite les paradoxes ensemblistes : le regroupement des objets qui n'appartiennent pas à eux-mêmes n'est pas un ensemble, ni même le regroupement de tous les ensembles. Toutefois la solution adoptée oblige à distinguer les ensembles des regroupements (définis par une propriété). On n'a pas de paradoxe du regroupement de tous les regroupements, car il n'y a pas d'axiome du regroupement des sous-regroupements (comme il y a un axiome de l'ensemble des sous-ensembles), mais la distinction entre ensemble et regroupements peut sembler artificielle et *ad hoc* ; aussi d'autres méthodes ont été testées. Les autres solutions étant souvent plus compliquées et non exemptes de défauts, on a préféré la solution de Zermelo-Fraenkel. Aucune contradiction n'y ayant été découverte, les mathématiciens s'en sont satisfaits, bien que certains philosophes l'aient jugée inélégante.

L'axiome de la fondation

En réalité, un autre axiome proposé par von Neumann en 1925 est ajouté à ceux que j'ai mentionnés, constituant alors ce qu'on note *ZF* ou *ZFC* selon qu'on prend ou pas l'axiome du choix. Cet axiome particulier qui va nous conduire aux hyperensembles est l'axiome de fondation. Il stipule qu'il n'existe pas de chaînes infinies descendantes d'ensembles *(voir la figure 5)* tels que ... appartient à X_{n+1} appartient à X_n, appartient à ... appartient à X_2' appartient à X_1, appartient à X_0.

Cet axiome évite notamment l'existence d'un ensemble X qui appartienne à X (si un tel ensemble existait, il pourrait figurer dans une chaîne descendante où tous les X_n seraient égaux à X). Ainsi avec l'axiome de fondation, les ensembles qui appartiennent à eux-mêmes, à l'origine de l'antinomie de Russell, sont exclus. On conjure donc, une seconde fois, ce paradoxe.

Pourquoi ce nouvel axiome, alors que la doctrine de limitation de la taille avait déjà éliminé les paradoxes? L'utilisation de l'axiome de fondation ressemble un peu à la méthode qui consiste à pendre un noyé pour être certain qu'il ne reviendra pas à la vie. Notons aussi que, même si l'axiome de fondation évite le paradoxe de l'ensemble de tous les ensembles, il n'élimine pas d'autres paradoxes et ne peut remplacer la doctrine de limitation de la taille.

Ce qui est encore plus étrange, c'est que l'axiome de fondation n'est jamais utilisé par les mathématiciens. Ils emploient tous les autres axiomes, mais se passent de celui-là. On a l'impression qu'il satisfait seulement les logiciens qui, grâce à lui, démontrent que tout ensemble est le résultat d'une construction progressive à partir de l'ensemble vide et contrôlent ainsi l'«ontologie», c'est-à-dire la quantité d'objets susceptibles d'exister.

L'axiome de fondation sert à ne pas avoir trop d'ensembles ; c'est un axiome d'interdiction, et on aimerait que la restriction qu'il opère soit telle que la définition du concept d'ensemble soit fixée de façon unique. Cependant une des conséquences du théorème d'incomplétude de Gödel est que tel n'est pas le cas : la définition des ensembles donnée par la théorie *ZFC* n'est pas assez restrictive pour qu'on soit certain que toute propriété formulable des ensembles soit vraie ou fausse dans *ZFC*. Si l'axiome de fondation visait à donner une définition totalement précise de la notion d'ensemble, il a échoué.

Il semble donc inutile : il prévient certains paradoxes, mais réduit insuffisamment l'ontologie de la théorie des ensembles et ne se substitue pas à la doctrine de limitation de la taille. Son inutilité contre les contradictions est d'ailleurs démontrée mathématiquement : von Neumann a établi que, si la théorie des ensembles sans l'axiome de fondation est sans contradiction, alors celle qui inclut cet axiome l'est aussi.

Le pas franchi par P. Aczel, et indépendamment par M. Forti et F. Honsell, de l'Université de Pise, consiste à augmenter l'ontologie au maximum, au lieu de chercher à la minimiser. Acceptons l'idée que certains ensembles appartiennent à eux-mêmes, comme on accepte l'idée que des nombres ont un carré négatif, et imposons par un axiome spécial qu'il en existe de toutes les sortes imaginables.

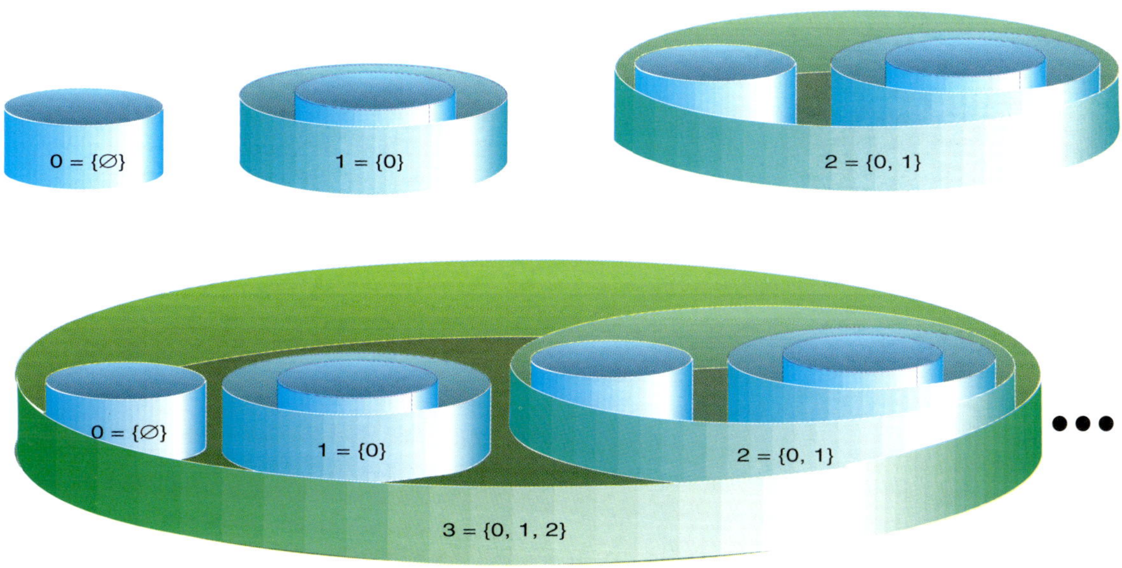

3. En théorie classique des ensembles tous les ensembles peuvent être construits hiérarchiquement à partir de l'ensemble vide ∅. Notamment, les nombres naturels 0, 1, 2, 3 ont la définition ensembliste indiquée ici.

L'axiome d'antifondation

Ainsi, selon l'axiome d'antifondation *(voir la figure 4)*, il existe toutes sortes d'ensembles appartenant à eux-mêmes, et chaque description d'ensembles par des équations comme $\Omega = \{\Omega\}$ ou $U = \{\varnothing, \{U, 1\}\}$ possède une seule solution. Cette double affirmation, affirmation d'existence et affirmation d'unicité, fait la force et l'intérêt de l'axiome qui, bien plus que d'autres axiomes analogues visant à remplacer l'axiome de fondation, crée une révolution comparable à l'introduction des nombres complexes. En plus de tous les ensembles habituels, qui restent des ensembles dans la nouvelle théorie, on admet l'existence de très nombreux nouveaux ensembles, nommés hyperensembles ou ensembles antifondés (puisqu'ils résultent de l'axiome d'antifondation).

Notamment, dans la théorie de P. Aczel, il existe un hyperensemble noté Ω tel que Ω soit égal à $\{\Omega\}$. Il existe également un hyperensemble X égal à l'ensemble ayant deux éléments, l'ensemble vide et lui-même, et un hyperensemble «infiniment profond» : $\{0,\{1, \{2, \{3...\}\}\}\}$.

Le graveur hollandais Maurits Escher a donné, sans le savoir sans doute, ce qui me semble être la meilleure représentation de l'hyperensemble Ω : sa gravure intitulée *La galerie d'estampes* représente une exposition de gravures dont l'une des œuvres est la galerie elle-même. Contrairement à ce qu'aurait donné la technique de la mise en abîme (comme sur les boîtes de la «Vache qui rit»), Escher ne représente pas la galerie en plus petit dans la galerie ; il réussit le tour de force de faire que l'objet et le modèle soient identiques *(voir la figure 1)*. Cet extraordinaire objet qu'est l'hyperensemble Ω pourrait aussi servir de symbole à l'univers autoréférentiel cher au physicien John Wheeler, univers qui, selon l'astrophysicien belge Jacques Demaret, «ne peut prendre naissance que s'il est destiné à être observé par quelque être pensant». D'ailleurs, nous allons le voir, la théorie des hyperensembles est la plus utile dans les domaines où des structures circulaires et autoréférentielles doivent être modélisées.

Une idée élémentaire peut justifier l'introduction de l'axiome d'antifondation. C'est un pari risqué que d'imposer aux ensembles de ne jamais comporter de chaînes infinies descendantes. Dans la nature, en effet, on n'est pas certain d'avoir reconnu les composants ultimes des objets : les être vivants se décomposent en cellules, qui sont des assemblages de molécules, lesquelles sont composées d'atomes, qui sont constitués de particules plus petites, dont on a démontré qu'ils n'étaient pas les derniers maillons de la chaîne...

Apparemment la théorie des ensembles devrait laisser subsister les chaînes infinies descendantes, et c'est un service rendu aux scientifiques que la mise à leur disposition d'une théorie qui remplace la théorie *ZFC*, trop restrictive.

Naturellement l'introduction d'un nouvel axiome est risquée : si la théorie de Zermelo-Fraenkel ne conduit à aucune contradiction, en est-il de même pour la théorie *ZFC* diminuée de l'axiome de fondation et augmentée de l'axiome d'antifondation? P. Aczel a démontré ce qu'on nomme un résultat de consistance relative, analogue à celui prouvé par von Neumann pour l'axiome de fondation et à ceux de Gödel et Cohen qui portaient sur l'axiome du choix et l'hypothèse du continu : si la théorie usuelle des ensembles, *ZFC*, ne conduit à aucune contradiction, alors il en est de même pour la théorie des hyperensembles. Ils procurent donc, sans danger supplémentaire de contradiction, un univers mathématique plus riche. Le résultat de P. Aczel montre que la vision hiérarchisée du monde, implicite dans la théorie *ZFC*, est inutile et qu'une conception plus tolérante est possible.

Les applications des hyperensembles

On prouve l'intérêt d'une théorie en l'appliquant. C'est aujourd'hui chose faite pour la théorie des hyperensembles. Les domaines où elle a été utilisée sont principalement liés à l'informatique. D'ailleurs P. Aczel introduisit sa théorie alors qu'il étudiait un problème d'informatique : les échanges de données et la synchronisation entre systèmes communicants, comme le sont les ordinateurs connectés en réseaux. À l'aide des hyperensembles, on simplifie considérablement la modélisation des problèmes de ce difficile domaine de l'informatique théorique. La théorie des hyperensembles ne prétend pas faire plus que la théorie classique ; elle propose seulement de le faire plus simplement.

Non seulement les hyperensembles permettent la description des pointeurs, largement utilisés en intelligence artificielle, mais ils s'appliquent également aux bases de données et à la formalisation du langage naturel. J. Barwise et J. Etchemendy, de l'Université de Stanford, les ont utilisés pour traiter les paradoxes sémantiques tels que celui du menteur : «Je mens.» Les deux logiciens considèrent notamment que les phrases autoréférentielles doivent être modélisées par des hyperensembles et que la phrase «Je mens» peut être représentée par l'hyperensemble M ={faux, {M}} (aucun ensemble M ne pourrait figurer dans une telle relation). Nous ne pouvons décrire ici en détail la solution proposée ; l'idée est d'établir que, dans toute phrase, il existe un paramètre de situation qui ne peut se référer à la totalité du monde. Leur analyse est liée à la théorie des situations de J. Barwise et J. Perry qui, il y a dix ans, bouleversa le domaine de la sémantique du langage naturel ; elle transpose la doctrine de la limitation de la taille du domaine des ensembles vers le domaine de la sémantique.

Récemment le mathématicien belge Luc Lismont a proposé une application de la théorie des hyperensembles à la théorie des jeux à informa-

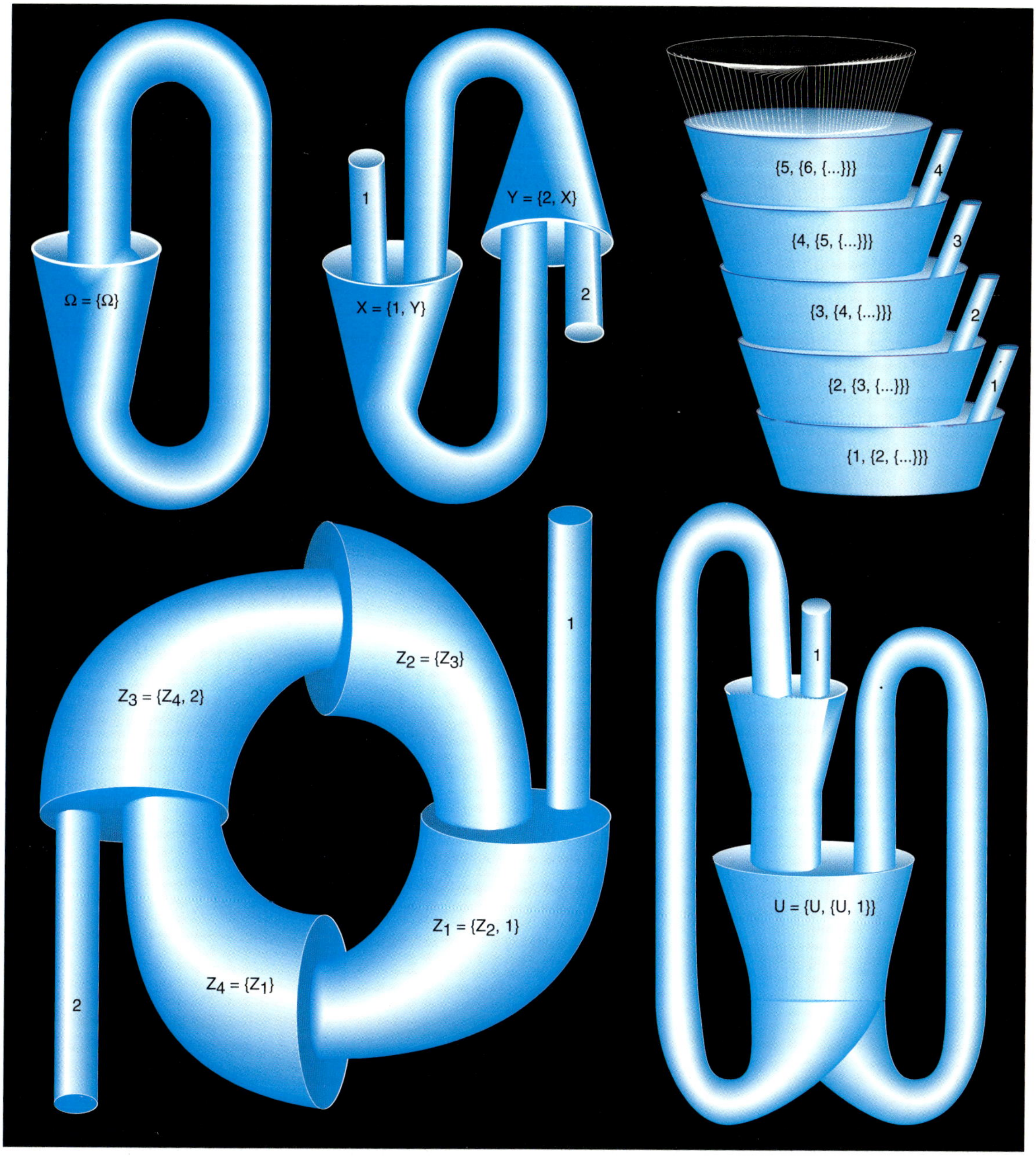

4. L'axiome d'antifondation de Peter Aczel permet aux hyperensembles de se contenir eux-mêmes.

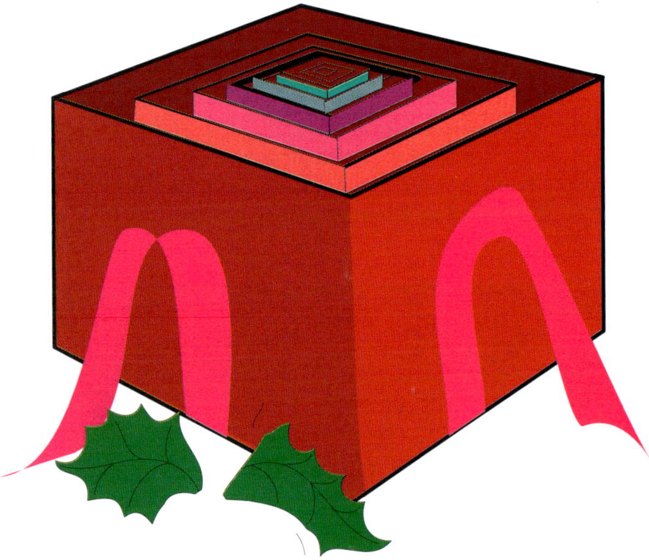

5. L'axiome de fondation indique que, partant d'un ensemble, si on prend un de ses éléments (une boîte) et qu'on prend un élément dedans, et qu'on prend encore un élément dedans, etc., alors, nécessairement, on est obligé de s'arrêter. Autrement dit : il n'existe pas de chaînes infinies descendantes... $\in X_{n+1} \in X_n \in ... \in X_2 \in X_1 \in X_0$. Cet axiome correspond à l'idée que, lorsqu'on passe des êtres vivants aux cellules, des cellules aux molécules, des molécules aux atomes, des atomes aux quarks, etc., on finit nécessairement pas arriver à un ultime niveau qui n'est plus décomposable. Il interdit aussi qu'un ensemble puisse se retrouver à l'intérieur de lui-même : $X_0 \in X_0$.

tion complète, où un joueur prend en compte les croyances de l'autre joueur, les croyances qu'il a sur les croyances de l'autre joueur, etc.

Hyperensembles et philosophie

Bien que la théorie des hyperensembles apparaisse comme une extension bénigne de la théorie classique, elle pose un problème aux philosophes qui soutiennent la conception réaliste ensembliste : cette conception, défendue récemment par la philosophe américaine P. Maddy, affirme qu'il faut prendre au sérieux les énoncés d'existence de la théorie des ensembles et, notamment, ceux qui concernent les ensembles infinis.

Les réalistes ensemblistes pensent qu'il existe un monde mathématique réel, décrit par la théorie des ensembles, et qu'il existe des vérités absolues à propos des ensembles. Ils soutiennent en conséquence que, même si on ne le sait pas aujourd'hui, l'hypothèse du continu (un sous-ensemble infini de l'ensemble des nombres réels possède un cardinal égal soit à celui de l'ensemble des nombres entiers, soit à celui de l'ensemble des nombres réels) est vraie ou fausse.

Le fait qu'on sache depuis longtemps que ni cette hypothèse ni sa négation ne sont prouvables à partir des axiomes de la théorie des ensembles *ZFC* ne leur fait pas abandonner la conviction que l'hypothèse est vraie ou fausse pour «les vrais ensembles».

Avec l'introduction des hyperensembles, les réalistes ensemblistes doivent maintenant se poser une nouvelle question : est-ce la théorie classique avec l'axiome de fondation, ou la théorie des hyperensembles, qui est la vraie théorie des «vrais ensembles»? Les résultats de consistance relative donnent le sentiment général que le choix entre ces deux théories est affaire de goût et de commodité. Le réalisme ensembliste apparaît alors comme un point de vue philosophique qui force à se poser des questions artificielles. À la lumière de la théorie des hyperensembles, le réalisme ensembliste semble encore moins vraisemblable qu'avant.

Les mathématiciens adopteront-ils la théorie des hyperensembles? J. Barwise l'espère et juge que, dans les prochaines années, cette théorie sera largement diffusée, même dans l'enseignement. J'ai moins de certitudes que lui : la théorie des hyperensembles ne s'imposera que si elle réussit à mettre à son actif des progrès dans des domaines proches de ce que l'on nomme le «centre des mathématiques» : l'arithmétique, l'analyse.

16

Longueur des démonstrations

Certaines démonstrations mathématiques sont très longues ; la théorie de la preuve et l'informatique théorique nous aident à comprendre pourquoi.

Les mathématiciens attribuent souvent de la valeur aux résultats qui s'énoncent facilement mais nécessitent de longues démonstrations. La longueur de la démonstration d'un résultat n'est sans doute pas le seul critère pour en évaluer l'intérêt, mais c'en est certainement un. David Ruelle, dans son dernier livre, *Hasard et chaos* (éditions Odile Jacob, 1991), n'hésite pas à écrire : «La longueur des démonstrations est ce qui rend la mathématique intéressante, et elle constitue un fait d'une importance philosophique fondamentale.» (page 18.) Et encore : «Une astuce qui permet une démonstration très brève d'un résultat qu'on croyait difficile donnera lieu à un mélange de satisfaction et de déception (parce que le résultat se réduit finalement à une trivialité).» (page 219.)

Les considérations sur la longueur des démonstrations peuvent-elles recevoir un sens précis? Existe-t-il une façon absolue et raisonnable de définir la longueur d'une démonstration, et donc sa difficulté (ce qui éclairerait la notion de difficulté en mathématiques)? Peut-on, avec une telle notion, établir que certains théorèmes n'ont pas de démonstration courte? Y a-t-il d'autres choses intéressantes à remarquer?

La réponse à toutes ces questions est le fruit de réflexions élaborées, et certains pièges doivent être évités, mais nous allons voir que la logique mathématique (dans sa branche théorie de la preuve) et l'informatique théorique disposent d'outils permettant d'aborder ces questions. Nous verrons en particulier que, pour toute définition raisonnable de la notion de démonstration, on établit qu'il existe des théorèmes dont la taille de la démonstration est considérablement plus longue que la taille de l'énoncé.

Abordons le sujet par quelques remarques historiques et philosophiques sur les notions de démonstration et de système formel.

La rigueur va de pair avec les mathématiques et, dès l'Antiquité – chez Euclide, par exemple –, on a tenté de la cerner, c'est-à-dire de formuler précisément ce qu'est une démonstration. Ces efforts continus n'ont pleinement abouti qu'à la fin du XIXe siècle et au début du XXe, avec les travaux de Frege, Peano, Cantor, Zermelo et Whitehead et Russell. Ces derniers, dans leur fameux ouvrage *Principia Mathematica,* proposaient une notion entièrement formelle de démonstration qu'ils utilisaient ensuite pour développer une partie des mathématiques. C'est d'ailleurs en se référant au formalisme des *Principia* que Gödel, en 1931, démontra ses résultats d'incomplétude que nous examinerons plus loin.

Une démonstration, dans le système des *Principia*, c'est une suite finie de formules établies selon des règles de construction purement mécaniques qui sont fixées une fois pour toutes. Vérifier une démonstration écrite dans le système des *Principia* ne demande aucune intelligence, et on peut confier ce travail à un programme d'ordinateur.

La mécanique du mathématicien

À partir de cette époque, l'activité du mathématicien a donc pu être perçue comme purement mécanique : un mathématicien, c'est quelqu'un qui trouve des combinaisons de symboles conformes aux règles de son système et qu'il nomme démonstrations. Cette conception des mathématiques – qu'on appelle le formalisme – est réductrice : elle oublie la phase de recherche pour ne se référer qu'à la phase de vérification, elle seule mécanisable. Sans adopter la version extrême du formalisme qui affirme que l'activité du mathématicien n'est que manipulation syntaxique, il apparaît raisonnable d'en retenir certains éléments. Illustrons la controverse par un petit dialogue entre un personnage défendant la pertinence de la notion de système formel (Monsieur Logique) et un autre la mettant en doute (Monsieur Sceptique).

Monsieur Sceptique : Les mathématiciens n'écrivent pas leurs démonstrations dans le système formel des *Principia*, ni dans aucun autre système formel.

Monsieur Logique : Oui, mais ils le pourraient. Moyennant un petit travail facile (et pénible), chaque démonstration mathématique peut être exprimée dans un système formel bien choisi, et c'est cette possibilité qui fait qu'en mathématiques il n'y a pas de controverse.

Monsieur Sceptique : Pourtant le fameux théorème d'incomplétude de Gödel de 1931 explique comment construire, pour tout système formel non contradictoire et assez puissant, un énoncé qui soit vrai et qui ne puisse s'y démontrer. Donc jamais aucun système formel n'est définitif. Finalement, la notion de système formel est inutile.

Monsieur Logique : Pas du tout ; malgré ce théorème de Gödel, il se trouve que toutes les mathématiques faites aujourd'hui sont formalisables dans un système comme celui des *Principia* ou dans le système formel préféré des mathématiciens : le système de la théorie des ensembles de Zermelo-Fraenkel (adopté, par exemple, par Bourbaki pour sa grande encyclopédie des mathématiques). Ce que dit le théorème d'incomplétude de Gödel (dont la démonstration, d'ailleurs, se formalise très bien en théorie des ensembles), c'est qu'il existe des situations – souvent jugées artificielles par les mathématiciens – où les systèmes usuels doivent être étendus. C'est une erreur que de croire qu'il met en doute l'utilité des systèmes formels, et d'ailleurs Gödel n'a cessé de s'y intéresser et de démontrer des résultats à leur sujet.

LE SYSTÈME FORMEL ♠

AXIOME	$X = X$
RÈGLE D'INFÉRENCE 1	$X = ♠Y \rightarrow X = 0♠Y$
RÈGLE D'INFÉRENCE 2	$X = Y0♠♠Z \rightarrow X = Y♠0Z$
RÈGLE D'INFÉRENCE 3	$X = Y0♠Z \rightarrow X = Y1Z$

X, *Y* ET *Z* DÉSIGNENT DES MOTS QUELCONQUES ÉCRITS AVEC LES TROIS SYMBOLES 0 1 ♠

EXEMPLE DE DÉMONSTRATION DANS LE SYSTÈME FORMEL ♠

♠♠♠♠♠♠ = ♠♠♠♠♠♠	(AXIOME)
♠♠♠♠♠♠ = 0♠♠♠♠♠♠	(UTILISATION DE LA RÈGLE 1)
♠♠♠♠♠♠ = ♠0♠♠♠♠	(UTILISATION DE LA RÈGLE 2)
♠♠♠♠♠♠ = ♠♠0♠♠	(UTILISATION DE LA RÈGLE 2)
♠♠♠♠♠♠ = ♠♠♠0	(UTILISATION DE LA RÈGLE 2)
♠♠♠♠♠♠ = 0♠♠♠0	(UTILISATION DE LA RÈGLE 1)
♠♠♠♠♠♠ = ♠0♠0	(UTILISATION DE LA RÈGLE 2)
♠♠♠♠♠♠ = 0♠0♠0	(UTILISATION DE LA RÈGLE 1)
♠♠♠♠♠♠ = 10♠0	(UTILISATION DE LA RÈGLE 3)
♠♠♠♠♠♠ = 110	(UTILISATION DE LA RÈGLE 3)

1. Dans un système formel, on se fixe un alphabet, ici les symboles 0, 1, ♠, = ; on se fixe des axiomes, ici toutes les formules de la forme *X* = *X*, et on se fixe certaines règles – appelées règles d'inférence – permettant de transformer les formules. La première règle signifie qu'entre le signe = et le signe ♠ on peut toujours introduire un 0. Une démonstration dans le système formel est, par définition, une suite de formules dont chacune est *(a)* soit un axiome, *(b)* soit obtenue grâce à une règle d'inférence à partir d'une formule obtenue précédemment. Les théorèmes sont les formules qui apparaissent comme dernière formule d'une démonstration. La démonstration de ♠♠♠♠♠♠ = 110 est donnée en exemple. Le système formel de notre exemple permet d'écrire en base 2 le nombre de ♠ de la partie gauche d'une égalité. Dans l'exemple, il y a six ♠ en partie gauche et, effectivement, à la fin de la démonstration, on lit que 6 s'écrit 110 en base 2. Les systèmes formels utilisés en mathématiques sont bien sûr plus compliqués que celui-ci, mais ils sont construits de manière analogue.

Le compromis actuel

Une sorte de compromis est aujourd'hui atteint. On peut le formuler ainsi : faire une démonstration mathématique comporte toujours deux étapes : *(a)* sélectionner un système formel acceptable, *(b)* travailler dans ce système, même si on n'explicite pas totalement les démonstrations. Démontrer, c'est choisir et calculer : c'est choisir un système formel dont on sait qu'on ne peut pas en prouver la non-contradiction (comme l'affirme le second théorème d'incomplétude de Gödel de 1931) et c'est calculer, c'est-à-dire rechercher des déductions et contrôler, par des vérifications mécaniques, qu'elles sont conformes aux règles du système retenu.

Les mathématiciens s'accordent sur l'utilité de la notion de système formel, tout en admettant qu'elle ne rend pas compte de tous les aspects de l'activité mathématique. Cet accord nous suffira pour mener à bien notre réflexion sur les longueurs des démonstrations, et il nous permet d'éviter un premier piège : il consiste à croire qu'un résultat peut être long à démontrer dans tout système formel. Voyons pourquoi.

Système formel ad hoc

Dans la présentation des systèmes formels, on distingue les axiomes (qui sont les connaissances de base à partir desquelles on démarre les démonstrations) et les règles d'inférence, qui décrivent les manipulations syntaxiques autorisées pour avancer pas à pas dans une démonstration *(voir l'exemple de système formel de la figure 1)*. Soit un système formel donné (par ses axiomes et ses règles d'inférence) et soit un théorème T qui s'y démontre avec une démonstration d'une longueur de un million de symboles par exemple. Soit maintenant le système formel obtenu en prenant les mêmes règles d'inférence et les mêmes axiomes, auxquels on ajoute T lui-même comme axiome. Il est identique en tout point au précédent, mais possède l'axiome T en plus. Ce nouveau système est non contradictoire si le premier l'était (car on a ajouté un axiome qui était démontrable dans le premier). Dans ce nouveau système, la démonstration de T est très courte, elle a le même nombre de symboles que T : puisque T est un axiome, la démonstration de T consiste juste en l'écriture de T!

Aussi bête qu'il soit, ce petit raisonnement est fondamental : il montre qu'un théorème n'a pas une preuve longue dans tout système formel.

De notre remarque qu'on peut toujours considérer un théorème comme un axiome, on pourrait conclure que tout est terminé et que nous avons montré que la recherche d'une notion satisfaisante de longueur de démonstration est absurde. Oui..., sauf si on accepte de privilégier certains systèmes formels auxquels on se référera de manière constante et dont on refusera de compléter les axiomes par n'importe quoi.

Un formaliste extrême acceptera difficilement de franchir ce pas, car, pour lui, tous les systèmes formels se valent et aucun ne doit donc être privilégié. Un formaliste extrême ne peut donc sans doute pas donner un sens aux considérations sur la longueur des démonstrations, et c'est là un exemple de l'effet négatif et aveuglant d'une position philosophique trop réductionniste.

Les mathématiciens en général sont d'accord pour retenir et faire jouer un rôle privilégié à certains systèmes formels particuliers. Nous n'allons pas ici tenter de faire la liste de ces systèmes «naturels» : le système formel usuel de la théorie des ensembles – qui est très puissant – peut servir de référence. Sauf mention contraire, lorsque nous parlerons de longueur d'une démonstration, il sera sous-entendu que nous nous référons à la longueur de cette démonstration dans le système formel usuel de la théorie des ensembles auquel nous ne touchons plus.

Un premier résultat repose encore sur une idée mathématiquement simple : pour tout entier (par exemple 100), il existe un entier (par exemple 1 000 000) tel que tous les théorèmes du système formel de la théorie des ensembles de longueur inférieure à 100 possèdent une démonstration de longueur inférieure à 1 000 000. Sous forme générale : pour tout n, il existe un nombre $\phi(n)$ tel que tous les théorèmes dont l'énoncé est

2. Vérifier des démonstrations est toujours faisable par ordinateur, même si, en pratique, cela n'est pas très facile. En revanche, lorsqu'un système formel est assez puissant (comme le sont ceux qu'utilisent les mathématiciens), alors le théorème de Church nous dit qu'aucun algorithme ne peut, pour toute formule, indiquer si c'est un théorème ou non. Indépendamment de toute considération sur les limites techniques des ordinateurs, on peut donc dire que jamais on ne réussira à construire des ordinateurs pouvant se substituer totalement aux mathématiciens.

de longueur inférieure à n possèdent une démonstration de longueur inférieure à $\phi(n)$.

En effet, fixons la valeur de n et soient $T(1)$, $T(2)$, ..., $T(p)$ les théorèmes de la théorie des ensembles dont l'énoncé est de taille inférieure à n. Ces théorèmes sont en nombre fini, car, avec un nombre fini n de symboles, on ne peut écrire qu'un nombre fini de formules de longueur inférieure à n (notons ici que les mathématiciens utilisent un peu plus de symboles que le langage écrit usuel, mais ils n'en utilisent qu'un nombre fini et, de toute façon, le système formel de la théorie des ensembles qui nous sert de référence ne nécessite pas plus d'une centaine de symboles). Désignons par $l(1)$ la longueur de la plus courte démonstration de $T(1)$; de même, désignons par $l(2)$ la longueur de la plus courte démonstration de $T(2)$, etc., jusqu'à $l(p)$. Soit le plus grand nombres $l(1)$, $l(2)$, ..., $l(p)$. C'est lui que nous prenons pour $\phi(n)$. Une courte réflexion montre qu'il convient.

C'est une bien belle démonstration, mais elle laisse un peu insatisfait, car si elle montre que $\phi(n)$ peut être défini, elle ne donne pas la moindre idée sur sa nature en fonction de n. Peut-on être plus précis? Ce $\phi(n)$ est-il égal à $10n$? Ce serait bien pratique, car, pour démontrer un théorème de longueur n, on saurait qu'il est inutile d'en chercher des démonstrations plus longues que $10n$. Ce nombre $\phi(n)$ est-il égal à 2^n? Son utilisation serait déjà plus difficile. Ce $\phi(n)$ est-il égal à $1\,000^{n!}$?

LE PROBLÈME DU CALCUL DE LA FONCTION $\Phi(n)$

n^2 AUGMENTE PLUS RAPIDEMENT QUE n

2^n AUGMENTE PLUS RAPIDEMENT QUE n^2

n^n AUGMENTE PLUS RAPIDEMENT QUE 2^n

$f(n) = n^{n^{n^{n^{\cdot^{\cdot^{\cdot^{n}}}}}}}$ (n NIVEAUX D'EXPOSANTS) AUGMENTE ENCORE PLUS RAPIDEMENT,

$g(n) = f(n)^{f(n)^{f(n)^{\cdot^{\cdot^{\cdot^{f(n)}}}}}}$ ($f(n)$ NIVEAUX D'EXPOSANTS) AUGMENTE ENCORE PLUS RAPIDEMENT,

$k(n) = g(n)^{g(n)^{g(n)^{\cdot^{\cdot^{\cdot^{g(n)}}}}}}$ ($g(n)$ NIVEAUX D'EXPOSANTS) AUGMENTE ENCORE PLUS RAPIDEMENT,

.....

$\Phi(n)$ AUGMENTE PLUS RAPIDEMENT QUE TOUTES LES FONCTIONS DONT ON PEUT DONNER UNE MÉTHODE EFFECTIVE DE CALCUL

3. Il existe une fonction $\phi(n)$ qui a la propriété suivante : si un théorème est démontrable dans la théorie des ensembles et s'écrit avec moins de n symboles, alors il possède une démonstration de moins de $\phi(n)$ symboles. Connaître cette fonction permettrait (en théorie) de répondre mécaniquement à des questions comme «le grand théorème de Fermat est-il démontrable en théorie des ensembles?». Il suffirait, en effet, de mesurer précisément la longueur de l'énoncé du théorème de Fermat (par exemple 100), puis de rechercher, parmi la liste finie des démonstrations de longueur inférieure à $\phi(100)$, s'il y en a une qui démontre le théorème de Fermat. Malheureusement cette fonction $\phi(n)$ n'est pas calculable : aucun programme d'ordinateur n'en donne les valeurs. De plus, $\phi(n)$ est plus rapidement croissante que n'importe quelle fonction calculable et, donc, même si on arrivait à la connaître pour certaines valeurs de n, il serait impossible de l'utiliser en pratique.

Une fonction pire que tout

La réponse est que $\phi(n)$ est encore bien pire que tout cela... et que tout ce que vous pouvez imaginer. En effet, quelle que soit la fonction que vous définirez avec des puissances, des factorielles et tout ce qu'il vous plaira (pourvu que vous soyez précis et décriviez bien un moyen de calcul de $\phi(n)$, cette fonction sera insuffisante.

Ainsi la fonction $\phi(n)$ converge vers l'infini plus vite que toutes les fonctions calculables par algorithme. Dit autrement : toute fonction tendant vers l'infini, définissable à l'aide d'un programme d'ordinateur, est plus petite que $\phi(n)$ pour certaines valeurs de n. Il en résulte immédiatement que la fonction $\phi(n)$ n'est pas calculable par programme.

La démonstration de cette affirmation sur la nature de $\phi(n)$ repose sur un résultat de la théorie de la démonstration dû à Church, qui l'a établi en 1936, en même temps que le mathématicien anglais Turing *(voir le chapitre 2)*. Ce résultat n'est pas sans rapport avec le théorème de Gödel, mais ne doit pas être confondu avec lui. Le théorème de Church est : il n'existe pas d'algorithme qui, pour tout énoncé de la théorie des ensembles, indique s'il s'agit d'un théorème ou pas. Le théorème original de Church ne concernait pas la théorie des ensembles, mais il s'y adapte facilement.

Nous ne démontrerons pas le théorème de Church, trop compliqué ; en revanche, la démonstration de son corollaire concernant $\phi(n)$ est d'une clarté cristalline : nous ne résistons pas au plaisir de l'indiquer (les lecteurs ennuyés de ces démonstrations peuvent passer au paragraphe suivant). Supposons qu'il existe une fonction $g(n)$ calculable par algorithme qui ne soit jamais plus petite que $\phi(n)$. Alors, en utilisant $g(n)$, je peux construire un algorithme qui m'indiquera, pour chaque formule F de la théorie des ensembles, si c'est un théorème ou pas de cette théorie (ce résultat serait alors en contradiction avec le théorème de Church). Mon algorithme procède ainsi : il commence par mesurer la longueur de la formule F, soit n cette longueur ; puis il calcule $g(n)$ (ce que j'ai supposé faisable par algorithme) ; ensuite, mon algorithme recherche toutes les démonstrations correctes de longueur inférieure à $g(n)$. Il s'agit d'un travail très long, mais fini, et donc possible en théorie. Si, lors de cette exploration, il découvre une démonstration de F, mon algorithme s'arrête en m'indiquant que F est un théorème de la théorie des ensembles. Si, lors de son exploration, jamais il n'arrive à une démonstration de F, après avoir tout exploré, mon algorithme m'indique que F n'est pas un théorème de la théorie des ensembles. Par hypothèse, $g(n)$ est toujours plus grand que $\phi(n)$, et donc mon algorithme ne peut pas manquer de démonstration. Autrement dit, il ne se trompe pas quand il me dit que F est un théorème ou quand il me dit que F n'en est pas un. Donc cet algorithme contredit le théorème de Church. En conclusion, la fonction g ne peut pas exister.

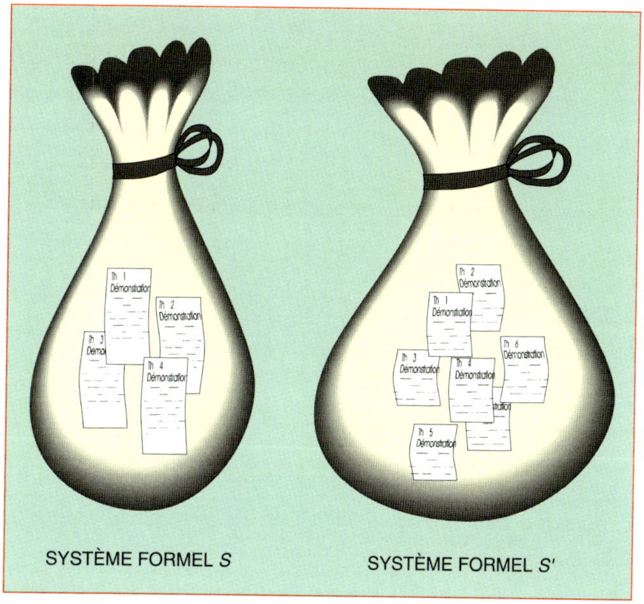

4. Le théorème de Gödel indique qu'on peut toujours améliorer un système formel : un système formel non contradictoire et assez puissant pour faire de l'arithmétique élémentaire ne permet jamais de démontrer l'énoncé affirmant qu'il est non contradictoire (bien que cet énoncé y soit exprimable). Ajouter comme axiome l'énoncé affirmant la non-contradiction améliore donc le système formel, dans le sens que le nouveau système peut démontrer plus de théorèmes que le précédent. Le théorème de *speed-up*, de A. Ehrenfeucht et J. Mycielski indique qu'ajouter comme axiome l'énoncé affirmant la non-contradiction de *S* (ou ajouter n'importe quel indécidable de *S*) a aussi pour effet de rendre plus courtes les démonstrations des résultats qui étaient déjà démontrables avec l'autre système d'axiomes. La longueur de certaines démonstrations est divisée par 10, la longueur d'autres par 100, etc.

Une difficulté de un milliard

Parmi les conséquences de ce théorème sur $\phi(n)$, il y a la réponse à la question que nous nous posions au début : «Existe-t-il des théorèmes qui n'ont pas de démonstrations courtes?» Montrons que certains théorèmes de la théorie des ensembles ont une plus courte démonstration un milliard de fois plus longue que l'énoncé lui-même. On pourrait dire d'un tel théorème que son niveau de difficulté est un milliard. Bien sûr, il existe aussi des théorèmes dont le niveau de difficulté est un milliard de milliards, ou tout nombre que vous voudrez. La démonstration que des théorèmes de difficulté un milliard existent s'obtient en considérant la fonction calculable par algorithme $g(n) = 1\,000\,000\,000\,n$. D'après notre résultat sur $\phi(n)$ pour certaines valeurs de n, $g(n)$ est plus petit que $\phi(n)$, ce qui signifie que, pour de telles valeurs de n, il existe un théorème de la théorie des ensembles dont la longueur est n et dont la plus courte démonstration a pour longueur $\phi(n)$, qui est plus grand que $1\,000\,000\,000\,n$.

Remarquons que l'existence de théorèmes ayant un niveau de difficulté de un milliard (ou plus) est valable pour d'autres systèmes formels que celui de la théorie des ensembles. La seule chose dont nous ayons eu besoin, c'est du théorème de Church ; or celui-ci est valable pour tous les systèmes formels puissants qu'on pourrait envisager pour faire des mathématiques. Donc, même si on voulait utiliser une théorie plus forte que celle des ensembles, il y aurait encore des théorèmes de difficulté un milliard dans cette nouvelle théorie. En revanche, les systèmes formels utilisés pour démontrer des classes très particulières d'énoncés (comme celui décrit sur la figure 1) ne sont pas toujours sujets à ces résultats, et l'étude de la longueur de leur démonstration a donné lieu à des travaux très nombreux ces dernières années, conduisant à de très difficiles questions non résolues aujourd'hui, dont la fameuse conjecture $P \neq NP$ que nous évoquons au chapitre 6.

Notons qu'assez étrangement pour les théorèmes les plus classiques des mathématiques, on connaît très peu de choses sur la taille de leur démonstration la plus courte. En particulier,

5. Pour avoir une bonne mesure de la difficulté d'un résultat mathématique, il faudrait pouvoir désigner des systèmes formels naturels et absolus. C'est très difficile, car, dès qu'on dispose d'un système naturel et non contradictoire, on sait en construire d'autres plus puissants (par exemple, en ajoutant un énoncé affirmant la non-contradiction), aussi naturels et qui changent considérablement la longueur de certaines démonstrations. À moins de s'interdire ces glissements vers des systèmes plus puissants, on ne peut donc trouver aucune définition satisfaisante de la difficulté des résultats mathématiques en termes de longueur de démonstration. Seule une compréhension améliorée des phénomènes d'incomplétude et de *speed-up*, et des connaissances plus fines sur les systèmes formels utilisés en mathématiques permettront de savoir s'il y a de bonnes raisons de s'interdire ces glissements dévastateurs.

pour le théorème géant sur la classification des groupes finis simples, dont la démonstration actuelle comporte plus de 15 000 pages, les logiciens n'ont pas réussi jusqu'à présent à dire quoi que ce soit de la longueur minimale de sa démonstration (voir *Le théorème géant*, par Daniel Gorenstein, *Pour la Science*, février 1986).

Raccourcissement des démonstrations

Nous avons évoqué le nom de Gödel ; nous allons maintenant y revenir pour expliquer les résultats dits de *speed up* (ce qu'on pourrait traduire par «accélération» ou «raccourcissement») et qui éclairent la fameuse «incomplétude». Certains des résultats que nous allons indiquer sont dus à Gödel lui-même, et nous allons voir qu'il y a un petit mystère à propos de l'un d'eux, qui est analogue au fameux mystère de la marge dans laquelle Fermat aurait écrit la démonstration de son grand théorème (enfin démontré) si cette marge n'avait pas été trop petite.

Ce que dit le théorème d'incomplétude de Gödel, c'est que tout système formel S assez puissant et non contradictoire est incomplet et, en particulier, ne permet pas de démontrer l'énoncé qui affirme que le système S est non contradictoire. L'idée de rajouter, comme axiome, l'énoncé affirmant la non-contradiction du système formel S est naturelle et conduit à un nouveau système formel S' plus puissant (il démontre au moins un théorème de plus). Ce système est encore incomplet, car même s'il peut maintenant démontrer la non-contradiction de S, il ne peut pas démontrer la non-contradiction de S'. Le système formel S' est plus puissant que S pour la quantité de théorèmes démontrés ; il est donc naturel de se poser la question : S' permet-il d'obtenir des démonstrations plus courtes que le système S?

La réponse est oui. S' est bien plus efficace que S. Pour les énoncés démontrables à la fois par S et par S', la taille des démonstrations dans S' est parfois considérablement plus petite que celle dans S.

L'énoncé le plus général de ce type a été trouvé en 1970 par les mathématiciens A. Ehrenfeucht et J. Mycielski. Il indique que, pour tout système formel assez puissant S (permettant la démonstration des énoncés d'arithmétique élémentaire) et non contradictoire, et pour tout système formel S' obtenu en ajoutant à S un énoncé indécidable dans S, il existe des théorèmes dont la démonstration la plus courte dans S' est un milliard de fois plus petite que la démonstration la plus courte dans S. Bien sûr, un milliard peut être remplacé par n'importe quel entier.

Refuser les indécidables?

Ce résultat vient gravement s'opposer à l'idée qu'il y a une notion naturelle et raisonnable de longueur de démonstration. Voilà pourquoi : si, pour avoir une notion bien définie de longueur de démonstration, nous continuons à prendre la théorie des ensembles comme système formel de référence, c'est que nous avons de bonnes raisons de croire à sa non-contradiction. Il y a au moins deux arguments possibles : *(1)* jamais, en l'utilisant, nous n'avons trouvé de contradiction, *(2)* il est fondé sur des idées intuitives qui apparaissent *a priori* non contradictoires. Si nous avons de bonnes raisons de croire à la non-contradiction de la théorie des ensembles, autant utiliser comme système formel de référence un système qui comporte l'affirmation de cette non-contradiction. Mais alors, d'après le résultat de A. Ehrenfeucht et J. Mycielski, la longueur de certaines démonstrations sera réduite d'un facteur aussi grand qu'on le veut. Et donc, la notion de longueur d'une démonstration n'a pas vraiment de sens absolu.

L'association du théorème d'incomplétude de Gödel et des résultats de A. Ehrenfeucht et J. Mycielski nous a ramenés à la situation que nous décrivions après notre première remarque : aucun système formel naturel ne peut être choisi pour déterminer une notion de longueur de preuve. Dès qu'on en tient un qu'on croit satisfaisant, tout de suite un autre encore meilleur se présente à l'esprit, dans lequel certaines démonstrations sont considérablement écourtées.

Beaucoup de logiciens aujourd'hui sont prêts à en conclure qu'il n'y a aucune notion intrinsèque et absolue de longueur de démonstration. Je considère cela comme très gênant, car alors toutes les remarques que naturellement les mathématiciens font entre eux, sur la difficulté des théorèmes, ne seraient qu'illusions et non-sens. C'est dur à admettre.

Une solution consiste peut-être à regarder les indécidables de Gödel comme des énoncés particuliers (y compris ceux affirmant la non-contradiction du système qu'on utilise) et à ne pas leur attribuer la même évidence intuitive qu'aux autres énoncés mathématiques choisis comme axiomes, et donc à ne pas considérer comme allant de soi le système S' dès qu'on a accepté S. En un mot, il faut résister à la tentation d'ajouter des énoncés de non-contradiction. Le logicien philosophe D. Isaacson, de l'Université d'Oxford, a récemment défendu ce type d'arguments à propos de l'arithmétique élémentaire. Certains de ses arguments pourraient être repris pour la théorie des ensembles, en particulier l'idée que, dans les énoncés indécidables de Gödel, il y a toujours une codification et qu'accepter l'énoncé affirmant la non-contradiction de S nécessite d'en accepter le sens, mais nécessite aussi d'accepter que la traduction au sein même de S de l'affirmation de non-contradiction est correctement menée, ce qui ne va pas de soi, car cette traduction est compliquée. D'autres arguments, qui donnent des rôles particuliers à certains systèmes formels et conduisent donc à les faire apparaître comme des systèmes absolus dont on ne doit pas chercher à s'échapper et sur lesquels on peut s'appuyer pour formuler une définition de la longueur des démonstrations, ont aussi été proposés récemment par deux logiciens américains : S. Feferman, de l'Université de Stanford, et S. Simpson, de l'Université d'État de Pennsylvanie. L'affaire n'est donc pas réglée, et seuls des progrès en logique mathématique et dans l'interprétation philosophique des résultats d'incomplétude permettront d'aller plus loin.

Le problème de la longueur des démonstrations est très loin d'être réglé pour une autre raison plus anecdotique, mais amusante à mentionner. En effet, une situation étrange persiste à propos de l'article de Gödel de 1936, dans lequel il énonça pour la première fois des résultats de *speed up*. Cet article était uniquement un résumé ; il ne contenait aucune démonstration, et Gödel n'a jamais publié de démonstration des affirmations de cet article. Certaines d'entre elles ont été démontrées depuis, mais, un des résultats de Gödel dit que, lorsqu'on mesure la longueur d'une démonstration par son nombre de lignes (sans tenir compte de la longueur des lignes), il y a *speed up* entre la logique d'ordre n et celle d'ordre $n + 1$ (la logique d'ordre 1 est une logique où les variables ne peuvent désigner que les objets de base ; la logique d'ordre 2 est une logique où certaines variables peuvent désigner des ensembles d'objets de base, etc.). Pour n supérieur à 1, personne aujourd'hui n'a réussi à redémontrer le résultat de Gödel. En fait, les spécialistes doutent un peu que Gödel ait réellement découvert une démonstration complète de ce qu'il affirmait. On est donc dans une situation analogue à celle qui régnait concernant le grand théorème de Fermat.

Cette situation montre bien que, même si l'on n'arrive pas à définir de manière satisfaisante ce qu'est une démonstration difficile, de telles démonstrations existent certainement!

17

Le réalisme en mathématiques et en physique

Physiciens et mathématiciens croient à l'existence d'une réalité indépendante de nos observations et ils ont le sentiment que l'abandon du réalisme remettrait en question la valeur de la science. Cependant, parfois les progrès scientifiques limitent autant la compréhension de la réalité qu'ils la précisent.

Le réalisme est la croyance qu'il existe quelque chose – le réel – indépendant de nous, et que ce réel subsiste lorsque nous cessons de l'observer. Or la remise en question, par la mécanique quantique et la logique mathématique, du concept de réalité indépendante est aussi étonnante que radicale ; même si l'on peut croire que cette mise en cause n'est ni définitive ni absolue, et même si la conclusion est que le réel existe mais ne peut être connu, la thèse réaliste est affaiblie. Or la position philosophique «réaliste» soutient la pensée scientifique et sert de garde-fou contre des déviances qui mettraient en péril les constructions de la science.

Seule la croyance en un réel indépendant de nous assure qu'il y a connaissance véritable, affirme le réaliste. La négation du réalisme, ou bien nous conduit à la position solipsiste (seul le Moi existe) logiquement cohérente mais stérile, ou bien nous interdit toute interrogation sur ce qui pourrait expliquer la convergence et l'unité de nos expériences sensibles. Si les mathématiques ne fournissaient pas la connaissance d'une réalité hors de nous, l'efficacité de leur application – en particulier en physique – serait miraculeuse. Si les mathématiques sont universelles, c'est parce qu'elles ne dépendent pas de l'individu, et si l'on ne peut inventer n'importe quel théorème, c'est qu'il existe une réalité contraignante hors de l'homme. La difficulté c'est d'avoir accès à cette réalité : le principe d'incertitude de Heisenberg pour un physicien réaliste, le théorème d'incomplétude de Gödel pour un mathématicien réaliste, établissent une sorte d'inconnaissabilité fondamentale.

Le réalisme en physique

Le réalisme atomique, ou microréalisme, repose sur un credo : l'étude assez fine du monde physique amènera la découverte de particules ultimes qui constituent les objets de base de la physique, particules dont la combinatoire permettra de rendre compte complètement de ce qui existe. Or la mécanique quantique a montré que s'il y a des objets de base du monde physique, ceux-ci n'ont pas les propriétés et le comportement des objets macroscopiques habituels (les objets quantiques ne sont, par exemple, ni ondes ni particules) ; aussi le microréalisme naïf est-il exclu, aussi la situation épistémologique du réalisme est-elle devenue très délicate. Pour rétablir la réalité des objets de la mécanique quantique, des physiciens ont supposé que des variables cachées déterminaient les caractéristiques (position, masse, vitesse, spin) des particules en l'absence de toute observation. Toutefois, ces formulations sont arbitraires : on ne peut les départager par des expériences et elles surdéterminent le réel ; de plus ces variables cachées ne sont pas locales, c'est-à-dire ne sont pas associées individuellement aux particules mais à tout l'espace, comme les expériences d'Alain Aspect l'ont démontré.

Moins ambitieux parce que moins définitif, le réalisme abstrait soutient que la réalité du monde ne se réduit pas à des entités simples que l'on peut fixer *a priori* et définitivement : pour déterminer les entités de base, prônent les réalistes abstraits, il nous faut utiliser tous les moyens rationnels disponibles, dont, bien sûr, les mathématiques.

Les tenants du réalisme abstrait, disciples d'Einstein et de Louis de Broglie, hésitent à affirmer la possibilité de compréhension du monde physique par l'homme, mais au fond ils croient en cette possibilité. Malheureusement, aussi imprécise que soit sa définition, le réalisme abstrait est aussi bousculé par les résultats de la mécanique quantique. Si la mécanique quantique est correcte et complète (si elle décrit toute la réalité), alors il faut accepter un indéterminisme fondamental (et pas seulement subjectif). Si la mécanique quantique est correcte, alors la loi de séparabilité forte, affirmant que tout dans l'univers est localisé et qu'aucun rapport instantané n'est

1. Philosophies du jour et de la nuit.

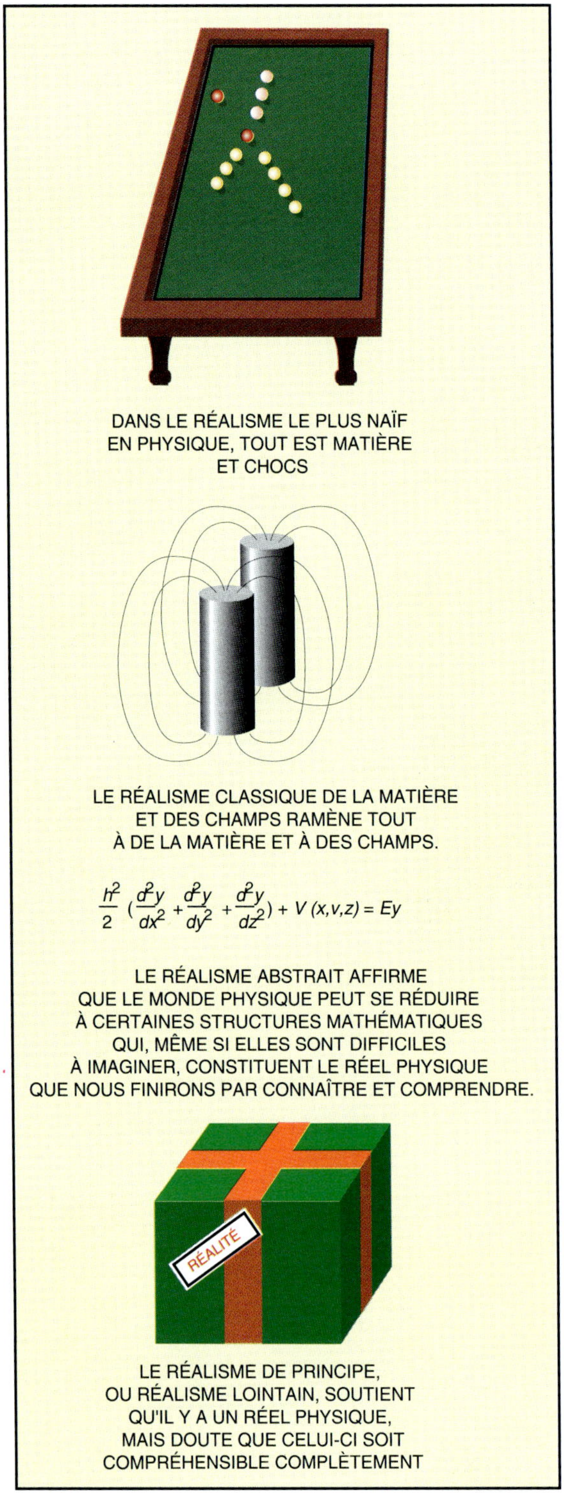

2. DU MATÉRIALISME NAÏF de Descartes, où tout n'est que matière et chocs, aux théories d'aujourd'hui, l'histoire de la physique apparaît comme un recul progressif et inéluctable du réalisme.

possible entre des entités séparées, est violée : pour deux photons issus d'une source unique dans un état dit corrélé, une mesure sur l'un des deux détermine instantanément l'état de l'autre même si les deux photons sont très éloignés ; en revanche le monde réel décrit par la relativité est tel qu'aucun signal ne peut se propager plus vite que la vitesse de la lumière. Cette contradiction apparente entre la localité de la relativité et la non-localité de la mécanique quantique est plus facile à accepter pour les philosophes positivistes, qui ne s'interrogent pas sur les conséquences des calculs, que pour les réalistes.

Nous distinguerons toutefois le réaliste abstrait qui ne renonce pas à comprendre, du réaliste de principe. Ce dernier est prêt à admettre une impuissance fondamentale et doute très fortement qu'une compréhension définitive soit possible. Le réaliste de principe ou réaliste lointain pense qu'il y a un réel, mais qu'aujourd'hui, nous sommes dans l'impossibilité de le comprendre. Bernard d'Espagnat a exprimé en détail cette thèse et les raisons qu'il a de l'adopter : cette version «déprimée» du réalisme abstrait est peut-être la dernière position qu'on puisse rationnellement adopter, ce qui ne semble pas être le cas du réalisme arbitraire et surdéterminant des variables cachées non locales.

Inutile, quasi contradictoire, arbitraire, non testable et surdéterminé, le réalisme en physique est en position bien faible. Or tous ces mots peuvent également qualifier le réalisme en mathématiques...

Le réalisme en mathématiques

En philosophie des mathématiques, presque toutes les thèses contiennent des éléments de réalisme ; elles se distinguent par l'étendue et par l'abstraction du réel indépendant postulé.

Les réalistes finitistes admettent la réalité des objets finis : pour eux, l'équation «2 + 3 = 5» est l'énoncé d'une vérité portant sur les objets ou les manipulations sur des objets ; cette relation nous enseigne quelque chose sur une réalité, atemporelle et indépendante des mathématiciens. Seuls certains intuitionnistes pensent qu'un tel énoncé n'a de sens que pour celui qui l'élabore et que les nombres sont uniquement des constructions de l'esprit humain, sans réalité en dehors du cerveau. Pratiquement tous les mathématiciens attribuent une forte objectivité aux nombres entiers (pris individuellement) et aux objets finis combinatoires comme les chaînes de caractères, les tableaux finis de nombres, les graphes...

Ce réalisme finitiste sert de base au formalisme qui est l'«idéologie» de recours de beaucoup de mathématiciens ; refusant de considérer qu'il existe une réalité mathématique plus abstraite que la réalité finie, ou considérant que l'extension du réalisme aux objets infinis est dangereuse et incertaine, le réaliste finitiste propose de se limiter à l'univers évident des objets finis. Cette position est renforcée par le fait que, moyennant des conventions syntaxiques adéquates, toutes les démonstrations peuvent se ramener à des manipulations de symboles. Le sens réel d'un théorème sur les nombres complexes par exemple, n'est pas que telle ou telle propriété est vraie pour les objets dont parle le théorème, mais simplement qu'il est possible, à partir des axiomes et en respectant des règles de manipulation bien définies, de produire une certaine configuration de signes qui est l'énoncé du théorème. Même si les mathématiciens n'écrivent pas explicitement leurs démonstrations dans les langages que propose la logique, ils savent que cela est possible.

Cependant, cette formalisation, l'ultime recours quand le mathématicien s'interroge sur la justesse d'une démonstration, n'épuise pas, c'est évident, le sens des théorèmes : aussi considère-t-on que le formalisme est une philosophie insuffisante des mathématiques et désire-t-on aller plus loin et passer à un réalisme moins limité incluant l'infini, en premier lieu l'infini des nombres entiers appelé infini dénombrable.

En passant du réalisme finitiste au réalisme du dénombrable, on franchit un pas qui n'est pas petit, et les intuitionnistes s'y refusent. La difficulté de cette généralisation est qu'à tout problème concernant tous les nombres entiers ne correspond pas nécessairement une méthode connue de résolution. Lorsque l'on affirme que $2 \times 2 \times 2 \times 2 \times 2 \times 2 \times 2 \times 2 \times 2 \times 2 = 1\,024$, on sait comment s'y prendre pour le vérifier ou s'apercevoir que c'est faux, c'est-à-dire que l'on connaît une procédure finie qui nous dit si oui ou non l'égalité en question est vraie (il suffit d'effectuer les multiplications complètement). En revanche pour l'énoncé : «Il y a une infinité de nombres n tels que n et $n + 2$ sont premiers», on ne voit pas, *a priori*, comment s'y prendre pour en connaître la vérité à l'aide d'un nombre fini de calculs. On peut toutefois imaginer une procédure infinie qui «après avoir essayé tous les nombres premiers n» réponde oui ou non. La possibilité de cette procédure nous rassure et nous donne à penser que l'énoncé est vrai ou faux.

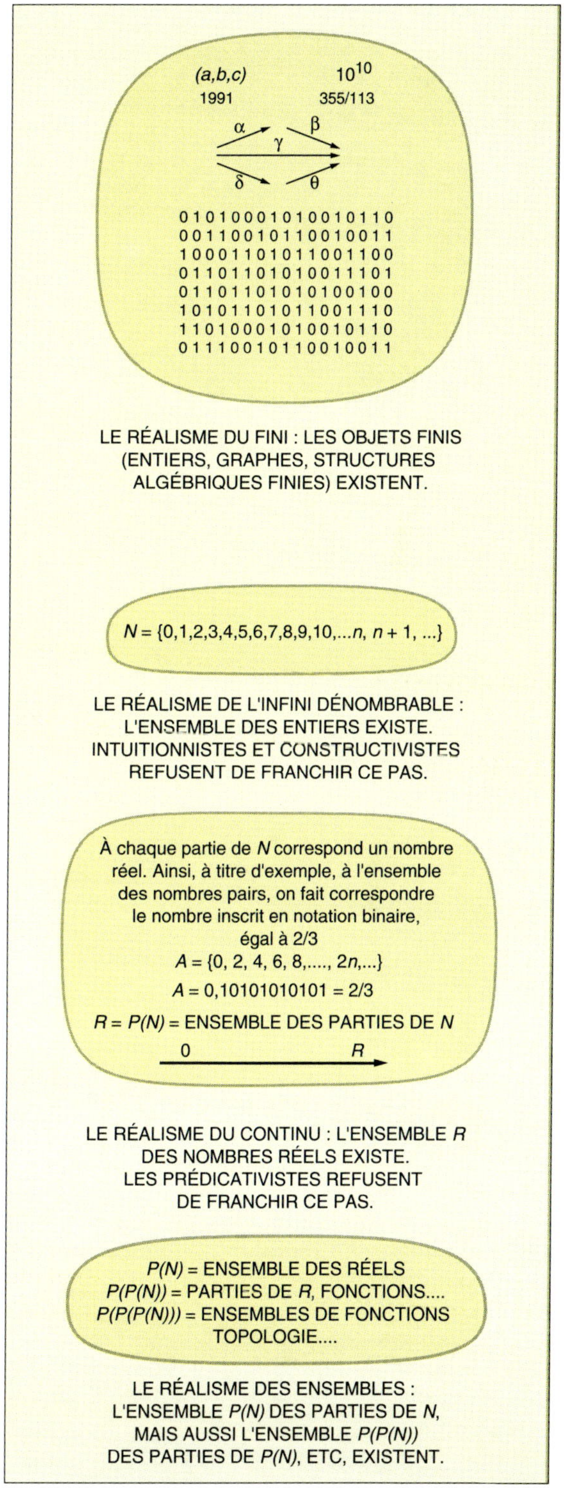

3. DANS CETTE ÉVOLUTION des différents réalismes en mathématiques, plus on enrichit le réel des concepts utilisés par les mathématiciens, plus les difficultés d'argumentation pour soutenir le réalisme sont grandes.

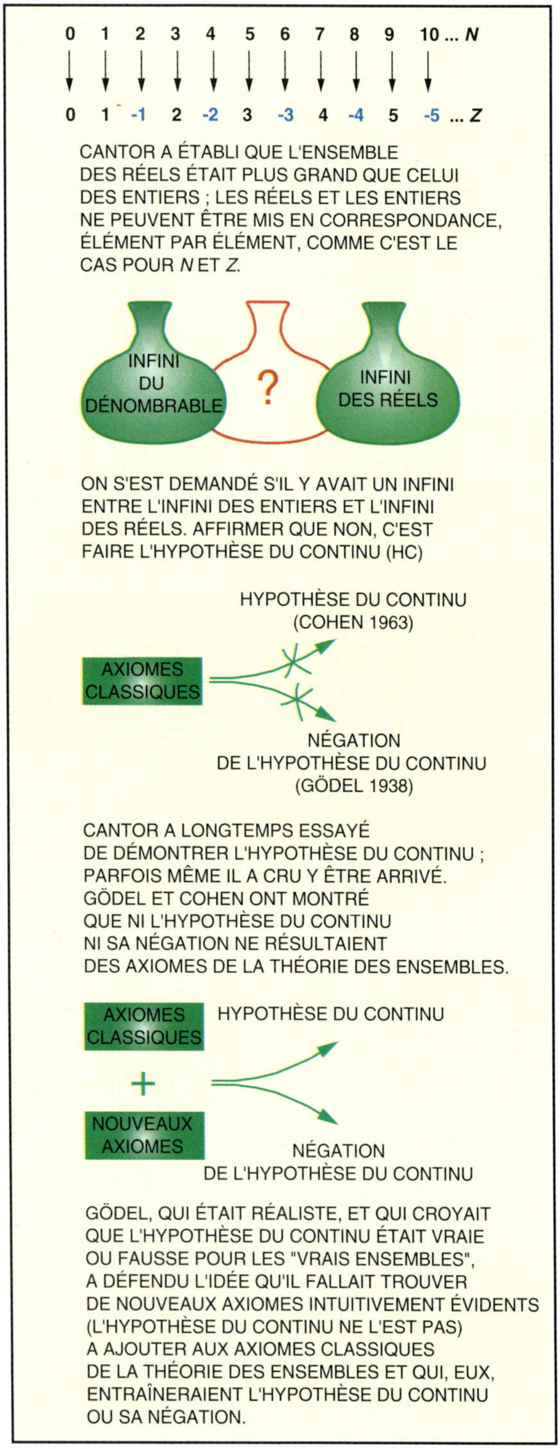

4. AUCUN AXIOME VRAISEMBLABLE n'a été proposé, malgré les très importants efforts des logiciens depuis 40 ans, qui implique l'hypothèse du continu ou sa négation. Cet échec fait douter de la réalité du monde des ensembles : pourra-t-on jamais dire si l'hypothèse du continu est vraie ou fausse?

Cependant, comme cette procédure est impraticable, la croyance que nous pourrons décider de la vérité de l'énoncé est moins assurée que lorsqu'il s'agit de l'énoncé portant sur les puissances de 2. Il y a là un pas réaliste à franchir, celui du fini à l'infini dénombrable : il faut passer de la réalité des nombres pris individuellement à la croyance de la réalité des nombres comme ensemble infini. Ce pas, la plupart des mathématiciens le font sans hésitation, et pourtant certains résultats de logique exposés plus loin vont à l'encontre de cet enrichissement naturel.

Cantor s'est aperçu que l'infini ne se réduisait pas à l'infini des nombres entiers et il a établi que l'infini des points d'une droite ou des points de l'espace était d'une nature plus riche, qu'on ne pouvait ramener à l'infini des nombres entiers. Cet infini de la géométrie et de l'analyse, les mathématiciens n'ont pas attendu Cantor pour en parler et le manipuler avec rigueur, mais c'est seulement au XIXe siècle qu'ils ont pris l'habitude de le considérer vraiment comme une totalité présente et non plus seulement comme une potentialité. Là encore le pas à franchir est délicat car le réalisme du continu, plus encore que le réalisme du dénombrable, est risqué. Nous verrons que les résultats de la logique posent des questions graves aux mathématiciens prêts à admettre ce continu comme ayant une existence véritable indépendante de ce qu'on en fait. Notons déjà que le physicien utilise quotidiennement ce continu, mais prudemment, sans jamais chercher de réponse à la question : «Y a-t-il vraiment dans la nature un infini non dénombrable?». Il considère sans doute cette question – mais pourquoi donc? – comme n'ayant pas de sens physique.

Au-delà du continu, Cantor a aussi montré qu'il y a d'autres infinis. Son travail a conduit à la formulation, par Zermelo en 1908, de la théorie des ensembles qui, après quelques difficultés, est devenue un cadre général pour faire des mathématiques : tout en mathématiques peut se réduire à des ensembles et l'usage, aujourd'hui, est effectivement de tout réduire aux ensembles. Cet univers des ensembles dans lequel on représente sans difficulté celui des nombres entiers, celui du continu, celui des fonctions, celui des espaces de dimension quelconque, etc., semble être aussi réel que l'univers des objets finis ou que l'ensemble des nombres entiers ; l'attitude naturelle de tous les mathématiciens est d'en parler entre eux comme s'il existait. Ce réalisme ensembliste naturel est lui aussi mis en péril par les résultats des logiciens : rares sont les mathématiciens qui l'adoptent sans nuance.

Cette classification des réalismes par univers croissants est relativement indépendante d'une autre classification procédant, elle, par abstraction croissante (et qui associée à la première classification, donne ainsi lieu à un grand nombre de combinaisons possibles) ; elle commence avec ce qu'on appelle le réalisme naïf parfois qualifié de platonicien. Celui-ci consiste à croire en l'existence même des objets mathématiques : quelque part il y aurait les triangles, les matrices, les fonctions continues, les ensembles, etc. Ce réalisme naïf rencontre des difficultés évidentes qui font qu'on évite en général de le formuler aussi brutalement : s'il y a une réalité des nombres, celle-ci n'est pas de même nature que la réalité des pommes ou des mètres de tissus qu'elle permet de compter ; on ne. peut pas saisir les nombres, ni les voir. Il faut se dégager au moins un peu de l'idée que nous avons du réel physique, il faut concevoir et admettre un autre type de réel.

Le réalisme des structures

On souhaite affirmer l'objectivité des mathématiques, c'est-à-dire d'une détermination en dehors de notre esprit qui fixe la vérité ou la fausseté des énoncés mathématiques : la vérité mathématique préexiste aux questions que nous pouvons nous poser sur elle. Cette vérité concerne les lois mathématiques (les théorèmes) : une idée naturelle est alors de dire que les nombres n'existent que par les rapports qu'ils ont entre eux et qu'il en va de même pour tous les êtres mathématiques.

Cette façon de penser la réalité mathématique, non plus comme naïvement présente, mais comme système de relations, constitue ce qui peut s'appeler le réalisme des structures, dont il existe diverses versions. L'une d'elles est fondée sur des notions axiomatiques et affirme que les objets mathématiques sont les structures qu'on peut définir par des systèmes

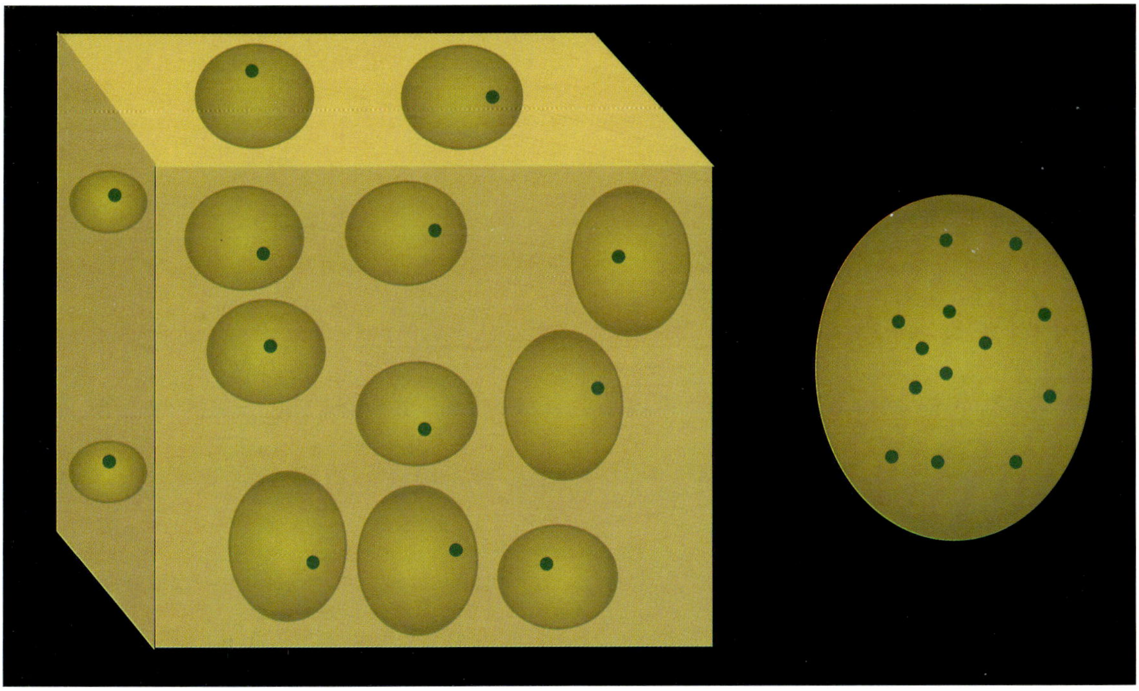

5. L'AXIOME DU CHOIX : si *E* est un ensemble d'ensembles (une boîte de boîtes), alors en choisissant un élément dans chaque ensemble, je peux constituer une nouvelle boîte. Le problème avec l'axiome du choix c'est qu'il a des conséquences (avec les ensembles infinis) qui sont contraires à l'intuition. Par exemple l'axiome du choix implique que l'ensemble des nombres réels peut être ordonné de telle façon que toute partie de l'ensemble des nombres réels possède un plus petit élément (l'ordre habituel sur l'ensemble des nombres réels n'est pas un bon ordre, car l'intervalle]0,1] n'a pas de plus petit élément). Personne n'a jamais pu exhiber un tel bon ordre, et on sait aujourd'hui qu'on ne pourra jamais en construire explicitement. La question «les vrais ensembles satisfont-ils l'axiome du choix?» ne peut donc recevoir aucune réponse intuitivement satisfaisante. De plus on sait qu'ajouter l'axiome du choix ou ajouter sa négation au système formel de la théorie des ensembles n'entraîne pas de contradiction dans cette théorie, s'il n'y en a pas déjà. Les vrais ensembles vérifient-ils l'axiome du choix oui ou non? Voilà une des difficiles questions auxquelles un réaliste doit répondre.

d'axiomes, et qu'il n'y a pas de différence entre des structures isomorphes ; la théorie des modèles sert alors de base à cette forme abstraite de réalisme.

Une autre version s'appuie sur la notion de catégorie : la vraie nature des mathématiques est ce jeu entre les morphismes, objets finaux, initiaux, produits, etc., qui est indépendant de la réalisation «matérielle» des objets, que l'on construit avec des nombres ou des ensembles quand on veut des exemples. Dans ces réalismes des structures, nous avons éliminé la réalité individuelle des objets mathématiques tout en admettant la réalité des rapports qu'ils entretiennent entre eux ; malheureusement nous pensons en objets et, dès que nous cherchons à donner un peu de cohérence à ces réalismes abstraits, nous introduisons des objets. Aussi ces réalismes tentent l'impossible pari de fonder une réalité sans substance et en définitive n'y parviennent pas : les systèmes d'axiomes, les modèles, les catégories portent sur les objets qu'il faut bien définir quelque part, car comme le dit Jean Largeault : «on ne peut pas s'attendre à voir croître une ontologie à partir de rien».

Le réalisme modal, autre essai pour se dégager du réalisme naïf, considère que les mathématiques examinent le domaine du possible mathématique : la réalité n'a pas besoin d'être présente, il suffit qu'elle soit potentielle. Cette élimination du temps nous évite de penser à un lieu réel où se trouveraient les objets ou les structures mathématiques, mais là encore, quand le mathématicien s'interroge sur cette réalité modale il n'arrive à le faire que dans le cadre classique ensembliste. En définitive la tentative modale, ou bien est inapte à formuler une théorie autonome du réel mathématique parce qu'elle n'est qu'une fuite vers une imprécision qu'on croit salvatrice, ou bien – et c'est ce que pense par exemple H. Putnam – doit être considérée comme simplement équivalente au réalisme ensembliste naïf.

Finalement entre la forme hypernaïve du réalisme, et ses formes abstraites insuffisantes, tous les réalistes déclarés (Kurt Gödel, René Thom) hésitent et évitent d'être trop précis sur ce qu'est ce réel mathématique. La tentation de faire évoluer le réalisme vers des formes de plus en plus abstraites et imprécises a sans doute son origine dans les difficultés même du réalisme en mathématiques que nous allons détailler maintenant et dont la première est celle, aujourd'hui bien connue, du théorème d'incomplétude de Gödel.

Existence et connaissance

Ce résultat de 1931 énonce, que pour tout système d'axiomes qui n'est pas contradictoire et qui permet de trouver les résultats les plus élémentaires de l'arithmétique, il existe des formules d'arithmétique qu'on ne peut ni démontrer ni infirmer (démontrer leur négation). Le théorème de Gödel a pour conséquence que si l'ensemble des nombres entiers a une réalité bien déterminée alors on ne pourra jamais enfermer sa connaissance dans un nombre fini de règles de calcul : tout système d'axiomes laissera échapper des vérités arithmétiques.

Pour mesurer la force de ce résultat, il est intéressant de distinguer plusieurs types de connaissances formelles. La connaissance formelle la plus complète qu'on puisse avoir d'un domaine c'est la liste exhaustive et finie des énoncés vrais qu'on peut formuler à son sujet. Rares sont les domaines où une telle connaissance est permise ou même envisageable. Légèrement plus faible est la connaissance formelle d'un domaine pour lequel on dispose d'un procédé mécanique donnant, pour chaque question envisageable, une réponse assurée en un temps fini. Tarski a établi que la géométrie élémentaire était un tel domaine, mais il a été établi aussi que ce n'était pas le cas de l'arithmétique formalisée de Peano.

Dans une connaissance formelle plus faible, on dispose d'un ensemble (le plus souvent infini) de théorèmes équivalent à l'ensemble des réponses aux questions qu'on peut se poser sur le domaine. Il s'agit là d'une connaissance plus faible que la précédente car si un énoncé est absent de la liste infini des théorèmes on ne peut le savoir en un temps fini. Le théorème de Gödel énonce justement que sous peine de contradiction générale, il n'est pas envisageable qu'on puisse disposer de cette connaissance pourtant réduite pour l'arithmétique, et on a donc une propriété absolue d'inconnaissabilité de l'ensemble des nombres entiers, si un tel ensemble existe vraiment : aucun système d'axiomes ne fournira la connaissance complète des nombres entiers.

Il ne faut pas bien sûr confondre inexistence et inconnaissabilité, mais force est d'admettre que toute réalité dont la connaissance est par principe interdite devient douteuse : c'est en ce sens que le théorème de Gödel est un argument contre le réalisme. Récemment des extensions du théorème de Gödel ont été présentées par G. Chaitin. Elles montrent que cet échec inévitable de chaque système formel à rendre compte des nombres entiers, est en fait encore plus grave que ce qu'on avait imaginé jusqu'à présent : des classes entières d'énoncés possédant un sens très simple (relatif au degré de complexité de suites finies de zéro ou de un, ou relatif au nombre de solutions d'équations élémentaires) échappent inévitablement au pouvoir de tout formalisme. Chaitin, en 1987, a par exemple construit une équation ne faisant intervenir que des nombres entiers qui met au défi tout système formel : cette équation inclut un paramètre n et l'on se demande, pour chaque valeur de ce paramètre, si l'équation a un nombre fini ou infini de solutions. Or un système formel ne peut traiter qu'un nombre fini de cas, et ce nombre est approximativement égal au nombre de symboles nécessaires à le décrire : aucun système d'axiomes ne fait donc mieux que l'énumération bête d'un nombre fini de cas, tout le reste demeurant inconnu, tout le reste étant indécidable. Chaitin a aussi démontré que les énoncés de la forme «l'objet S peut être

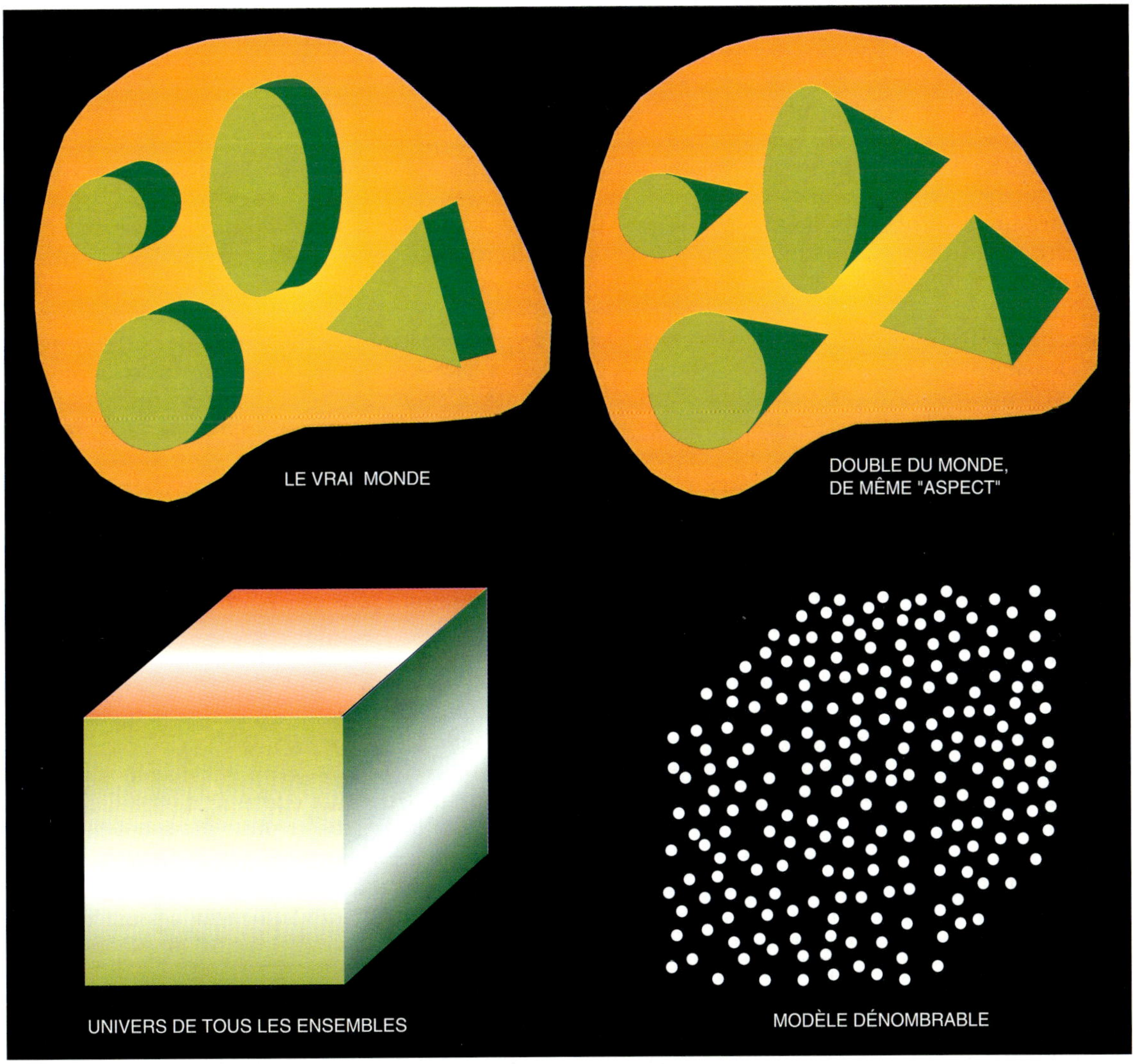

6. LE THÉORÈME DE LÖWENHEIM-SKOLEM de la théorie des modèles (une branche de la logique mathématique) entraîne que même si on connaît toutes les phrases vraies qu'on peut énoncer à propos du monde, alors il existe d'autres mondes différents vérifiant les mêmes phrases (et donc semblables en apparence). Cette impossibilité de principe d'atteindre le vrai monde, est, bien sûr, très grave pour un réaliste, car elle fait doumr qu'il y ait quelque chose à atteindre. En théorie des ensembles, le théorème de Löwenheim-Skolem entraîne qu'il existe des modèles dénombrables des axiomes de la théorie des ensembles, et bien que cela ne conduise à aucune contradiction à l'intérieur de la théorie des ensembles, c'est un résultat qui fait douter de la réalité authentique des ensembles non dénombrables, et donc de la réalité du monde des ensembles.

décrit en n symboles et ne peut pas être décrit en moins de n symboles» sont tous des indécidables de Gödel, sauf un nombre fini d'entre eux. Autrement dit aucun système d'axiomes ne traitera bien le problème des descriptions minimales.

Cette première mise en cause du réalisme mathématique est aggravée par une série de résultats en théorie des modèles (les premiers datent de 1915) qui énoncent que si un système d'axiomes du calcul des prédicats possède un modèle (c'est-à-dire une structure satisfaisant tous les axiomes) alors il en a plusieurs, et ces modèles ne sont pas tous isomorphes (c'est-à-dire semblables) dans les cas intéressants comme l'arithmétique et la théorie formalisée des ensembles. Ces modèles non standard – dont l'existence est à la base de l'analyse non standard, laquelle fournit une théorie rigoureuse des infinitésimaux, chers aux physiciens – sont particulièrement troublants pour le réalisme du continu et pour le réalisme des ensembles, puisqu'ils impliquent que la notion de dénombrabilité n'est pas absolue et que si la théorie des ensembles est cohérente, alors elle possède des modèles dénombrables (paradoxe de Skolem), ce qui est contraire à toute intuition. Dans un modèle dénombrable de la théorie des ensembles, les nombres réels sont «extérieurement dénombrables» et intérieurement non dénombrables... La situation est pour le moins inconfortable. Le philosophe américain H. Putnam, à la suite de W. Quine, considère que les questions posées par ces théorèmes de la théorie des modèles sont parmi les plus importants de la philosophie du XXe siècle.

La question des axiomes de la théorie des ensembles pose des problèmes encore plus graves au réalisme. La théorie des ensembles joue en effet un rôle tout à fait particulier en philosophie des mathématiques : les ensembles sont des briques élémentaires et les opérations de base qu'on peut faire avec elles permettent d'assembler toutes les structures qu'on souhaite. Finalement la version actuelle du réalisme platonicien se limite bien souvent à la croyance en une existence véritable des ensembles et tout argument contre le réalisme ensembliste est, à la lumière des mathématiques contemporaines, un argument général contre le réalisme mathématique. Qu'il soit impossible de trouver un système formel exprimant complètement les propriétés de l'univers des ensembles, cela résulte du théorème de Gödel. Une certaine inconnaissabilité irréductible touche donc déjà la théorie des ensembles. Mais les problèmes posés par l'axiome du choix, l'hypothèse du continu, et divers autres axiomes rendent cette inconnaissabilité encore plus grave et énigmatique.

L'axiome du choix

Présentons le problème à propos de l'axiome du choix. Cet axiome indique qu'à chaque fois qu'un ensemble E d'ensembles non vides est donné, on peut choisir un élément dans chacun d'eux et les regrouper en un nouvel ensemble dont l'axiome affirme l'existence. Énoncé sous cette forme, cet axiome semble évident, c'est-à-dire qu'il semble devoir être vérifié parce qu'intuitivement nous pensons être les ensembles. Or cet axiome a aussi des conséquences qui s'opposent à l'intuition, comme par exemple qu'il est possible de trouver un bon ordre pour l'ensemble des nombres réels (un ordre différent de l'ordre usuel tel que toute partie non vide possède un plus petit élément). Ce bon ordre personne ne l'a jamais trouvé et on sait, grâce à d'autres résultats de logique, qu'on ne peut en démontrer l'existence sans utiliser l'axiome du choix. Nous nous trouvons dans la situation suivante : l'axiome du choix nous indique qu'un certain objet existe, mais cet objet par nature n'est pas constructible.

Faut-il admettre l'axiome du choix ou faut-il ne pas l'admettre? En langage réaliste : les ensembles véritables vérifient-ils l'axiome du choix ou ne le vérifient-ils pas? Le problème est devenu encore plus gênant depuis qu'il a été établi que si la théorie des ensembles sans axiome du choix est non contradictoire (ce que tout le monde croit) alors il en est de même de la théorie des ensembles avec l'axiome du choix et de la théorie des ensembles avec la négation de l'axiome du choix. Autrement dit, du point de vue logique de la cohérence, tout est également possible concernant cet axiome : il y «autant de chances» que les «véritables ensembles» le satisfassent, ou qu'ils ne le satisfassent pas. Le réel, là aussi, serait sous-déterminé, et tout choix concernant cet axiome apparaît arbitraire et surdéterminant.

Ces difficultés techniques peuvent laisser indifférent, mais ce n'est pas le cas de ce qu'on appelle le problème de l'accès. Alors qu'en physique entre deux théories concurrentes, l'expérience nous permet – *in fine* – de choisir, en mathématiques, mis à part les très rares situations où une théorie se trouve être contradictoire, on se demande ce qui doit déterminer nos choix. Soutenir comme le fait K. Gödel que notre intuition est ce moyen ultime qui nous donne accès à la

7. LE RÉALISTE, s'il croit qu'il y a une réalité derrière lui qui produit les aboiements, peut faire l'hypothèse qu'il y a un chien ou faire l'hypothèse qu'il y a un appareil produisant un bruit. Pour lui la réalité est sous-déterminée. S'il choisit de dire qu'il y a un chien, il fait un choix arbitraire – rationnellement injustifiable – et il surdétermine la réalité, car, par principe, il est dans l'impossibilité de prouver l'image qu'il propose du monde. Le physicien quantique est exactement dans cette situation : les théories à variables cachées sont arbitraires et surdéterminantes, elles postulent des entités introuvables et improuvables. En mathématiques, avec l'axiome du choix ou l'hypothèse du continu, la situation est analogue. Le réaliste qui pense que le monde des ensembles existe est dans l'impossibilité de choisir : il est arbitraire de croire que l'hypothèse du continu est vraie, il est arbitraire de croire qu'elle est fausse.

réalité mathématique est assez difficile : comment se ferait ce contact entre le monde physique et le monde réel des mathématiques qui permettrait à notre intuition de «percevoir» ce réel? Cette théorie de la connaissance reste entièrement à formuler et ce que nous savons aujourd'hui du cerveau et plus généralement de la physique et de la chimie n'offre pas les éléments nécessaires à la constitution d'une théorie de l'intuition mathématique.

Cette absence de théorie réaliste de la connaissance en mathématiques, associée à l'argument de l'inutilité scientifique du réalisme et aux arguments techniques mentionnés plus haut, permet de reprendre les mots que tout à l'heure nous appliquions au réalisme en physique : le réalisme en mathématiques apparaît inutile, quasi contradictoire, arbitraire, surdéterminant, non testable.

Réalismes en mathématiques et en physique

La situation n'est pas la même en mathématiques et en physique, car bien sûr les deux disciplines fonctionnent de manière radicalement différente, et cela en dépit de ceux qui parlent de l'empirisme des mathématiques ou qui voudraient appliquer aux mathématiques les vues «socio-épistémologiques» auxquelles on a récemment tenté de réduire l'épistémologie de la physique (l'étude sociologique des acteurs de la science n'est pas l'épistémologie). Cependant, en physique comme en mathématiques, au réalisme naturel qui facilite la pensée, dirige et organise l'imagination, permet les figures et les schémas, sert de base à la communication quotidienne et soutient l'enseignement, s'oppose une pratique formelle, calculatoire et vérificationniste, qui, en physique, s'appelle opérationalisme, instrumentalisme ou positivisme, et qui en mathématiques s'appelle formalisme.

Dans les deux situations, c'est une position de repli facile, qui, parce qu'elle annule les questions de philosophie, séduit le savant. Après tout, puisque la machinerie formelle mise au point par les maîtres fonctionne parfaitement bien, le principal n'est-il pas simplement de la faire tourner?

Toutefois, dans les deux situations, la philosophie officielle n'est même pas, en pratique, complètement acceptée et mise en œuvre. Le physicien proclame l'inséparabilité et, en conséquence, propose de toujours tenir compte des appareils de mesure mais ne le fait pas en pratique, les calculs seraient trop compliqués ; le même physicien accepte de considérer, qu'à grande échelle, la séparabilité est satisfaite, mais il ne le prouve pas et accepte le mystère de cette séparabilité du monde physique ordinaire, alors que la physique fondamentale qui en donne les lois n'est pas séparable.

En mathématiques, le même hypocrisie est quotidienne : la possibilité d'écrire dans un langage entièrement formalisé donnerait le sens véritable des résultats mathématiques, mais personne ne le fait, et personne ne croit d'ailleurs qu'il soit utile de le faire. La position de repli que constitue le formalisme est si difficile à tenir en pratique que nul ne la prend vraiment au sérieux : ce serait trop complexe, cela conduirait à des textes illisibles, cela empêcherait l'intuition de travailler, cela serait absurde !

Réel : définition impossible

En physique, comme en mathématiques, des résultats scientifiques précis rendent impossible une compréhension claire de ce que pourrait être le réel : d'un côté ce sont les expériences de confirmation de la mécanique quantique qui conduisent à admettre une non-séparabilité presque en contradiction avec les principes mêmes de la relativité ; de l'autre, ce sont le théorème de Gödel de

1931, les théorèmes d'indétermination des modèles, les théorèmes de cohérence relative en théorie des ensembles. Une forme de dépit conduit alors à nier l'utilité philosophique du réalisme : les philosophies qui en découlent sont l'instrumentalisme et le positivisme en physique, le formalisme en mathématiques.

L'utilité scientifique du réalisme est aussi niée : les théories réalistes de rechange à variables cachées non locales en physique, et la problématique des axiomes supplémentaires en théorie des ensembles sont regardées avec méfiance. L'inconnaissabilité du réel paraît alors être la conclusion inévitable, à moins qu'on choisisse de se passer de lui.

Cette situation conduit les réalistes vers des positions de plus en plus abstraites et imprécises : en physique on en vient à considérer que les objets ne peuvent plus être conçus comme en mécanique classique ou relativiste ; en mathématiques on parle de démontrabilité plutôt que de vérité. Cet inconfort ne satisfait pas tout le monde et quatre grandes figures scientifiques du XXe siècle se sont opposées ou s'opposent franchement au point de vue moyen en proclamant un réalisme fort : A. Einstein, K. Gödel, L. de Broglie et R. Thom. En physique, Einstein a joué un rôle important dans la naissance de la mécanique quantique et donc dans la mise en avant des problèmes du réalisme mais a toujours refusé de croire que la mécanique quantique était complète et s'opposa même à l'idée d'un indéterminisme essentiel. En mathématiques, Gödel a, plus que tout autre, miné la position réaliste ; pourtant il a adopté une position extrême allant jusqu'à postuler un sens mathématique spécial (l'intuition) donnant accès à ce réel si fortement mis en doute par ses propres résultats.

La situation est-elle conjoncturelle? Va-t-on découvrir une façon de penser la mécanique quantique ou une théorie de remplacement qui ne réduise pas le réel à ce quelque chose qui fait que «quand on observe la situation X et qu'on fait les calculs Y on peut observer Z avec la probabilité W»? Va-t-on trouver des conséquences inaperçues des axiomes indépendants en théorie des ensembles qui nous conduiront à les ajouter, et ce processus d'addition peut-il se poursuivre indéfiniment? (Le théorème de Gödel nous interdit de penser qu'on aura un jour tous les axiomes qu'il faut.) Ou, pourquoi pas, va-t-on imaginer une nouvelle théorie qui soit capable de supporter toutes les mathématiques et qui ne présente pas les indécisions de la théorie des ensembles?

Positions scientifiques

Les différentes façons de répondre à ces questions définissent quatre types de positions. Il y a d'abord ceux qu'on peut appeler les verrouilleurs totalitaires, qui, pour résoudre les difficultés et permettre un fonctionnement minimal de la science, édictent des décrets violents et limitatifs. C'est la pente naturelle de tous ceux qui ont un domaine riche à déchiffrer, que de nier l'intérêt ou mieux encore la réalité des questions qu'on peut poser par ailleurs ou qui simplement ne se formulent pas en termes normalisés. La tentation est facile de se jeter sur la première solution qui se présente et de s'y accrocher, quel que soit ce qu'on y perd petit à petit, en accumulant ces comportements. De vrais mathématiciens n'ont-ils pas dit à certains moments que la logique ne les intéressait pas et que ses problèmes étaient faux, avant finalement d'admettre qu'elle était un authentique domaine de recherche. Positivisme, instrumentalisme, opérationalisme, formalisme, nominalisme, conventionnalisme, intuitionnisme voilà le nom des doctrines qui tentent d'enfermer, et qui «libèrent» l'esprit sans voir aussi qu'elles bornent ou décapitent même ce sur quoi elles veulent légiférer.

À l'opposé extrême, les partisans du déverrouillage éperdu proposent d'accepter tout, et par là même renoncent au réel. Face aux problèmes graves de la raison, leur attitude est sans doute pire encore que la précédente. En effet, elle interdit toute compréhension renouvelée, toute solution raisonnée, tout progrès et toute refonte. Ce déverrouillage éperdu stipule que, puisque tout n'est pas simple, alors tout est licite : puisque ça résiste, je casse tout, et ce dont j'avais rêvé mais qui n'était pas possible dans l'ancien paysage, je le brandis en prétendant que c'est compatible avec le nouveau ou mieux encore que c'en est une conséquence. Idéalisme, spiritualisme, physique, taoïsme, le nouveau Charon est laxiste : n'importe quelle sottise peut passer à l'Acheron ; à Cordoue, on rêve de petites cuillères et de mécanique quantique, toute pensée peut s'engouffrer là, c'est pourquoi sans doute il n'y a plus de pensée. Remarquons quand même que les mathématiques sont moins hallucinogènes que la physique. Si Cantor est mort fou, il est mort seul, et si l'on fait dire un peu n'importe quoi au théorème d'incomplétude de Gödel, en général cela ne mène pas à la parapsychologie. Bref ceux que la science ennuie parce qu'ils ne la comprennent pas sont prêts à se jeter sur toute crise pour proclamer qu'elle détruit tout ; ils ne voient pas que chaque

LE VERROUILLAGE

RESTREINT LES OBJECTIFS DE COMPRÉHENSION ET DE DESCRIPTION DE LA SCIENCE : POSITIVISME BORNÉ, OPÉRATIONNALISME, INTUITIONNISME, FORMALISME STRICT

LE DÉVERROUILLAGE

TOUT EST POSSIBLE, Y COMPRIS LE N'IMPORTE QUOI ET L' ARBITRAIRE. SPIRITUALISME, PARAPSYCHOLOGIE, EXCÈS D'INTERPRÉTATION

L'AUTRUCHE

"LES PROBLÈMES DU RÉALISME NE SONT PAS VRAIMENT GRAVES ; INUTILE D'EN TENIR COMPTE. ÇA S'ARRANGERA TOUT SEUL."

LA LUCIDITÉ ACTIVE

IL FAUT ESSAYER DE RÉSOUDRE LES DIFFICULTÉS, MÊME SI LE RÉALISME NE PEUT PLUS ÊTRE QU'UN RÉALISME DE PRINCIPE

8. QUATRE RÉACTIONS possibles aux difficultés du réalisme.

crise, celle-ci ne faisant sans doute pas exception, étend les domaines de validité (la mécanique newtonienne fait toujours tenir les ponts et les démonstrations de Pythagore sont toujours justes) et ne permet pas le retour des vieilles superstitions...

Reconnaissons-le, rares sont les scientifiques qui renoncent ainsi à la science : plus prudents et taciturnes, ils sont plutôt portés vers l'attitude de l'autruche et ils disent : «En fait toutes ces histoires ne sont pas très importantes. Rares sont les zones du savoir scientifique qui sont gênées par les problèmes du réalisme ou, plus précisément, qui n'arrivent pas à le concilier avec la prétention de complétude. La biologie n'a aucun problème de réalisme, la chimie non plus, ni la paléontologie, ni même l'astrophysique et la cosmologie, ni la plupart des branches de la physique. Si la mécanique quantique est plus fondamentale, les difficultés qu'elle éprouve aujourd'hui à s'accorder avec le réalisme (qui partout ailleurs fonctionne si bien) nous montrent que c'est elle qui est étrange. En mathématiques, là encore, le réalisme ne pose un problème que dans de petites zones peu importantes qui ne semblent pas s'étendre. Alors cessons de nous intéresser à ces questions stériles et avançons. À l'avenir, quand des choses que nous ne voyons pas auront surgi, ces problèmes très localisés se résoudront d'eux-mêmes».

Il s'agit d'une attitude délibérée : on veut éviter la «maladie» et on cherche à en nier l'importance pour retourner travailler, l'âme tranquille, aux «vrais problèmes». Certains, et nous en sommes, ne réussissent pas à oublier les difficultés entrevues et ne veulent pas renoncer à la réalité : ils adoptent alors une attitude que nous qualifions de réalisme de principe ou de «réalisme lointain». Leur position consiste à dire que, par principe, il ne peut y avoir de pensée scientifique sans réalisme, tout en admettant qu'il y a de véritables problèmes. Ils refusent de s'enfermer dans une doctrine étroite et refusent aussi de dire que tout est remis en cause. Ils reconnaissent le problème, admettent son importance et savent que les solutions simples ne sont plus possibles. C'est l'attitude des physiciens qui essayent de construire un nouveau réalisme, aujourd'hui plutôt flou, plus négatif qu'affirmatif. L'inconnaissabilité de principe ne peut pas être exclue, c'est peut-être en l'admettant que nous construirons la meilleure position rationnelle, et en mathématiques au moins, il faut considérer qu'elle est définitivement établie. Le réel est nécessaire, mais il semble aussi nécessaire qu'il soit inconnaissable.

Des quatre réactions possibles face aux difficultés du réalisme, la dernière nous semble la meilleure, et si le choix doit se faire entre le monde réduit des calculs, celui des fantasmes des nouveaux irrationalistes, celui de l'incohérente autruche, et celui du réel «inconnaissable par nature», étonné et peut-être déçus, nous optons pour le dernier car nous n'arrivons pas à imaginer le pays de Tlön dont les habitants nous dit J. L. Borges «affirment que l'opération de compter modifie les quantités et les convertit d'indéfinies en définies», où, lorsque «deux personnes cherchent un crayon perdu ; la première le trouve et ne dit rien ; la seconde trouve un deuxième crayon, non moins réel mais plus conforme à son attente» et où «classique est l'exemple d'un seuil qui subsista tant qu'un mendiant s'y rendit et qu'on perdit de vue à la mort de celui-ci».

Bibliographie

Chapitres 1 et 2
Calculabilité et indécidabilité

J.-M. AUTEBERT, *Calculabilité et décidabilité : une introduction*, éditions Masson, 1992.

J. BARWISE, *Handbook of Mathematical Logic*, in *Studies in Logic*, n° 80, North-Holland Publishing Company, 1977.

R. BERGER, *The Undecidability of the Domino Problem*, in *Memoirs Amer. Math. Soc.*, n° 66, pp. 1-72, 1966.

G.J. CHAITIN, *Information, Randomness and Incompleteness : Papers on Algorithmic Information Theory,* World Scientific, 1987.

R. CORI et D. LASCAR, *Logique Mathématique,* deux tomes, éditions Masson, 1993.

M. DAUCHET, *Termination of Rewriting is Undecidable in the One-Rule Case,* MCFS, Springer-Verlag, L.N.C.S. 324, pp. 262-268, 1988.

M. DAVIS, *Hilbert's Tenth Problem is Unsolvable*, in *American Mathematical Monthly*, vol. 80, pp. 233-269, 1973.

J.-P. DELAHAYE, *Information, complexité et hasard*, éditions Hermès, 1994.

M.J. FISHER et M.O. RABIN, *Super Exponential Complexity of Presburger's Arithmetic*, in *SIAM-AMS Proceedings*, vol. 7, pp. 27-41, 1974.

R. HERKEN éd., *The Universal Turing Machine, A Half-Century Survey,* Oxford University Press, 1988.

H. ROGERS, *Theory of Recursive Function and Effective Computability*, McGraw-Hill, 1967.

A. SALOMAA, *Computation and Automata*, Cambridge University Press, 1985. Traduction française : I*ntroduction à l'informatique théorique : calculabilité et complexité*, éditions Armand Colin, 1989.

A.M. TURING, *On Computable Numbers, with an Application to the Entscheidungsproblem*, in *Proceeding of the London Mathematical Society*, vol. 42, pp. 230-265, 1936-1937 ; vol. 43, pp. 544-546, 1937.

P. WOLPER, *Introduction à la calculabilité*, InterÉditions, 1991.

Inter-chapitre 1
Gödel

S. FERFERMAN, *Kurt Gödel : Conviction and Caution*, in *Philosophia Naturalis*, vol. 21, n° 2-4, pp. 546-562, 1984.

K. GÖDEL, *Collected Works :* volume I, Publications 1929-1936 ; volume II, Publications 1936-1974, 1990. sous la direction de S. Feferman, J.W. Dawson, S.C. Kleene, G.H. Moore, R.M. Solovay et J. van Heijenoort, Oxford University Press, 1986.

R. GÖDEL, *History of the Gödel Family*, in *Gödel Remenbered*, sous la direction de P. Weingartner et L. Schmetterer, Bibliopolis, pp. 11-27, 1987.

P.J. COHEN, *Set Theory and the Continuum Hypothesis*, Benjamin, 1966.

P. MADDY, *Realism in Mathematics*, Clarendon Press, 1990.

H. WANG, *From Mathematics to Philosophy*, Routledge and Kegan Paul, 1974.

H. WANG, *Reflections on Kurt Gödel*, MIT Press. 1988. Traduction française : *Réflexions sur Kurt Gödel,* éditions Armand Colin, 1990.

H. WOODIN, *Large Cardinal Axioms and Independence: The Continuum Problem Revisited*, in *Mathematicial Intelligencer*, vol. 16, n° 3, pp. 31-35, 1994.

Chapitre 3
Machines, prédictions et fin du monde

E. AKIN, *The Spiteful Computer : A Determinism Paradox*, in *The Mathematical Intelligencer,* vol. 14, n° 2, pp. 45-47, 1992 ; vol. 15, n° 2, pp. 3-5, 1993.

J.D. BARROW et F.J. TIPLER, *The Anthropic Cosmological Principle*, Oxford University Press, 1988.

J. LESLIE, *Universes.* Routledge, 1989.

J. LESLIE, *Time and the Anthropic Principle*, in *Mind*, vol. 101, n° 403, pp. 521-540, juillet 1992.

J. LESLIE, *The End of the World,* Routledge, 1995.

N. FALLETTA, *Le livre des paradoxes*, éditions Belfond, Paris, 1985. Traduction française de *The Paradoxicon*, Doubleday and Co., 1983.

M. GARDNER, *La magie des paradoxes*, Bibliothèque *Pour la Science*, diffusion Belin, 1980.

R. GOTT III, *Implications of the Copernician Principle for our Future Propects*, in Nature, vol. 363, pp. 315-319, 27 mai 1993.

W. POUNDSTONE, *Les Labyrinthes de la raison : Paradoxes, énigmes et fragilité de la connaissance*, éditions Belfond, 1990. Traduction française de *Labyrinths of Reason*, Anchor Doubleday Publishing Company, 1988.

R.M. SAINSBURY, *Paradoxes*, Cambridge University Press, 1988.

Chapitre 4
Le désordre total existe-t-il?

E. BOREL, *Presque tous les nombres réels sont normaux,* in *Rend. Circ. Mat. Palermo*, vol. 27, pp. 247-271, 1909.

G.J. CHAITIN, *Information, Randomness and Incompleteness : Papers on Algorithmic Information Theory*, World Scientific, 1987.

D.G. CHAMPERNOWNE, *The Construction of Decimal Normal in the Scale of Ten*, in *J. London Math. Soc.*, vol. 8, pp. 254-260, 1993.

J.-P. DELAHAYE, *Information, complexité et hasard*, éditions Hermès, 1994.

M. GARDNER, *Le nombre oméga*, in *Pour La Science*, pp. 104-110, janvier 1980.

A.N. KOLMOGOROV et V. A. USPENSKII, *Algorithms and Randomness*, in *SIAM Theory Probab. Appl.,* vol. 32, pp. 389-412, 1987.

M. LI et P.M.B. VITANYI, *An Introduction to Kolmogorov Complexity and Its Applications*, Springer-Verlag, 1993.

P. MARTIN-LÖF, *The Definition of Random Sequences*, in *Information and Control*, vol. 9, pp. 602-619, 1966.

C.P. SCHNORR, *A Survey of the Theory of Random Sequences*, in *Basic Problems in Methodology and Linguistics*, Butts, Hintikka (éditeurs), D. Reidel, pp. 193-210, 1977.

M. van LAMBALGEN, *Von Mises' Definition of Random Sequences Reconsidered*, in *The J. of Symbolic Logic*, vol. 52, pp. 725-755, 1987.

Chapitre 5
La cryptographie quantique

C.H. BENNETT, F. BESSETTE, G. BRASSARD, L. SALVAIL et J. SMOLIN, *Experimental Quantum Cryptography*, in *J. of Cryptology*, vol. 5, pp. 3-28, 1992.

C.H. BENNETT, G. BRASSARD, S. BRIEDBART et S. WIESNER, *Quantum Cryptography, or Unforgeable Subway Tokens*, in *Advance in Cryptology : Proceedings of Crypto'1982*, Plenum Press, pp. 267-275.

C.H. BENNETT, G. BRASSARD et J.-M. ROBERT, *Privacy Amplification by Public Discussion*, in *SIAM J. Computation*, vol. 17, n° 2, pp. 210-229, 1988.

G. BRASSARD, *Modern Cryptology*, in *Lecture Notes in Computer Science 325*, Springer-Verlag, 1988. Traduction française : *Cryptograhie contemporaine*, éditions Masson, 1992.

C. CRÉPEAU, *Correct and Private Reductions Among Oblivious Transfers*, Ph.D. Thesis, Department of Electrical Engineering and Computer Science, Massachusetts Institute of Technology, 1990.

A. DEWDNEY, *La cryptographie*, in *Pour La Science*, pp. 130-133, décembre 1988 ; pp. 100-103, janvier 1989.

M. GARDNER, *Penrose Tiles to Trapdoor Ciphers*, W. H. Freeman and Company, 1989.

R.L. RIVEST, A. SHAMIR et L. ADLEMAN, *A method for Obtaining Digital Signature and Public-Key Cryptosystems*, in *Comm. ACM 21*, pp. 120-126, 1978.

B. SCHNEIER, *Cryptographie appliquée*, International Thompson Publishing France, 1995.

S. WIESNER, *Conjugate Coding*, 1970. Publié dans *Sigact News*, vol. 15, n° 1, pp. 78-88, 1983.

Chapitre 6
Chaînage avant et déduction logique

J.-P. DELAHAYE, *Chaînage avant et calcul de modèles booléens et trivalués*, Septièmes Journées Internationales sur les Systèmes Experts et leurs Applications, Avignon, pp. 1341-1360, 1987.

J.-P. DELAHAYE, *Outils Logiques pour l'Intelligence Artificielle*, éditions Eyrolles, 1988 (3e édition). Traduction anglaise : John Wiley and Sons, 1989.

R. DEMOLOMBE, *A Strategy for the Computation of Conditional Answers*, Rapport de Recherche, ONERA-CERT, Toulouse, 1990.

C.T. LEE, *A Completness Theorem and a Computer Program for Finding Theorem Derivable from Given Axioms*, Ph. D. Thesis, University of Califormia, Berkeley, 1967.

J. LUKASIEWICZ, *Sur la logique à trois valeurs*, in *Ruch Filozoficny*, vol. 5, pp. 169-171, Lwow, 1920.

P. MATHIEU, *L'utilisation de la logique trivaluée dans les systèmes experts*, Thèse de Doctorat, Université des Sciences et Techniques de Lille, 1991.

P. MATHIEU et J.-P. DELAHAYE, *A Kind of Logical Compilation for Knowledge Base*, in *Theoretical Computer Science*, vol. 131, pp. 197-218, 1994.

P. MATHIEU et J.-P. DELAHAYE, *The Logical Compilation of Knowledge Bases*, in *Logic in AI*, van Eijck (éditeur), Springer-Verlag, L.N.C.S. vol. 478, pp. 366-391, 1991.

J.A. ROBINSON, *A Machine Oriented Logic Based on the Resolution Principle*, in *J. of the Association for Computing Machinery*, vol. 12, pp. 23-41, 1965.

Chapitre 7
Vote inconscient

J.-P. DELAHAYE, *Calculer et voter avec des cartes*, in *Pour La Science*, pp. 104-108, mai 1995.

O. GOLDREICH, S. GOLDWASSER et S. MICALI, *How to Construct Random Functions*, in *J. of the Association for Computing Machinery*, vol. 33, n° 4, pp. 792-807, 1986.

D. KNUTH, *The Art of Computer Programming. Vol 2 Ch.3 Random Numbers,* Addison-Wesley, pp. 127-157, 1969.

M.LI et P.M.B. VITANYI, *Kolmogorov Complexity and Its Applications*, in *Handbook of Theoretical Computer Science*, van Leeuwen (éditeur), Elsevier Science Publishers, pp. 187-254, 1990.

P. MARTIN-LÖF, *The Definition of Random Sequences*, in *Information and Control*, vol. 9, pp. 602-619, 1966.

Chapitre 8
Complexités

C.H. BENNETT, *On the Nature and Origin of Complexity in Discrete, Homogeneous, Locally-Interacting Systems*, in *Foundations of Physics*, vol. 16, n° 6, pp. 585-592, 1986.

C.H. BENNETT, *Information, Dissipation and the Definition of Organization*, in *Emerging Syntheses in Science*, Pine (éditeur), pp. 215-231, 1987.

C.H. BENNETT, *Logical Depth and Physical Complexity*, in *The Universal Turing Machine : A Half-Century Survey*, Herken (éditeur), Oxford University Press, pp. 227-257, 1988.

C.H. BENNETT, *How to Define Complexity in Physics, and Why*, in *Complexity, Entropy and the Physics of Information*, SFI Studies in the Sciences of Complexity VIII, Zurek (éditeur), Addison-Wesley, pp. 137-148, 1990.

G.J. CHAITIN, *Information, Randomness and Incompleteness : Papers on Algorithmic Information Theory*, World Scientific, 1987.

A.N. KOLMOGOROV, *Three Approaches for Defining the Concept of Information Quantity*, in *Information Transmission*, vol. 1, pp. 3-11, 1965.

M. KOPPEL et H. ATLAN, *An Almost Machine-Independant Theory of Program-Length Complexity*, Information Science, 1991.

S. LLOYD et H. PAGELS, *Complexity as Thermodynamic Depth*, in *Annals of Physics*, vol. 188, pp. 186-213, 1988.

Inter-chapitre 2
Thermodynamique et informatique théorique

C.H. BENNETT, *The Thermodynamics of Computation – a Review*, in *Inter. J. of Theoretical Physics*, vol. 21, n° 12, pp. 905-940, 1982.

C.H. BENNETT, *Thermodynamically Reversible Computation*, in *Physical Review Letters*, vol. 53, n° 12, p. 1202, 1984.

C.H. BENNETT, *Démons, Machines et Thermodynamique*, in *Pour La Science*, pp. 91-97, janvier 1988.

C.H. BENNETT et R. LANDAUER, *Les limites physiques du calcul*, in *Pour La Science*, septembre 1985.

W.H. ZUREK, *Algorithmic Randomness and Physical Entropy*, in *Physical Review A*, vol. 40, n° 8, pp. 4731-4751, 1989.

W.H. ZUREK, *Thermodynamic Cost of Computation, Algorithmic Complexity and the Information Metric*, in *Nature*, vol. 341, pp. 119-124, 1989.

W.H. ZUREK, *Algorithmic Randomness, Physical Entropy, Measurements and the Second Law*, in *Proceedings of International Symposium on Quantum Mechanics,* Murayama (éditeur), Physical Society of Japan, pp. 115-123, 1990.

W.H. ZUREK, *Algorithmic Information Content, Church-Turing Thesis, Physical Entropy, and Maxwell's Demon,* in *Lectures in Complex Systems, SFI Studies in the Sciences of Complexity II*, Jen (éditeur), Addison-Wesley, pp. 49-65, 1990.

Chapitre 9
L'inférence inductive

D. ANGLUIN et C. SMITH, *Inductive Inference : Theory and Methods*, in *Computing Surveys*, vol. 15, pp. 237-269, 1983.

E. GOLD, *Limiting Recursion*, in *The J. of Symbolic Logic*, vol. 30, n° 1, pp. 28-48, 1965.

K. JANTKE, *Monotonic and Non-Monotonic Inductive Inference*, in *New Generation Computing*, vol. 8, pp. 349-360, 1991.

S. LANGE et R. WIEHAGEN, *Polynomial-time Inference of Arbitrary Pattern Languages*, in *New Generation Computing*, vol. 8, pp. 361-370, 1991.

S. LANGE et T. ZEUGMANN, *On the Power of Monotonic Language Learning*, Gosler Report

05/92 (Fachbereich Mathematik und Informatik Technische Hochschule Leipzig), 1992.

D. OSHERSON, *La rationalité et l'enquête scientifique*, in *Introduction aux sciences cognitives*, Andler (éditeur), éditions Folio Essais, pp. 291-310, 1992.

D. OSHERSON, M. STROB et S. WEINSTEIN, *Systems that Learn*, MIT Press, 1986.

L. PITT, *Probabilistic Inductive Inference*, in *J. of the Association for Computing Machinery*, vol. 36, n° 2, pp. 383-433, 1989.

R. WIEHAGEN, *A Thesis in Inductive Inference*, in *Nonmonotonic and Inductive Logic*, Dix, Jantke, Schmitt (éditeurs), Lecture Notes in Artificial Intelligence, Springer-Verlag, pp. 184-207, 1991.

Chapitre 10
Les virus

J. BRUNNER, *The Shockwave Rider*, Harper and Row Publisher, New York 1975. Traduction française : *Sur l'onde de choc*, éditions Robert Laffont, 1977.

F. COHEN, *Computational Aspects of Computer Viruses*, in *Computer and Security*, vol. 8, n° 4, 1989.

W.F. DOOLITTLE et C. SAPIENZA, *Selfish Genes, the Phenotype Paradigm and Genome Evolution*, in *Nature*, vol. 284, pp. 601-603, 1980.

D. FERBRACHE, *A Pathology of Computer Viruses*, Springer-Verlag, 1992

P. HERBOMEL, *Voyage au cœur de l'ADN*, in *Science et Vie*, numéro hors-série, pp. 42-50, septembre 1993.

W.-H. LI et D. GRAUR, *Molecular Evolution*, Sinauer Associates Inc. Publishers, 1991.

L.E. ORGEL et F.H. CRICK, *Selfish DNA : the Ultimate Parasite*, in Nature, vol. 284, pp. 604-607, 1980.

I.J. RENNIE, *Parasites et évolution*, in *Pour La Science*, pp. 69-77, avril 1992.

R. SLADE, *Guide to Computer Viruses*, Springer-Verlag, 1994.

E.H. SPAFFORD, *Computer Viruses – A Form of Artificial Life*, in *Artificial Life II, SFI Studies in the Science of Complexity X*, Langton, Taylor, Farmer, Rasmussen (éditeurs), Addison Wesley, pp. 727-745, 1991.

Chapitres 11 et 12
L'altruisme récompensé et perfectionné

R. AXELROD, *Donnant donnant : Théorie du comportement coopératif*, éditions Odile Jacob, 1992.

R. AXELROD et W. D. HAMILTON, *The Evolution of Cooperation*, in *Science*, vol. 211, n° 27, pp. 1390-1396, 1981.

R. AXELROD et D. DION, *The Further Evolution of Cooperation*, in *Science*, vol. 242, n° 9, pp. 1385-1390, 1988.

R. BOYD et J.P. LORBERBAUM, *No Pure Strategy is Evolutionarily Stable in the Repeated Prisoner's Dilemma Game*, in *Nature*, vol. 327, n° 7, pp. 58-59, 1987.

J.-P. DELAHAYE et P. MATHIEU, *Expériences sur le dilemme itéré des prisonniers*, Rapports de Recherche du Laboratoire d'Informatique Fondamentale de Lille, n° 233, juin 1992 et n° 229, mai 1993.

P. MOLANDER, *The Optimal Level of Generosity in a Selfish, Uncertain Environment*, in *J. of Conflict Resolution*, vol. 29, n° 4, pp. 611-618, 1985.

M. NOWAK et K. SIGMUND, *Tit For Tat in Heterogeneous Populations*, in *Nature*, vol. 355, n° 16, pp. 250-253, 1992.

M. NOWAK et K. SIGMUND, *Oscillations in the Evolution of Reciprocity*, in *J. Theo. Biology*, vol. 137, pp. 21-26, 1989.

M. NOWAK, *Stochastic Strategies in the Prisoner's Dilemma*, in *Theoretical Population Bio.*, vol. 38, pp. 93-112, 1990.

W. POUNDSTONE, *Prisoner's Dilemma*, Oxford University Press, 1993.

Chapitre 13
Algorithmes et preuves probabilistes

L.M. ADLEMAN et M.A. HUANG, *Primality Testing and Abelian Varieties Over Finite Fields*, Springer-Verlag, 1992.

D. JOHNSON, *A Catalog of Complexity Classes*, in *Handbook of Theoretical Computer Science*, van Leeuven (éditeur), Elsevier Science Publishers, pp. 67-161, 1990.

A.N. KOLMOGOROV et V.A. USPENSKII, *Algorithms and Randomness*, in *SIAM Theory Probab. Appl.*, vol. 32, pp. 389-412, 1987.

A.K. LENSTRA et H.W LENSTRA, Jr., *Algorithm in Number Theory*, in *Handbook of Theoretical Computer Science*, van Leeuven (éditeur), Elsevier Science Publishers, pp. 67-161, 1990.

G.L. MILLER, *Riemann's Hypothesis and Tests for Primality*, in *J. of Computer and System Sciences*, vol. 13, pp. 300-317, 1976.

F. MORAIN, *Courbes elliptiques et tests de primalité*, Thèse Université de Lyon I, 1990.

R. RIVEST, *Cryptography*, in *Handbook of Theoretical Computer Science*, van Leeuven (éditeur), Elsevier Science Publishers, pp. 719-755, 1990.

G. ROBIN, *Algorithmique et cryptographie*, éditions Ellipse, 1991.

B. SCHNEIER, *Cryptographie appliquée*, International Thompson Publishing France, 1995.

R. SOLOVAY et V. STRASSEN, *A Fast Monte-Carlo Test for Primality*, in *SIAM J. Comp.*, vol. 6, pp. 84-85, 1977 ; vol. 7, p. 118, 1978.

Inter-chapitre 3
IP=PSPACE

L. FORTNOW et C. LUND, *Interactive Proof Systems and Alternating Time-Space Complexity*, STACS'91 (Symposium on Theoretical Computer Science), Choffrut, Jantzen (éditeurs), L.N.C.S.480, Springer-Verlag, pp. 263-274, 1991.

O. GOLDREICH, *Randomness, Interactive Proofs, and Zero-Knowledge*, in *The Universal Turing Machine : A Half-Century Survey*, Herken (éditeur), Oxford University Press, pp. 376-405, 1988.

Y. GUREVICH, *The Challenger-Solver Game: Variations on the Theme of P=NP*, in *Bulletin of the EATCS, European Association for Theoretical Computer Science*, vol. 39, pp. 112-121, 1989.

J. HARTMANIS, CHANG, RANJAN et ROGATGI, *On* IP=PSPACE *and the Theorems with Narrow Proofs*, in *Bulletin of the EATCS, European Association for Theoretical Computer Science*, vol. 41, 1990.

D. JOHNSON, *A Catalog of Complexity Classes*, in *Handbook of Theoretical Computer Science*, van Leeuven (éditeur), Elsevier Science Publishers, pp. 67-161, 1990.

R.L. RIVEST, A. SHAMIR et L. ADLEMAN, *A Method For Obtaining Digital Signature and Public-Key Cryptosystems*, in *Comm. ACM 21*, pp. 120-126, 1978.

A. SALOMAA, *Computation and Automata*, Cambridge University Press, 1985.

A. SHAMIR, *IP=PSPACE*, in *J. Ass. for Computing Machinery*, vol. 39, n° 4, pp. 869-877, 1992.

A. SHEN, *IP=PSPACE : Simplified Proof*, in J. *Ass. for Computing Machinery*, vol. 39, n° 4, pp. 878-880, 1992.

Chapitre 14
Les automates

M.A. ARBIB, *From Universal Turing Machines to Self-Reproduction*, in *The Universal Turing Machine: A Half-Century Survey*, Herken (éditeur), Oxford University Press, pp. 177-189, 1988.

R. BERGER, *The Undecidability of the Domino Problem*, in *Memoirs Amer. Math. Soc.*, n° 66, pp. 1-72, 1966.

E. BERLEKAMP, J. CONWAY et R. GUY, *Winning Ways for Your Mathematical Plays*, Academic Press, 1982.

B. DURAND, *Automates cellulaires, réversibilité et complexité*, Thèse, École normale supérieure de Lyon, 1994.

M. GARDNER, *Wheels, Life and other Mathematical Amusements*, W. H. Freeman, 1983.

J. KARI, *Reversibility of 2D Cellular Automata is Undecidable*, in *Physic D 45*, pp. 379-385, 1990.

N. MARGOLUS, *Physics-like Models of Computation*, in *Physica 10D*, pp. 81-95, 1984.

W. POUNDSTONE, *The Recursive Universe. Cosmic complexity and the Limit of Scientific Knowledge,* Oxford University Press, 1985.

T. TOFFOLI, *Cellular Automata as an Alternative to, Rather than an Approximation of Differential Equations in Modeling Physics*, in *Physica 10D*, pp. 117-127, 1984.

J. von NEUMANN, *Theory of Self-Reproducing Automata*, edited and Completed by Burks, Urbana, University of Illinois Press, 1966.

S. WOLFRAM, *Theory and Applications of Cellular Automata*, World Scientific, 1986.

Chapitre 15
Les hyper-ensembles

P. ACZEL, *Lectures on Nonwellfounded Sets*, CLSI Lecture Notes n°9, 1987.

J. BARWISE et J. ETCHEMENDY, *The Liar. An Essay on Truth and Circularity*, Oxford University Press, 1987.

J. BARWISE et L. MOSS, *Hypersets*, in *The Mathematical Intelligencer*, vol. 13, n° 4, pp. 31-41, 1991.

R. CORI et D. LASCAR, *Logique Mathématique*, éditions Masson, deux tomes, 1993.

J.-P. DELAHAYE, *Information, complexité et hasard*, éditions Hermès, 1994.

K. DEVLIN, *The Joy of Sets. Fundamentals of Contemporary Set Theory*, Springer-Verlag, 1993.

M. FORTI et F. HONSELL, *Set theory with free construction principles*, in *Annali Scuola Normale Superiore-Pisa Classe di Scienza 10*, Series IV, pp. 493-522, 1983.

M. HALLETT, *Cantorian Set Theory and Limitation of Size*, Clarendon Press, 1984.

L. LISMONT, *Applications épistémiques de la théorie des ensembles anti-fondés*, in *Méthodes logiques pour les sciences cognitives*, Dubucs Lepage (éditeurs), éditions Hermès, pp. 261-280, 1995.

P. MADDY, *Realism in Mathematics*, Clarendon Press, 1990.

H. WOODIN, *Large Cardinal Axioms and Independence : The Continuum Problem Revisited*, in *Mathematical Intelligencer*, vol. 16, n° 3, pp. 31-35, 1994.

Chapitre 16
Longueur d'une démonstration

S. BUSS, *On Gödel's Theorems on Length of Proofs, Number of Lines and Speed up for Arithmetics*, in *J. of Symbolic Logic*, vol. 59, n° 3, pp. 737-756, 1994.

A. EHRENFEUCHT et J. MYCIELSKI, *Abbreviating Proofs by Adding New Axioms*, in *Bulletin of the American Mathematical Society*, vol. 77, n° 3, pp. 366-367, 1971.

K. GÖDEL, *Collected Works* : volume I, Publications 1929-1936, sous la direction de S. Feferman, J.W. Dawson, S.C. Kleene, G.H. Moore, R.M. Solovay et J. van Heijenoort, Oxford University Press, 1986.

D. ISAACSON, *Arithmetical Truth and Hidden Higher-Order Concepts*, in *Logic Colloquium 1985*, Paris Logic Group (éditeur), Elsevier Science Publisher, pp. 147-169, 1987.

D. ISAACSON, *Some Considerations on Arithmetical Truth and the ω-rule*, in *Proof, Logic and Formalization*, Detlefsen (éditeur), Routledge, 1991.

R.J. PARIKH, *Some Results on the Length of Proofs*, in *Transaction of the American Mathematical Society*, vol. 177, pp. 29-36, 1973.

D. RUELLE, *Hasard et chaos,* éditions Odile Jacob, 1991.

C. SMORYNSKI, *The Varieties of Arboreal Experience*, in *Mathematical Intelligencer*, vol. 4, pp. 182-189, 1982.

R. STATMAN, *Bound for Proof-Search and Speed-up in the Predicate Calculus*, in *Annals of Mathematical Logic*, vol. 15, pp. 225-287, 1978.

A.N. WHITEHEAD et R. RUSSELL, *Principia Mathematica*, Cambridge University Press, 1910.

Chapitre 17
Le réalisme en mathématiques et en physique

J. BARWISE, *Handbook of Mathematical Logic*, in *Studies in Logic 80*, North-Holland Pub. Company, 1977.

P. BENACERRAF et H. PUTNAM, *Philosophy of Mathematics : Selected Readings*, Cambridge University Press, 1983.

G. CHAITIN, *Information, Randomness and Incompletness : Papers on Algorithmic Information Theory*, World Scientific, 1988.

P.J. DAVIS et R. HERSH, *L'Univers mathématique*, éditions Gauthier-Villars, 1982.

J.-P. DELAHAYE, *Information, complexité et hasard*, éditions Hermès, 1994.

B. d'ESPAGNAT, *Le réel voilé. Analyse des concepts quantiques*, éditions Fayard, 1994.

D. HOFSTADTER, *Gödel Escher Bach, les brins d'une guirlande éternelle*, InterÉditions, 1985.

A. KANAMORI, *The Higher Infinite*, Springer-Verlag, 1994.

H. PUTNAM, *Model and Reality*, in *The J. of Symbolic Logic*, vol. 45, n° 3, pp. 464-482, 1980 ; in *Philosophy of Mathematics : Selected Readings*, Benacerraf, Putnam (éditeurs), Cambridge University Press, 1983.

T. TYMOCZKO, *New Directions in the Philosophy of Mathematics*, Birkäuser, 1986.

H. WANG, *From Mathematics to Philosophy*, Routledge and Kegan Paul, 1974.

J.C. WEBB, *Mechanism, Mentalism, and Metamathematics : An Essay on Finitism,* Reidel, 1980.

H. WOODIN, *Large Cardinal Axioms and Independence : The Continuum Problem Revisited*, in *Mathematical Intelligencer*, vol. 16, n° 3, pp. 31-35, 1994.

Références des illustrations

Couverture : *Mind Sights*, par Roger N. Shepard, Freeman and Company, New York. P. 34 : © Collection Viollet. P. 83 : Photo Hermann Waldenburg, © Éditions Herscher, *Berlin, art libre sur le Mur*. P. 127 : M.C. Escher Foundation, Baarn, Holland.

Imprimé en France par I.M.E. - 25110 Baume-les-Dames
Dépôt légal décembre 1999 - N° édition : 1894-03
N° d'imprimeur : 13844